高等学校电子与通信工程类专业系列教材

数字信号处理实验

(MATLAB 版)

刘舒帆　费　诺　陆　辉　编

楼顺天　　主审

西安电子科技大学出版社

内 容 简 介

本书紧密配合"数字信号处理"课程的理论教学，充分应用 MATLAB 这一通用的仿真分析软件进行实验内容的编排；针对"数字信号处理"课程中的主要知识点，设置了相应的实验专题；实验基本原理的介绍简明扼要，对所用 MATLAB 函数的讲解通俗易懂，提供了大量的典型例题程序，并布置了相应的实验内容和练习题，便于实验教学和学生自学。

本书可作为大学本科通信工程、电子信息类专业数字信号处理实验的指导书，也可作为其它理工科相关专业教师和学生的参考书。

★本书配有电子教案，需要者可与出版社联系，免费提供。

图书在版编目(CIP)数据

数字信号处理实验：MATLAB 版/刘舒帆，费诺，陆辉编.
—西安：西安电子科技大学出版社，2008.5(2021.8 重印)
ISBN 978 - 7 - 5606 - 2006 - 0

Ⅰ. 数… Ⅱ. ①刘… ②费… ③陆… Ⅲ. 数字信号—信号处理—计算机辅助计算—软件包，MATLAB—高等学校—教材 Ⅳ. TN911.72

中国版本图书馆 CIP 数据核字(2008)第 024038 号

策　划　毛红兵
责任编辑　邵汉平　毛红兵
出版发行　西安电子科技大学出版社(西安市太白南路 2 号)
电　话　(029)88202421　88201467　　邮　编　710071
http://www.xduph.com　E-mail：xdupfxb001@163.com
经　销　新华书店
印刷单位　陕西天意印务有限责任公司
版　次　2021 年 8 月第 1 版第 5 次印刷
开　本　787 毫米×1092 毫米　1/16　印张 18.5
字　数　438 千字
印　数　10 001～12 000 册
定　价　45.00 元
ISBN 978 - 7 - 5606 - 2006 - 0/TP
XDUP 2298001 - 5

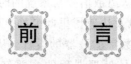

前　言

随着大规模集成电路和微处理器技术的迅猛发展，无论在理论上还是在工程应用中，数字信号处理技术都已成为目前发展最快的学科之一，并且日趋完善和成熟。由于数字信号处理技术比模拟信号处理技术具有较明显的优越性，其精度和可靠性高，使用灵活，便于大规模集成，因而数字信号处理技术已在通信、雷达、遥感、声纳、图像处理、测量与控制、多媒体技术、生物医学、工程机械等领域得到了广泛应用，且其研究范围和应用领域还在不断地发展和扩大。

数字信号处理系统的实现方法主要分为软件实现法、硬件实现法和软硬件结合实现法。目前主要采用软硬件结合实现法，即利用专用的数字信号处理器（DSP芯片），通过配置硬件和软件编程，实现所要求的数字信号处理任务。

MATLAB是一种强大的分析、计算及可视化工具。它以矩阵运算为基础进行数据处理，将高性能的数值计算和可视化集成在一起，提供了大量的内置函数，因而被广泛运用于科学计算、系统控制以及信息处理等领域。同时，MATLAB产品的开放式结构使得用户可以非常方便地对其进行功能扩展。

MATLAB在其发展过程中逐渐渗透到DSP的设计当中，在信号处理方面具有许多独到之处。目前，Mathworks公司大力开发与DSP配合使用的新技术，使MATLAB与DSP芯片的联系越来越紧密。这些新技术充分利用了MATLAB编程简洁、迅速的特点，大大缩短了技术人员开发项目的时间和周期，使MATLAB在数字信号处理领域发挥了非常有效的作用。

在DSP系统开发中，MATLAB丰富的信号处理工具箱是一种非常有效的辅助设计工具。通常，我们采用把普通的MATLAB工具与DSP汇编语言结合起来的方法进行设计。其中，MATLAB主要发挥以下作用：

（1）提供设计数据。利用MATLAB的科学计算功能，对特定的设计任务进行计算，得出的设计数据（如数字滤波器的系数、数字化的输入信号等）可以提供给DSP系统的程序，供实现DSP系统或进行调试时使用。

（2）进行模拟仿真。在设计一个实时DSP系统前，通常先使用MATLAB对算法在DSP上运行的性能进行模拟。当模拟结果正确时，再通过编程将该算法从MATLAB改变成C或DSP汇编语言，在目标DSP上实现。

由此可见，学习MATLAB在信号处理方面的知识是非常必要的。

数字信号处理实验是通信、电子、信息工程以及相关专业重要的实践课程。用MATLAB开设数字信号处理实验课程时，学生必须具备电路、信号与系统、数字信号处理以及MATLAB语言方面的知识。数字信号处理实验课将为后续的DSP应用、语音处理、现代通信系统等专业基础实践课程打下基础。学好这门实践课程，对于理解数字信号处理的基本理论，对于今后专业课程的学习以及个人实际动手能力的提高，都是十分重要的。

本实验教材依据数字信号处理的基本理论及 MATLAB 在数字信号处理中的应用选择编排了 30 个实验。实验内容涉及从离散信号与系统的时域分析到频域分析，从离散傅里叶级数到离散傅里叶变换、z 变换以及快速傅里叶变换，从时域抽样与信号的重建到频域抽样与恢复，从模拟原型滤波器到数字滤波器的设计，从 IIR 滤波器到 FIR 滤波器的设计等，基本涵盖了本科阶段数字信号处理课程的主要知识点。每一个实验最初涉及到的MATLAB 子函数都在该实验中给予介绍，并对实验的基本原理进行了简要介绍，同时提供了大量的典型例题程序。在每个实验课题中都布置了相应的实验练习题和思考题，便于实验教学和学生自学。

由于 MATLAB 在数字信号处理中的作用除了仿真分析外，主要是辅助设计，设计占据了主要的地位，因此，在本实验教材的结构体系中，不再将验证性实验和设计性实验进行分类，而是根据理论课程的内容进行编排和分类；同时，结合实际选编了 3 个综合应用方面的实验。

本书还编写了三个附录，对 MATLAB 的基本使用以及信号处理工具箱中常用的函数进行了简单介绍，以备使用者随时查阅。

本书由解放军理工大学刘舒帆、陆辉与三江学院费诺老师合作编写而成。

由于编者水平有限，加之时间仓促，书中可能存在着一些不足。我们真诚希望通过本书能调动起读者学习数字信号处理及其实验课程的兴趣，由此而寻找更多有关的书籍进行学习和研究。

对于本书中所有例题与实验任务的参考程序，读者如有需要，可通过邮箱 lsf_2004007@sina.com 与编者联系，将免费提供。

编　者

2007.10

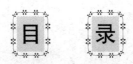

目 录

实验 1　MATLAB 语言上机操作实践

一、实验目的

(1) 了解 MATLAB 语言的主要特点及作用。

(2) 熟悉 MATLAB 主界面，初步掌握 MATLAB 命令窗和编辑窗的操作方法。

(3) 学习简单的数组赋值、数组运算、绘图、流程控制的程序编写。

二、实验涉及的 MATLAB 子函数

1. abs

功能：求绝对值(幅值)。

调用格式：

y＝abs(x)；用于计算 x 的绝对值。

当 x 为复数时，得到的是复数模(幅值)，即

$$abs(x) = \sqrt{(Re(x))^2 + (Im(x))^2}$$

当 x 为字符串时，abs(x)得到字符串的各个字符的 ASCII 码，例如 x＝$'123'$，则 abs(x)＝49　50　51；输入 abs($'abc'$)，则 ans ＝ 97　98　99。

2. plot

功能：按线性比例关系，在 x 和 y 两个方向上绘制二维图形。

调用格式：

plot(x，y)；绘制以 x 为横轴、y 为纵轴的线性图形。

plot(x1，y1，x2，y2，…)；在同一坐标系上绘制多组 x 元素对 y 元素的线性图形。

3. stem

功能：绘制二维脉冲杆图(离散序列)图形。

调用格式：

stem(x，y)；绘制以 x 为横轴、y 为纵轴的脉冲杆图图形。

4. stairs

功能：绘制二维阶梯图图形。

调用格式：

stairs (x，y)；绘制以 x 为横轴、y 为纵轴的阶梯图图形。

5. subplot

功能：建立子图轴系，在同一图形界面上产生多个绘图区间。

调用格式：

subplot(m, n, i)；在同一图形界面上产生一个 m 行 n 列的子图轴系，在第 i 个子图位置上作图。

6. title

功能：在图形的上方标注图名。

调用格式：

title('string')；在图形的上方标注由字符串表示的图名，其中 string 的内容可以是中文或英文。

7. xlabel

功能：在横坐标的下方标注说明。

调用格式：

xlabel('string')；在横坐标的下方标注说明，其中 string 的内容可以是中文或英文。

8. ylabel

功能：在纵坐标的左侧标注说明。

调用格式：

ylabel('string')；在纵坐标的左侧标注说明，其中 string 的内容可以是中文或英文。

三、实验原理

参阅附录 1。

四、实验内容与方法

1. 简单的数组赋值方法

MATLAB 中的变量和常量都可以是数组(或矩阵)，且每个元素都可以是复数。

(1) 在 MATLAB 命令(Command)窗口输入数组：

A=[1 2 3；4 5 6；7 8 9]

观察输出结果，然后再从键盘输入：

A(4，2)= 11

A(5，:) = [−13   −14   −15]

A(4，3)= abs (A(5，1))

A([2，5]，:) = [ ]

A/2

A(4，:) = [sqrt(3)   (4+5)/6*2   −7]

每输入一行命令，观察输出的结果，然后在上述各命令行的后面标注其含义。

(2) 在 MATLAB 命令窗口输入：

B=[1+2i, 3+4i；5+6i，7+8i]

C=[1, 3；5, 7]+[2, 4；6, 8]*i

观察输出结果。试一试，如果 C 式中 i 前的 * 号省略，结果如何？

输入：

D = sqrt(2+3i)

D ∗ D

E = C′

F = conj(C)

G = conj(C)′

观察以上各输出结果，并在每式的后面标注其含义。

(3) 在 MATLAB 命令窗口输入：

H1=ones(3, 2)

H2=zeros(2, 3)

H3=eye(4)

观察输出结果。

2. 数组的基本运算

在 MATLAB 命令(Command)窗口：

(1) 输入 A=[1　3　5], B= [2　4　6], 求 C=A+B, D=A−2, E=B−A。

(2) 求 F1=A ∗ 3, F2=A. ∗ B, F3=A. /B, F4=A. \B, F5=B. \A, F6=B. ^A, F7= 2. /B, F8=B. \2。

(3) 求 Z1=A ∗ B′, Z2=B′ ∗ A。

观察以上各输出结果，比较各种运算的区别，理解其含义。

3. 常用函数及相应的信号波形显示

例 1 – 1　显示曲线 f(t)=2sin(2πt), t>0。

第 1 步，点击空白文档图标(New M-file)，打开文本编辑窗。

第 2 步，输入：

```
t=0:0.05:3;                %建立时间数组
f=2 ∗ sin(2 ∗ pi ∗ t);     %生成函数
plot(t, f);                %用 plot 作连续信号的曲线
title('f(t)−t 曲线');       %在图的上端标注图名
xlabel('t');               %标注横坐标
ylabel('f(t)');            %标注纵坐标
```

注意：程序中，%符号后面的说明文字在输入时可以省略。

第 3 步，点击保存图标(SAVE)，键入文件名 L1(扩展名缺省值为. m，不用输入)。

第 4 步，点击 Tools→Run(或在 MATLAB 命令窗口上输入文件名 L1)，程序将运行。打开图形窗，将观察到相应的波形曲线。

第 5 步，保留以上程序的前 2 条语句，再输入下列程序段，观察其结果：

```
subplot(2, 2, 1), plot(t, f);    %建立 2×2 子图轴系，在图 1 处绘线性图
title('plot(t, f)');
subplot(2, 2, 2), stem(t, f);    %在 2×2 子图轴系图 2 处绘脉冲图
title('stem(t, f)');
```

```
subplot(2, 2, 3), stairs(t, f);      %在 2×2 子图轴系图 3 处绘阶梯图
title('stairs(t, f)');
subplot(2, 2, 4), bar(t, f);         %在 2×2 子图轴系图 4 处绘条形图
title('bar(t, f)');
```

练习题:

在读懂上述例题程序的基础上,请在同一图形窗口用 2×2 子图轴系描绘下列函数波形:

(1) $f(t) = 4e^{-2t}$　　$(0 < t < 4)$

(2) $f(t) = e^{-t}\cos(2\pi t)$　　$(0 < t < 3)$

(3) $f(k) = k$　　$(0 < k < 10)$

(4) $f(k) = k\sin(k)$　　$(-20 < k < 20)$

注意:上述练习题中出现的乘除运算是数组运算还是矩阵运算?应使用什么运算符?

4. 简单的流程控制编程

例 1 - 2　将下列数学表达式编写成 MATLAB 程序进行计算。

$$X = \sum_{n=1}^{32} n^2 = 1^2 + 2^2 + 3^2 + 4^2 + \cdots + n^2$$

程序如下:

```
X=0;
for n=1: 32
    X=X+n^2;
end
```

将该程序文件名存为 L2。执行程序后,由于其结果不是图形,因而不会立即显示程序的执行结果。在命令窗口输入 X(程序中的变量名)后回车,观察其结果。

练习题:

(1) $X = \sum_{n=1}^{20} (2n-1)^2 = 1^2 + 3^2 + 5^2 + \cdots + (2n-1)^2$

(2) $X = 1 \times 2 + 2 \times 3 + 3 \times 4 + \cdots + 99 \times 100$

(3) 用循环语句建立一个有 20 个分量的数组,使 $a_{k+2} = a_k + a_{k+1}$,式中 $k = 1, 2, 3, \cdots$ 且 $a_1 = 1$, $a_2 = 1$。

五、实验预习

(1) 认真阅读附录 1,明确以下问题:

① MATLAB 语言与其它计算机语言相比,有何特点?

② MATLAB 的工作环境主要包括几个窗口?这些窗口的主要功能是什么?

③ MATLAB 如何进行数组元素的寻访和赋值?在赋值语句中,各种标点符号的作用如何?

④ 数组运算有哪些常用的函数?MATLAB 中如何处理复数?

⑤ 数组运算与矩阵运算有何异同?重点理解数组运算中点乘(. *)和点除(. /或. \)的用法。

⑥ 初步了解 MATLAB 的基本流程控制语句及其使用方法。

⑦ 通过例题，初步了解用 MATLAB 进行二维图形绘制的方法和常用图形函数。

(2) 阅读例 1-1、例 1-2 程序，预先编写"实验内容与方法"3、4 中练习题的程序。

六、实验报告

(1) 列写"实验内容与方法"1、2 项中各条命令的意义。

(2) 列写"实验内容与方法"3、4 项中各练习题的程序，并打印运行结果。

实验 2　时域离散信号的产生

一、实验目的

(1) 了解常用的时域离散信号及其特点。

(2) 掌握 MATLAB 产生常用时域离散信号的方法。

二、实验涉及的 MATLAB 子函数

1. axis

功能：限定图形坐标的范围。

调用格式：

axis([x1, x2, y1, y2])；在横坐标起点为 x1、终点为 x2，纵坐标起点为 y1、终点为 y2 的范围内作图。

2. length

功能：取某一变量的长度(采样点数)。

调用格式：

N＝length(n)；取变量 n 的采样点个数，赋给变量 N。

3. real

功能：取某一复数的实部。

调用格式：

real(h)；取复数 h 的实部。

x＝real(h)；取复数 h 的实部，赋给变量 x。

4. imag

功能：取某一复数的虚部。

调用格式：

imag(h)；取复数 h 的虚部。

y＝imag (h)；取复数 h 的虚部，赋给变量 y。

5. sawtooth

功能：产生锯齿波或三角波。

调用格式：

x＝sawtooth(t)；类似于 sin(t)，产生周期为 2π，幅值从 −1 到 ＋1 的锯齿波。

x＝sawtooth(t, width)；产生三角波，其中 width(0＜width≤1，为标量)用于确定最大值的位置。当 width＝0.5 时，可产生一对称的标准三角波；当 width＝1 时，将产生锯齿波。

6．square

功能：产生矩形波。

调用格式：

x＝square(t)；类似于 sin(t)，产生周期为 2π，幅值为±1 的方波。

x＝square(t，duty)；产生指定周期的矩形波，其中 duty 用于指定脉冲宽度与整个周期的比例。

7．sinc

功能：产生 sinc 函数波形。

调用格式：

x＝sinc(t)；可用于计算下列函数：

$$\text{sinc}(t) = \begin{cases} 1 & t=0 \\ \dfrac{\sin(\pi t)}{\pi t} & t \neq 0 \end{cases}$$

这个函数是宽度为 2π，幅度为 1 的矩形脉冲的连续逆傅里叶变换，即

$$\text{sinc}(t) = \frac{1}{2\pi} \int_{-\pi}^{\pi} e^{j\omega t} d\omega$$

8．diric

功能：产生 dirichlet 或周期 sinc 函数。

调用格式：

y＝diric(x，n)；式中，n 必须为正整数，y 为相应的 x 元素的 dirichlet 函数，即

$$\text{dirichlet}(x) = \begin{cases} (-1)^{k(n-1)} & x=2\pi k,\ k=0,\ \pm 1,\ \pm 2,\ \cdots \\ \dfrac{\sin(nx/2)}{n\sin(x/2)} & \text{其它} \end{cases}$$

dirichlet 函数是周期信号，当 n 为奇数时，周期为 2π；当 n 为偶数时，周期为 4π。

9．rand

功能：产生 rand 随机信号。

调用格式：

x＝rand(n，m)；用于产生一组具有 n 行 m 列的随机信号。

三、实验原理

1．时域离散信号的概念

在时间轴的离散点上取值的信号，称为离散时间信号。通常，离散时间信号用 x(n)表示，其幅度可以在某一范围内连续取值。

由于信号处理所使用的设备和装置主要是计算机或专用的信号处理芯片，均以有限的位数来表示信号的幅度，因此，信号的幅度也必须"量化"，即取离散值。我们把时间和幅度上均取离散值的信号称为时域离散信号或数字信号。

在 MATLAB 语言中，时域的离散信号可以通过编写程序直接生成，也可以通过对连续信号等间隔抽样获得。

另外，抽样得到的离散信号只有在一定的抽样条件下，才能反映原连续时间信号的基本特征。这个问题留待实验 15 再进行详细的研究。本实验均选用满足抽样条件的样点数值。

2. 用 MATLAB 生成离散信号须注意的问题

1) 有关数组与下标

MATLAB 中处理的数组，将下标放在变量后面的小扩号内，且约定从 1 开始递增。例如x=[5，4，3，2，1，0]，表示 x(1)=5，x(2)=4，x(3)=3，x(4)=2，x(5)=1，x(6)=0。

要表示一个下标不由 1 开始的数组 x(n)，一般应采用两个矢量，如：

n=[−3:5];

x=[1，−1，3，2，0，−2，−1，2，1];

这表示了一个含 9 个采样点的矢量。n 为一组时间矢量，对应 x 有：x(−3)=1，x(−2)=−1，x(−1)=3，…，x(5)=1，如图 2-1 所示。

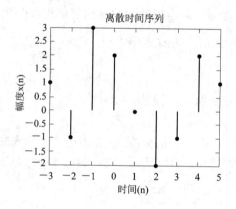

图 2-1　基本的离散时间序列

2) 信号的图形绘制

从本质上讲，MATLAB 及其任何计算机语言处理的信号都是离散信号。当我们把信号的样点值取得足够密，作图时采用特殊的指令，就可以把信号处理成连续信号。

在 MATLAB 中，离散信号与连续信号有时在程序编写上是一致的，只是在作图时选用不同的绘图函数。

连续信号作图使用 plot 函数，绘制线性图；离散信号作图则使用 stem 函数，绘制脉冲杆图。

3. 常用的时域离散信号及其程序

常用的时域离散信号主要有单位抽样序列、单位阶跃序列、实指数序列、复指数序列、正(余)弦序列、锯齿波序列、矩形波序列以及随机序列等典型信号。

有些信号的生成方法不止一种，下面对常用的时域离散信号进行介绍。

1) 单位抽样序列

单位抽样序列的表示式为

$$\delta(n)=\begin{cases}1 & n=0\\0 & n\neq0\end{cases}\quad 或\quad \delta(n-k)=\begin{cases}1 & n=k\\0 & n\neq k\end{cases}$$

下面的例 2-1、例 2-2 介绍了两种不同的产生 $\delta(n)$ 信号的方法。$\delta(n-k)$ 的求解在实验 3 中讨论。

例 2-1 用 MATLAB 的关系运算式来产生单位抽样序列 $\delta(n)$。

解 MATLAB 程序如下:

```
n1=-5; n2=5; n0=0;      %在起点为 n1、终点为 n2 的范围内,于 n0 处产生冲激
n=n1:n2;                %生成离散信号的时间序列
x=[n==n0];              %生成离散信号 x(n)
stem(n, x, 'filled');   %绘制脉冲杆图,且圆点处用实心圆表示
axis([n1, n2, 0, 1.1*max(x)]);   %确定横坐标和纵坐标的取值范围
title('单位脉冲序列');
xlabel('时间(n)'); ylabel('幅度 x(n)');
```

运行结果如图 2-2 所示。

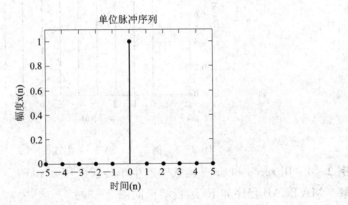

图 2-2 例 2-1、例 2-2 生成的 $\delta(n)$

例 2-2 用 zeros 函数和抽样点直接赋值来产生单位抽样序列 $\delta(n)$。

解 MATLAB 程序如下(运行结果同图 2-2):

```
n1=-5; n2=5; k=0;        %位移为 k
n=n1:n2;
nt=length(n);            %求样点 n 的个数
nk=abs(k-n1)+1;          %确定 k 在 n 序列中的位置
x=zeros(1, nt);          %对所有样点置 0
x(nk)=1;                 %对抽样点置 1
```

下面作图部分的程序同例 2-1。

2) 单位阶跃序列

单位阶跃序列的表示式为

$$u(n)=\begin{cases}1 & n\geqslant0\\0 & n<0\end{cases}\quad 或\quad u(n-k)=\begin{cases}1 & n\geqslant k\\0 & n<k\end{cases}$$

下面用两种不同的方法产生单位阶跃序列 $u(n)$。$u(n-k)$ 的求解在实验 3 中讨论。

例 2 - 3   用 MATLAB 的关系运算式来产生单位阶跃序列 u(n)。

解   MATLAB 程序如下：

n1＝－2；n2＝8；n0＝0；

n＝n1:n2；   %生成离散信号的时间序列

x＝[n≥n0]；   %生成离散信号 x(n)

stem(n, x, ′filled′)；

axis([n1, n2, 0, 1.1 * max(x)])；

title(′单位阶跃序列′)；

xlabel(′时间(n)′)；ylabel(′幅度 x(n)′)；

运行结果如图 2-3 所示。

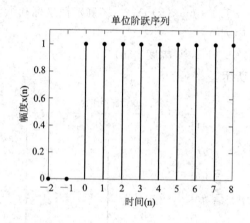

图 2-3   例 2-3、例 2-4 生成的 u(n)

例 2 - 4   用 zeros 和 ones 函数来产生单位阶跃序列 u(n)。

解   MATLAB 程序如下(运行结果同图 2-3)：

n1＝－2；n2＝8；k＝0；

n＝n1:n2；

nt＝length(n)；   %求样点 n 的个数

nk＝abs(k－n1)＋1；   %确定 k 在 n 序列中的位置

%生成离散信号 x(n)。对前 nk－1 点置 0，从 nk 点至 n2 点置 1

x＝[zeros(1, nk－1), ones(1, nt－nk＋1)]；

下面作图部分的程序同例 2-3。

3）实指数序列

实指数序列的表示式为

$$x(n)=a^n \quad \text{其中 a 为实数}$$

当 $|a|<1$ 时，$x(n)$ 的幅度随 n 的增大而减小，序列逐渐收敛；当 $|a|>1$ 时，$x(n)$ 的幅度随 n 的增大而增大，序列逐渐发散。

例 2 - 5   编写产生 a＝1/2 和 a＝2 实指数连续信号和离散序列的程序。

解   MATLAB 程序如下：

n1＝－10；n2＝10；a1＝0.5；a2＝2；

```
na1＝n1:0；x1＝a1.^na1；
na2＝0:n2；x2＝a2.^na2；
subplot(2, 2, 1), plot(na1, x1)；
title('实指数原信号(a＜1)')；
subplot(2, 2, 3), stem(na1, x1, 'filled')；
title('实指数序列(a＜1)')；
subplot(2, 2, 2), plot(na2, x2)；
title('实指数原信号(a＞1)')；
subplot(2, 2, 4), stem(na2, x2, 'filled')；
title('实指数序列(a＞1)')；
```

运行结果如图 2-4 所示。

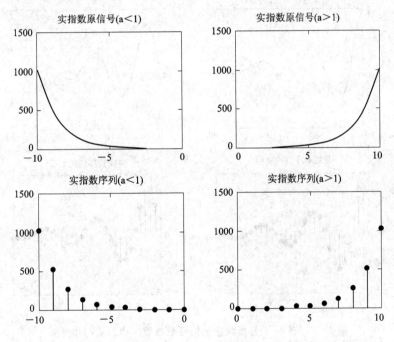

图 2-4　例 2-5 生成 $|a|＜1$ 和 $|a|＞1$ 的实指数连续信号与离散序列

4）复指数序列

复指数序列的表示式为

$$x(n)=\begin{cases} e^{(\delta+j\omega)n} & n\geqslant0 \\ 0 & n＜0 \end{cases}$$

当 $\omega=0$ 时，$x(n)$ 为实指数序列；当 $\sigma=0$ 时，$x(n)$ 为虚指数序列，即

$$e^{j\omega n}=\cos(\omega n)+j\sin(\omega n)$$

由上式可知，其实部为余弦序列，虚部为正弦序列。

例 2-6　编写产生 $\sigma=-0.1$、$\omega=0.6$ 复指数连续信号与离散序列的程序。

解　MATLAB 程序如下：

```
n1＝30；a＝-0.1；w＝0.6；
n＝0:n1；
```

```
x=exp((a+j*w)*n);
subplot(2, 2, 1), plot(n, real(x));
title('复指数原信号的实部');
subplot(2, 2, 3), stem(n, real(x), 'filled');
title('复指数序列的实部');
subplot(2, 2, 2), plot(n, imag(x));
title('复指数原信号的虚部');
subplot(2, 2, 4), stem(n, imag(x), 'filled');
title('复指数序列的虚部');
```

运行结果如图 2-5 所示。

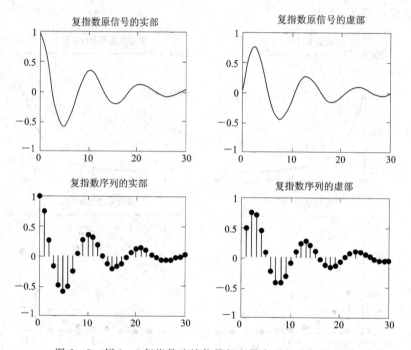

图 2-5　例 2-6 复指数连续信号与离散序列的实部和虚部

5) 正(余)弦序列

正(余)弦序列的表示式为

$$x(n)=U_m \sin(\omega_0 n+\theta)$$

连续时间信号与离散时间信号的联系可由下例程序清楚地反映出来。

例 2-7　已知一时域周期性正弦信号的频率为 1 Hz，振幅值幅度为 1 V。在窗口上显示 2 个周期的信号波形，并对该信号的一个周期进行 32 点采样获得离散信号。试显示原连续信号和其采样获得的离散信号波形。

解　MATLAB 程序如下：

```
f=1; Um=1; nt=2; ;         %输入信号频率、振幅和显示周期数
N=32; T=1/f;               %N 为信号一个周期的采样点数，T 为信号周期
dt=T/N;                    %采样时间间隔
n=0:nt*N-1;                %建立离散信号的时间序列
```

```
tn＝n＊dt;                                ％确定时间序列样点在时间轴上的位置
x＝Um＊sin(2＊f＊pi＊tn);
subplot(2，1，1); plot(tn，x);            ％显示原连续信号
axis([0 nt＊T 1.1＊min(x) 1.1＊max(x)]); ％限定横坐标和纵坐标的显示范围
ylabel('x(t)');
subplot(2，1，2); stem(tn，x);            ％显示经采样的信号
axis([0 nt＊T 1.1＊min(x) 1.1＊max(x)]);
ylabel('x(n)');
```

结果如图 2－6 所示。

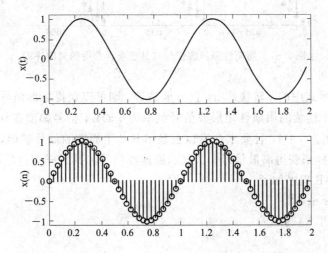

图 2－6 时域连续的正弦信号与经采样获得的离散序列

6) 锯齿波(三角波)序列

将 sawtooth 表示式中的 t 转换成 n，且 n 取整数，则可以获得锯齿波或三角波序列。

例 2－8 一个连续的周期性锯齿波信号频率为 10 Hz，信号幅度在－1 V 到＋1 V 之间，在窗口上显示 3 个周期的信号波形，用 $F_s＝150$ Hz 的频率对连续信号进行采样。试显示原连续信号和其采样获得的离散信号波形。

解 MATLAB 程序如下：

```
f＝10; Um＝1; nt＝3;                  ％输入信号频率、振幅和显示周期个数
Fs＝150; N＝Fs/f;                    ％输入采样频率，求采样点数 N
T＝1/f;                              ％T 为信号的周期
dt＝T/N;                             ％采样时间间隔
n＝0:nt＊N－1;                       ％建立离散信号的时间序列
tn＝n＊dt;                           ％确定时间序列样点在时间轴上的位置
x＝Um＊sawtooth(2＊f＊pi＊tn);       ％产生时域信号
```

作图部分的程序参考例 2－7。

结果如图 2－7 所示。

注意：直接用 sawtooth 子函数产生的信号波形，其幅度在－1～＋1 之间，因此本例在程序上不用做任何处理。

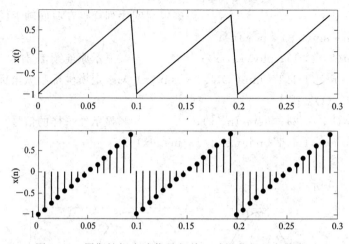

图 2-7　周期性锯齿波信号与其经采样获得的离散序列

7) 矩形波序列

将 square 表示式中的 t 转换成 n，且 n 取整数，则可以获得矩形信号序列。

例 2-9　一个连续的周期性矩形波信号频率为 5 kHz，信号幅度在 0～2 V 之间，脉冲宽度与周期的比例为 1∶4，且要求在窗口上显示其 2 个周期的信号波形，并对信号的一个周期进行 16 点采样来获得离散信号。试显示原连续信号和其采样获得的离散信号波形。

解　MATLAB 程序如下：

```
f=5000；nt=2；
N=16；T=1/f；
dt=T/N；
n=0:nt*N-1；
tn=n*dt；
x=square(2*f*pi*tn,25)+1；        %产生时域信号，且幅度在 0～2 V 之间
```

作图部分的程序参考例 2-7。

结果如图 2-8 所示。

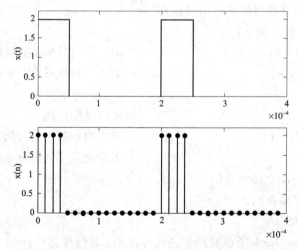

图 2-8　周期性矩形波信号与其经采样获得的离散序列

注意：直接用 square 子函数产生的信号波形，其幅度在 $-1 \sim +1$ 之间。为使信号幅度改变为 $0 \sim 2\ \text{V}$ 之间，在程序上做了处理。

8）sinc 函数

将 sinc 表示式中的 t 转换成 n，且 n 取整数，则可以获得 sinc 信号序列。

例 2 - 10 求 $f(n) = \dfrac{\sin(n/4)}{n/4}$，$(-20 < n < 20)$。

解 MATLAB 程序如下：

```
n=-20:20
f=sinc(n/4);
subplot(2, 1, 1), plot(n, f);
subplot(2, 1, 2), stem(n, f);
```

结果如图 2 - 9 所示。

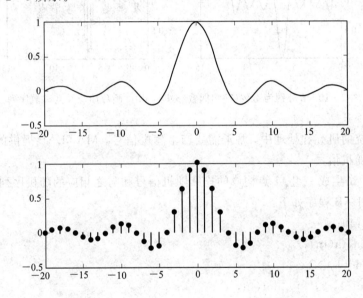

图 2 - 9 sinc 信号与其经采样获得的离散序列

9）diric 函数

例 2 - 11 求 n 分别为 7 和 8 时的 diric 函数曲线。

解 MATLAB 程序如下：

```
n1=7; n2=8;
x=[0:1/pi:4 * pi];
y1=diric(x, n1);
y2=diric(x, n2);
subplot(2, 2, 1), plot(x, y1, 'k');
subplot(2, 2, 2), stem(x, y1, 'k');
subplot(2, 2, 3), plot(x, y2, 'k');
subplot(2, 2, 4), stem(x, y2, 'k');
```

结果如图 2 - 10 所示。

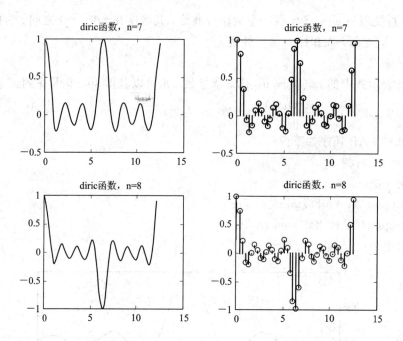

图 2-10   n 分别为奇数(7)和偶数(8)时，diric 函数曲线及其离散序列

10) rand 函数

在实际系统的研究和处理中，常常需要产生随机信号。MATLAB 提供的 rand 函数可以为我们生成随机信号。

例 2-12   试生成一组 41 点构成的连续随机信号和与之相应的随机序列。

解   MATLAB 程序如下：

```
tn=0:40;
N=length(tn);
x=rand(1, N);
subplot(1, 2, 1), plot(tn, x);
subplot(1, 2, 2), stem(tn, x);
```

结果如图 2-11 所示。

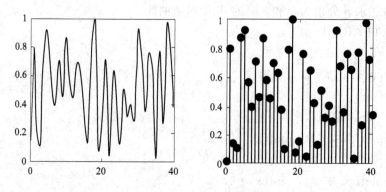

图 2-11   随机信号与随机序列

四、实验任务

(1) 阅读并输入实验原理中介绍的例题程序，理解每一条语句的含义。

改变例题中的有关参数(如信号的频率、周期、幅度、显示时间的取值范围、采样点数等)，观察对信号波形有何影响。

(2) 编写程序，产生下列离散序列：

① $f(n) = \delta(n)$　$(-3 < n < 4)$

② $f(n) = u(n)$　$(-5 < n < 5)$

③ $f(n) = e^{(0.1 + j1.6\pi)n}$　$(0 < n < 16)$

④ $f(n) = 3 \sin \dfrac{n\pi}{4}$　$(0 < n < 20)$

⑤ $f(n) = \dfrac{\sin(n/5)}{n/5}$　$(-20 < n < 20)$

(3) 一个连续的周期性三角波信号频率为 50 Hz，信号幅度在 $0 \sim +2$ V 之间，在窗口上显示 2 个周期的信号波形，对信号的一个周期进行 16 点采样来获得离散信号。试显示原连续信号和采样获得的离散信号波形。

(4) 一个连续的周期性方波信号频率为 200 Hz，信号幅度在 $-1 \sim +1$ V 之间，要求在窗口上显示其 2 个周期的信号波形。用 Fs＝4 kHz 的频率对连续信号进行采样，试显示原连续信号和其采样获得的离散信号波形。

五、实验预习

(1) 认真阅读实验原理，明确本次实验任务，读懂各函数和例题程序，了解实验方法。

(2) 根据实验任务预先编写实验程序。

(3) 预习思考题：产生单位脉冲序列和单位阶跃序列各有几种方法? 如何使用?

六、实验报告

(1) 列写调试通过的实验程序，打印或描绘实验程序产生的曲线图形。

(2) 思考题：

① 回答实验预习思考题。

② 通过例题程序，你发现采样频率 Fs、采样点数 N、采样时间间隔 dt 在程序编写中有怎样的联系，使用时需注意什么问题?

实验 3　离散序列的基本运算

一、实验目的

(1) 进一步了解离散时间序列时域的基本运算。

(2) 了解 MATLAB 语言进行离散序列运算的常用函数,掌握离散序列运算程序的编写方法。

二、实验涉及的 MATLAB 子函数

1. find

功能:寻找非零元素的索引号。

调用格式:

$\text{find}((n>=\min(n1)) \& (n<=\max(n1)))$;在符合关系运算条件的范围内寻找非零元素的索引号。

2. fliplr

功能:对矩阵行元素进行左右翻转。

调用格式:

$x1 = \text{fliplr}(x)$;将 x 的行元素进行左右翻转,赋给变量 x1。

三、实验原理

离散序列的时域运算包括信号的相加、相乘,信号的时域变换包括信号的移位、反折、倒相及信号的尺度变换等。

在 MATLAB 中,离散序列的相加、相乘等运算是两个向量之间的运算,因此参加运算的两个序列向量必须具有相同的维数,否则应进行相应的处理。

下面用实例介绍各种离散序列的时域运算和时域变换的性质。

1. 序列移位

将一个离散信号序列进行移位,形成新的序列:

$$x_1(n) = x(n-m)$$

当 $m>0$ 时,原序列 $x(n)$ 向右移 m 位,形成的新序列称为 $x(n)$ 的延时序列;当 $m<0$ 时,原序列 $x(n)$ 向左移 m 位,形成的新序列称为 $x(n)$ 的超前序列。

例 3-1　$x_1(n) = u(n+6)$　$(-10<n<10)$

$x_2(n) = u(n-4)$　$(-10<n<10)$

编写一个 MATLAB 程序,对 $u(n)$ 序列进行移位,由图 3-1 比较三个序列之间的关系。

```
n1=−10；n2=10；
k0=0；k1=−6；k2=4；
n=n1:n2；                        %生成离散信号的时间序列
x0=[n>=k0]；                     %生成离散信号 x0(n)
x1=[(n−k1)>=0]；                 %生成离散信号 x1(n)
x2=[(n−k2)>=0]；                 %生成离散信号 x2(n)
subplot(3，1，1)，stem(n，x0，'filled'，'k')；
axis([n1，n2，1.1 * min(x0)，1.1 * max(x0)])；
ylabel('u(n)')；
subplot(3，1，2)，stem(n，x1，'filled'，'k')；
axis([n1，n2，1.1 * min(x1)，1.1 * max(x1)])；
ylabel('u(n+6)')；
subplot(3，1，3)，stem(n，x2，'filled'，'k')；
axis([n1，n2，1.1 * min(x2)，1.1 * max(x2)])；
ylabel(u'(n−4)')；
```

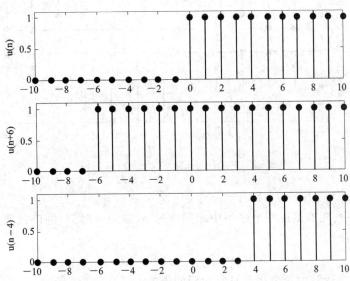

图 3-1 u(n)及其位移序列 u(n+6)和 u(n−4)

例 3-2 已知一正弦信号：

$$x(n)=2 \sin \frac{2\pi n}{10}$$

求其移位信号 x(n−2)和 x(n+2)在 −2<n<10 区间的序列波形。

解 MATLAB 程序如下：

```
n=−2:10；n0=2；n1=−2；
x=2 * sin(2 * pi * n/10)；          %建立原信号 x(n)
x1=2 * sin(2 * pi * (n−n0)/10)；    %建立 x(n−2)信号
```

```
x2＝2 * sin(2 * pi * (n－n1)/10);                    %建立 x(n＋2)信号
subplot(3，1，1)，stem(n，x，'filled'，'k');
ylabel('x(n)');
subplot(3，1，2)，stem(n，x1，'filled'，'k');
ylabel('x(n－2)');
subplot(3，1，3)，stem(n，x2，'filled'，'k');
ylabel('x(n＋2)');
```

结果如图 3－2 所示。

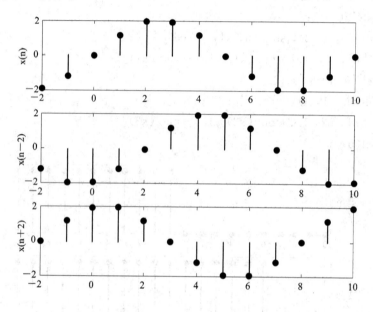

图 3－2 正弦信号 x(n)、x(n－2)和 x(n＋2)

2. 序列相加

两个离散序列相加是指两个序列中相同序号 n（或同一时刻）的序列值逐项对应相加，构成一个新的序列：

$$x(n)＝x_1(n)＋x_2(n)$$

情况 1 参加运算的两个序列具有相同的维数。

例 3－3 求 $x(n)＝\delta(n－2)＋\delta(n－4)$ $(0＜n＜10)$。

解 MATLAB 程序如下：

```
n1＝0；n2＝10；n01＝2；n02＝4;                        %赋初值
n＝n1:n2;
x1＝[(n－n01)＝＝0];                               %建立 δ(n－2)序列
x2＝[(n－n02)＝＝0];                               %建立 δ(n－4)序列
x3＝x1＋x2;
subplot(3，1，1)；stem(n，x1，'filled');
axis([n1，n2，1.1 * min(x1)，1.1 * max(x1)]);
ylabel('δ(n－2)');
```

```
subplot(3, 1, 2); stem(n, x2, 'filled');
axis([n1, n2, 1.1 * min(x2), 1.1 * max(x2)]);
ylabel('δ(n−4)');
subplot(3, 1, 3); stem(n, x3, 'filled');
axis([n1, n2, 1.1 * min(x3), 1.1 * max(x3)]);
ylabel('δ(n−2)+δ(n−4)');
```

结果如图 3-3 所示。

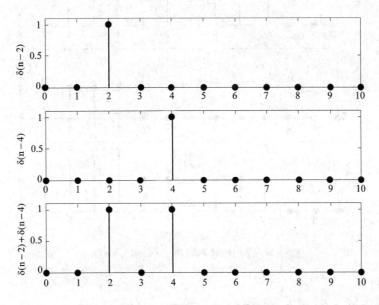

图 3-3　δ(n−2)和 δ(n−4)序列相加

情况 2：参加运算的两个序列的维数不同。

例 3-4　已知 $x_1(n) = u(n+2)$　$(-4 < n < 6)$

　　　　　$x_2(n) = u(n-4)$　$(-5 < n < 8)$

求

$$x(n) = x_1(n) + x_2(n)$$

解　要求上述两个序列之和，必须对长度较短的序列补零，同时保持位置一一对应。
MATLAB 程序如下：

```
n1=−4:6; n01=−2;
x1=[(n1−n01)>=0];                       %建立 x1 信号
n2=−5:8; n02=4;
x2=[(n2−n02)>=0];                       %建立 x2 信号
n=min([n1, n2]):max([n1, n2]);          %为 x 信号建立时间序列 n
N=length(n);                            %求时间序列 n 的点数 N
y1=zeros(1, N); y2=zeros(1, N);         %新建一维 N 列的 y1、y2 全 0 数组
y1(find((n>=min(n1))&(n<=max(n1))))=x1;     %为 y1 赋值
y2(find((n>=min(n2))&(n<=max(n2))))=x2;     %为 y2 赋值
```

x＝y1＋y2;

stem(n, x, 'filled');

axis([min(n), max(n), 1.1 * min(x), 1.1 * max(x)]);

结果如图 3-4 所示。

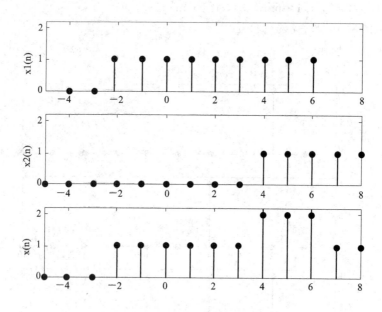

图 3-4　序列维数不同的 $x_1(n)$ 和 $x_2(n)$ 相加

3. 序列相乘

两个离散序列相乘是指两个序列中相同序号 n(或同一时刻)的序列值逐项对应相乘,构成一个新的序列:

$$x(n)=x_1(n)\times x_2(n)$$

同样存在着序列维数相同和不同两种情况,处理方法与序列相加相同。

例 3-5　已知信号:

$$x_1(n)=3e^{-0.25n} \quad (-4<n<10)$$

$$x_2(n)=u(n+1) \quad (-2<n<6)$$

求

$$x(n)=x_1(n)\times x_2(n)$$

解　MATLAB 程序如下:

```
n1＝-4:10;
x1＝3 * exp(-0.25 * n);                    %建立 x1 信号
n2＝-2:6; n02＝-1;
x2＝[(n2-n02)>=0];                         %建立 x2 信号
n＝min([n1, n2]):max([n1, n2]);           %为 x 信号建立时间序列 n
N＝length(n);                              %求时间序列 n 的点数 N
y1＝zeros(1, N);                           %新建一维 N 列的 y1 全 0 数组
```

y2＝zeros(1，N)；　　　　　　　　　　　　　%新建一维 N 列的 y2 全 0 数组

y1(find((n≥=min(n1))&(n≤=max(n1))))=x1；　　　%为 y1 赋值

y2(find((n≥=min(n2))&(n≤=max(n2))))=x2；　　　%为 y2 赋值

x＝y1.＊y2；

结果如图 3-5 所示。

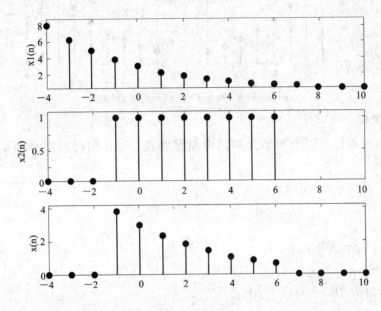

图 3-5　序列 $x_1(n)$ 和 $x_2(n)$ 相乘

4. 序列反折

离散序列反折是指离散序列的两个向量以零时刻的取值为基准点，以纵轴为对称轴反折。在 MATLAB 中提供了 fliplr 函数，可以实现序列的反折。

例 3-6 已知一个信号：

$$x(n)=e^{-0.3*n}　　　(-4<n<4)$$

求它的反折序列 $x(-n)$。

解　MATLAB 程序如下：

n＝-4:4；

x＝exp(-0.3＊n)；

x1＝fliplr(x)；

n1＝-fliplr(n)；

subplot(1，2，1)，stem(n，x，'filled')；

title('x(n)')；

subplot(1，2，2)，stem(n1，x1，'filled')；

title('x(-n)')；

结果如图 3-6 所示。

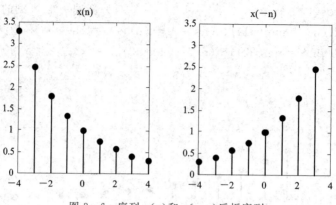

图 3 - 6 序列 x(n)和 x(−n)反折序列

5. 序列倒相

离散序列倒相是求一个与原序列的向量值相反，对应的时间序号向量不变的新的序列。

例 3 - 7 将例 3 - 6 中信号：

$$x(n) = e^{-0.3*n} \quad (-4 < n < 4)$$

倒相。

解 MATLAB 程序如下：

```
n=−4:4;
x=exp(−0.3 * n);
x1=−x;
subplot(1, 2, 1), stem(n, x, 'filled');
title('x(n)');
axis([min(n), max(n), 1.1 * min(x1), 1.1 * max(x)]);
subplot(1, 2, 2), stem(n, x1, 'filled');
title('−x(n)');
axis([min(n), max(n), 1.1 * min(x1), 1.1 * max(x)]);
```

结果如图 3 - 7 所示。

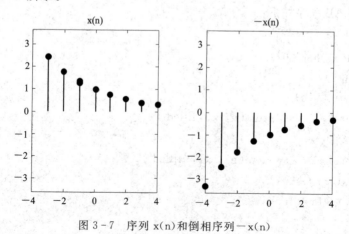

图 3 - 7 序列 x(n)和倒相序列−x(n)

6. 序列的尺度变换

对于给定的离散序列 x(n)，序列 x(mn) 是 x(n) 每隔 m 点取一点形成，相当于时间轴 n 压缩了 m 倍；反之，序列 x(n/m) 是 x(n) 作 m 倍的插值而形成的，相当于时间轴 n 扩展了 m 倍。

例 3 - 8　已知信号 x(n)＝sin(2πn)，求 x(2n) 和 x(n/2) 的信号波形。为研究问题的方便，取 0＜n＜20，并将 n 缩小 20 倍进行波形显示。

解　MATLAB 程序如下：

```
n＝(0:20)/20;
x＝sin(2*pi*n);              %建立原信号 x(n)
x1＝sin(2*pi*n*2);          %建立 x(2n) 信号
x2＝sin(2*pi*n/2);          %建立 x(n/2) 信号
subplot(3, 1, 1), stem(n, x, 'filled');
ylabel('x(n)');
subplot(3, 1, 2), stem(n, x1, 'filled');
ylabel('x(2n)');
subplot(3, 1, 3), stem(n, x2, 'filled');
ylabel('x(n/2)');
```

结果如图 3 - 8 所示。

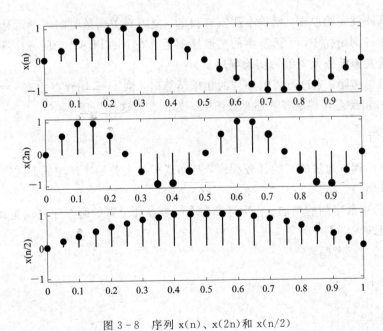

图 3 - 8　序列 x(n)、x(2n) 和 x(n/2)

四、实验任务

(1) 在 MATLAB 中运行各例题程序，理解离散序列运算的性质，了解各条语句的意义。

（2）用 MATLAB 实现下列信号序列：

① $x(n)=\delta(n+3)+2\delta(n-4)$，$(-5<n<5)$

② $x(n)=u(n-2)+u(n+2)$，$(-5<n<5)$

③ 已知 $x(n)=3\cos(2\pi n/10)$，试显示 $x(n-3)$ 和 $x(n+3)$ 在 $0<n<20$ 区间的波形。

④ 已知 $x_1=e^{-n/16}$，$x_2(n)=5\sin(2\pi n/10)$，试显示 $x_1(n)\times x_2(n)$ 在 $0<n<24$ 区间的波形。

（3）已知信号 $x(n)=n\sin(n)$，试显示在 $0<n<20$ 区间的下列波形：

$y_1(n)=x(n-3)$，$y_2(n)=x(-n)$，$y_3(n)=-x(n)$，

$y_4(n)=x(-n+3)$，$y_5(n)=x(n/2)$

＊（4）已知信号

$$x(n)=\begin{cases}2n+5, & -4\leqslant n\leqslant-1 \\ 6, & 0\leqslant n\leqslant4 \\ 0, & 其它\end{cases}$$

① 描绘 $x(n)$ 序列的波形；

② 试用延迟的单位脉冲序列及其加权和表示 $x(n)$ 序列；

③ 试描绘以下序列的波形：

$x_1(n)=2x(n-2)$，$x_2(n)=2x(n+2)$，$x_3(n)=x(2-n)$

五、实验预习

（1）认真阅读实验原理，明确本次实验目的，复习有关离散时间序列运算的理论知识。

（2）读懂各例题程序，了解基本的离散序列运算在 MATLAB 中的程序编写方法。

（3）根据实验任务预先编写实验程序。

（4）预习思考题：当进行离散序列的相乘运算时，例 3-5 题程序中有 $x=y1.*y2$，请问此处进行的相乘运算是矩阵乘还是数组乘，为什么要这样使用？

六、实验报告

（1）列写已调试通过的实验任务程序，打印或描绘实验程序产生的曲线图形。

（2）思考题：

① 当进行离散序列的相加、相乘运算时，如果参加运算的两个序列向量维数不同，应进行怎样的处理？

② 回答预习思考题。

实验 4　离散系统的冲激响应和阶跃响应

一、实验目的

(1) 加深对离散线性移不变(LSI)系统基本理论的理解，明确差分方程与系统函数之间的关系。

(2) 初步了解用 MATLAB 语言进行离散时间系统研究的基本方法。

(3) 掌握求解离散时间系统冲激响应和阶跃响应程序的编写方法，了解常用子函数。

二、实验涉及的 MATLAB 子函数

1. impz

功能：求解数字系统的冲激响应。

调用格式：

[h，t]＝impz(b，a)；求解数字系统的冲激响应 h，取样点数为缺省值。

[h，t]＝impz(b，a，n)；求解数字系统的冲激响应 h，取样点数由 n 确定。

impz(b，a)；在当前窗口用 stem(t，h)函数出图。

2. dstep

功能：求解数字系统的阶跃响应。

调用格式：

[h，t]＝ dstep (b，a)；求解数字系统的阶跃响应 h，取样点数为缺省值。

[h，t]＝ dstep (b，a，n)；求解数字系统的阶跃响应 h，取样点数由 n 确定。

dstep (b，a)；在当前窗口用 stairs(t，h)函数出图。

3. filter

功能：对数字系统的输入信号进行滤波处理。

调用格式：

y ＝ filter (b，a，x)；对于由矢量 a、b 定义的数字系统，当输入信号为 x 时，对 x 中的数据进行滤波，结果放于 y 中，长度取 max(na，nb)。

[y，zf]＝ filter (b，a，x)；除得到结果矢量 y 外，还得到 x 的最终状态矢量 zf。

y ＝ filter (b，a，x，zi)；可在 zi 中指定 x 的初始状态。

4. filtic

功能：为 filter 函数选择初始条件。

调用格式：

z ＝ filtic(b，a，y，x)；求给定输入 x 和 y 时的初始状态。

z ＝ filtic(b，a，y)；求 x＝0，给定输入 y 时的初始状态。

其中，矢量 x 和 y 分别表示过去的输入和输出：

$$x = [x(-1), x(-2), \cdots, x(-N)]$$
$$y = [y(-1), y(-2), \cdots, y(-N)]$$

说明:以上子函数中的 b 和 a,分别表示系统函数 H(z)中由对应的分子项和分母项系数所构成的数组。如式(4-2)所示,H(z)按 z^{-1}(或 z)的降幂排列。在列写 b 和 a 系数向量时,两个系数的长度必须相等,它们的同次幂系数排在同样的位置上,缺项的系数赋值为 0。

在 MATLAB 信号处理工具箱中,许多用于多项式处理的函数,都采用以上的方法来处理分子项和分母项系数所构成的数组。在后面的实验中不再说明。

三、实验原理

1. 离散 LSI 系统的响应与激励

由离散时间系统的时域和频域分析方法可知,一个线性移不变离散系统可以用线性常系数差分方程表示:

$$\sum_{k=0}^{N} a_k y(n-k) = \sum_{m=0}^{M} b_m x(n-m) \tag{4-1}$$

也可以用系统函数来表示:

$$H(z) = \frac{Y(z)}{X(z)} = \frac{b(z)}{a(z)} = \frac{\sum_{m=0}^{M} b_m z^{-m}}{\sum_{k=0}^{N} a_k z^{-k}} = \frac{b_0 + b_1 z^{-1} + b_2 z^{-2} + \cdots + b_m z^{-m}}{1 + a_1 z^{-1} + a_2 z^{-2} + \cdots + a_k z^{-k}} \tag{4-2}$$

系统函数 H(z)反映了系统响应与激励间的关系。一旦上式中的 b_m 和 a_k 的数据确定了,则系统的性质也就确定了。其中特别注意:a_0 必须进行归一化处理,即 $a_0 = 1$。

对于复杂信号激励下的线性系统,可以将激励信号在时域中分解为单位脉冲序列或单位阶跃序列,把这些单元激励信号分别加于系统求其响应,然后把这些响应叠加,即可得到复杂信号加于系统的零状态响应。因此,求解系统的冲激响应和阶跃响应尤为重要。由图 4-1 可以看出一个离散 LSI 系统响应与激励的关系。

同时,图 4-1 显示了系统时域分析方法和 z 变换域分析法的关系。如果已知系统的冲激响应 h(n),则对它进行 z 变换即可求得系统函数 H(z);反之,知道了系统函数 H(z),对其进行 z 逆变换,即可求得系统的冲激响应 h(n)。

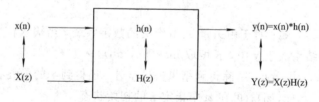

图 4-1 离散 LSI 系统响应与激励的关系

2. 用 impz 和 dstep 子函数求解离散系统的单位冲激响应和阶跃响应

在 MATLAB 语言中,求解系统单位冲激响应和阶跃响应的最简单的方法是使用 MATLAB 提供的 impz 和 dstep 子函数。

下面举例说明使用 impz 和 dstep 子函数求解系统单位冲激响应和阶跃响应的方法。

例 4-1 已知一个因果系统的差分方程为

$$6y(n)+2y(n-2)=x(n)+3x(n-1)+3x(n-2)+x(n-3)$$

满足初始条件 $y(-1)=0$，$x(-1)=0$，求系统的单位冲激响应和阶跃响应。

解 将 $y(n)$ 项的系数 a_0 进行归一化，得到

$$y(n)+\frac{1}{3}y(n-2)=\frac{1}{6}x(n)+\frac{1}{2}x(n-1)+\frac{1}{2}x(n-2)+\frac{1}{6}x(n-3)$$

分析上式可知，这是一个 3 阶系统，列出其 b_m 和 a_k 系数：

$$a_0=1, \quad a_1=0, \quad a_2=\frac{1}{3}, \quad a_3=0$$

$$b_0=\frac{1}{6}, \quad b_1=\frac{1}{2}, \quad b_2=\frac{1}{2}, \quad b_3=\frac{1}{6}$$

编写 MATLAB 程序如下（取 N=32 点作图）：

```
a=[1, 0, 1/3, 0];
b=[1/6, 1/2, 1/2, 1/6];
N=32;
n=0: N-1;
hn=impz(b, a, n);                    %求时域单位冲激响应
gn=dstep(b, a, n);                   %求时域单位阶跃响应
subplot(1, 2, 1), stem(n, hn, 'k');  %显示冲激响应曲线
title('系统的单位冲激响应');
ylabel('h(n)'); xlabel('n');
axis([0, N, -1.1 * min(hn), 1.1 * max(hn)]);
subplot(1, 2, 2), stem(n, gn, 'k');  %显示阶跃响应曲线
title('系统的单位阶跃响应');
ylabel('g(n)'); xlabel('n');
axis([0, N, -1.1 * min(gn), 1.1 * max(gn)]);
```

系统的单位冲激响应和阶跃响应如图 4-2 所示。

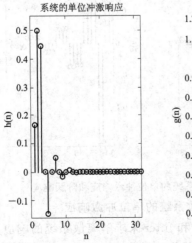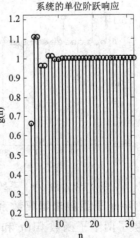

图 4-2 例 4-1 系统的单位冲激响应和阶跃响应

例 4-2 已知一个系统函数公式

$$H(z)=\frac{0.1321-0.3963z^{-2}+0.3963z^{-4}-0.1321z^{-6}}{1+0.343\,19z^{-2}+0.604\,39z^{-4}+0.204\,07z^{-6}}$$

求该系统的单位冲激响应和阶跃响应。

解 分析上式可知,这是一个 6 阶系统,直接用 MATLAB 语言列出其 b_m 和 a_k 系数:

a=[1, 0, 0.34319, 0, 0.60439, 0, 0.20407];

b=[0.1321, 0, −0.3963, 0, 0.3963, 0, −0.1321];

注意:原公式中存在着缺项,必须在相应的位置上补零。

用 impz 和 dstep 子函数编写程序如下:

```
a=[1, 0, 0.34319, 0, 0.60439, 0, 0.20407];
b=[0.1321, 0, −0.3963, 0, 0.3963, 0, −0.1321];
N=32;
n=0: N−1;
hn=impz(b, a, n);                    %求时域单位冲激响应
gn=dstep(b, a, n);                   %求时域单位阶跃响应
subplot(1, 2, 1), stem(n, hn);       %显示冲激响应曲线
title('系统的单位冲激响应');
ylabel('h(n)'); xlabel('n');
subplot(1, 2, 2), stem(n, gn);       %显示阶跃响应曲线
title('系统的单位阶跃响应');
ylabel('g(n)'); xlabel('n');
```

结果如图 4-3 所示。

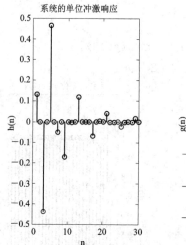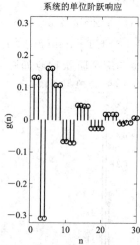

图 4-3 例 4-2 系统的单位冲激响应和阶跃响应

3. 用 filtic 和 filter 子函数求解离散系统的单位冲激响应

MATLAB 提供了两个子函数 filtic 和 filter 来求解离散系统的响应。当输入信号为单位冲激信号时,求得的响应即为系统的单位冲激响应;当输入信号为单位阶跃信号时,求得的响应即为系统的单位阶跃响应。

例 4－3　已知一个因果系统的差分方程为
$$6y(n) - 2y(n-4) = x(n) - 3x(n-2) + 3x(n-4) - x(n-6)$$

满足初始条件 $y(-1)=0$，$x(-1)=0$，求系统的单位冲激响应和单位阶跃响应。时间轴上 N 取 32 点作图。

解　将 $y(n)$ 项的系数 a_0 进行归一化，得到
$$y(n) - \frac{1}{3}y(n-4) = \frac{1}{6}x(n) - \frac{1}{2}x(n-2) + \frac{1}{2}x(n-4) - \frac{1}{6}x(n-6)$$

分析上式可知，这是一个 6 阶系统，直接用 MATLAB 语言列出其 b_m 和 a_k 系数：

a＝[1, 0, 0, 0, −1/3, 0, 0]；

b＝[1/6, 0, −1/2, 0, 1/2, 0, −1/6]；

注意：原公式中存在着缺项，必须在相应的位置上补零。

编写 MATLAB 程序如下：

```
x01=0；y01=0；N=32；              %赋初始条件和采样点数
a=[1, 0, 0, 0, −1/3, 0, 0]；      %输入差分方程系数
b=[1/6, 0, −1/2, 0, 1/2, 0, −1/6]；
xi=filtic(b, a, y01, x01)；       %求等效初始条件的输入序列
n=0：N−1；                        %建立 N 点的时间序列
x1=[n==0]；                       %建立输入单位冲激信号 x1(n)
hn=filter(b, a, x1, xi)；         %对输入单位冲激信号进行滤波，求冲激响应
x2=[n>=0]；                       %建立输入单位阶跃信号 x2(n)
gn=filter(b, a, x2, xi)；         %对输入单位阶跃信号进行滤波，求阶跃响应
subplot(1, 2, 1), stem(n, hn)；
title('系统单位冲激响应')；
subplot(1, 2, 2), stem(n, gn)；
title('系统单位阶跃响应')；
```

系统的单位冲激响应和单位阶跃响应如图 4－4 所示。

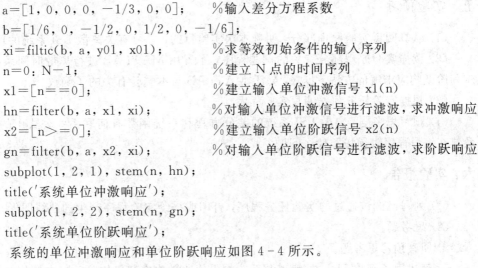

图 4－4　用 filter 子函数求解例 4－3 系统的响应

四、实验任务

（1）输入并运行例题程序，理解每一条语句的意义。

（2）已知离散线性时不变系统的差分方程，请分别用 impz 和 dstep 子函数、filtic 和 filter 子函数两种方法求解系统的冲激响应和阶跃响应。

① $x(n)+x(n-6)=y(n)$

② $2y(n)-3y(n-1)+y(n-2)=x(n-1)$

（3）已知离散线性时不变系统的系统函数，请分别用 impz 和 dstep 子函数、filtic 和 filter 子函数两种方法求解系统的冲激响应和阶跃响应。

① $H(z)=\dfrac{1-0.5z^{-1}}{1-z^{-1}+z^{-2}}$

② $H(z)=1+0.5z^{-1}-0.5z^{-2}-z^{-3}-0.5z^{-4}+z^{-5}$

五、实验预习

（1）认真阅读实验原理部分，明确本次实验目的，复习有关离散 LSI 系统的理论知识。

（2）读懂实验原理部分有关的例题程序，了解用 MATLAB 进行离散时间系统冲激响应和阶跃响应求解的方法、步骤，熟悉 MATLAB 与本实验有关的子函数。

（3）根据实验任务预先编写实验程序。

（4）预习思考题：离散 LSI 系统的差分方程和系统函数有何联系？公式中的 b_m 和 a_k 系数在编写程序时须注意什么问题？

六、实验报告

（1）列写已调试通过的实验任务程序，打印或描绘实验程序产生的曲线图形。

（2）思考题：

① 回答预习思考题。

② 简述用子函数 filter 求解离散系统的单位冲激响应和单位阶跃响应的基本思路。

实验 5　卷积的原理及应用

一、实验目的

（1）通过实验进一步理解卷积定理，了解卷积的过程。

（2）掌握应用线性卷积求解离散时间系统响应的基本方法。

（3）了解 MATLAB 中有关卷积的子函数及其应用方法。

二、实验涉及的 MATLAB 子函数

1. conv

功能：进行两个序列间的卷积运算。

调用格式：

y＝conv(x, h)；用于求取两个有限长序列 x 和 h 的卷积，y 的长度取 x、h 长度之和减 1。

例如，x(n) 和 h(n) 的长度分别为 M 和 N，则

$$y＝conv(x, h)$$

y 的长度为 N＋M－1。

使用注意事项：conv 默认两个信号的时间序列从 n＝0 开始，因此默认 y 对应的时间序号也从 n＝0 开始。

2. sum

功能：求各元素之和。

调用格式：

Z＝sum(x)；求各元素之和，常用于等宽数组求定积分。

3. hold

功能：控制当前图形是否刷新的双向切换开关。

调用格式：

hold on；使当前轴及图形保持而不被刷新，准备接受此后将绘制的新曲线。

hold off；使当前轴及图形不再具备不被刷新的性质。

4. pause

功能：暂停执行文件。

调用格式：

pause；暂停执行文件，等待用户按任意键继续。

pause(n)；在继续执行之前，暂停 n 秒。

三、实验原理

1. 离散 LSI 系统的线性卷积

由理论学习我们已知，对于线性移不变离散系统，任意的输入信号 x(n)可以用 δ(n)及其位移的线性组合来表示，即

$$x(n) = \sum_{k=-\infty}^{\infty} x(k)\delta(n-k)$$
$$= \cdots + x(-1)\delta(n+1) + x(0)\delta(n) + x(1)\delta(n-1) + \cdots$$

当输入为 δ(n)时，系统的输出 y(n)＝h(n)，由系统的线性移不变性质可以得到系统对 x(n)的响应 y(n)为

$$y(n) = \sum_{k=-\infty}^{\infty} x(k)h(n-k)$$

称为离散系统的线性卷积，简记为

$$y(n) = x(n) * h(n)$$

也就是说，如果已知系统的冲激响应，将输入信号与系统的冲激响应进行卷积运算，即可求得系统的响应。MATLAB 提供了进行卷积运算的 conv 子函数。

2. 直接使用 conv 进行卷积运算

求解两个序列的卷积，很重要的问题在于卷积结果的时宽区间如何确定。在MATLAB中，卷积子函数 conv 默认两个信号的时间序列从 n＝0 开始，y 对应的时间序号也从 n＝0 开始。

例 5-1　已知两个信号序列：

$$f_1 = 0.8^n \quad (0 < n < 20)$$
$$f_2 = u(n) \quad (0 < n < 10)$$

求两个序列的卷积和。

编写 MATLAB 程序如下：

```
nf1＝0：20;                          %建立 f1 的时间向量
f1＝0.8.^nf1;                        %建立 f1 信号
subplot(2，2，1); stem(nf1, f1, 'filled');
title('f1(n)');
nf2＝0：10;                          %建立 f2 的时间向量
lf2＝length(nf2);                    %取 f2 时间向量的长度
f2＝ones(1, lf2);                    %建立 f2 信号
subplot(2，2，2); stem(nf2, f2, 'filled');
title('f2(n)');
y＝conv(f1, f2);                     %卷积运算
subplot(2，1，2); stem(y, 'filled');
```

title($'$y(n)$'$);

结果如图 5 - 1 所示。

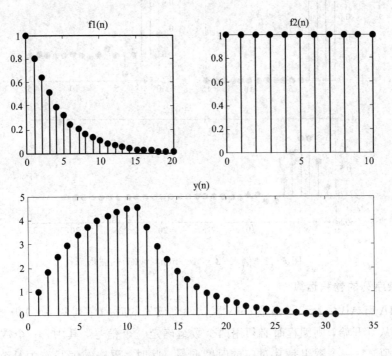

图 5 - 1   例 5 - 1 f1(n)、f2(n)、y(n)的波形

例 **5 - 2**   如例 4 - 1，已知一个因果系统的差分方程为

$$6y(n) + 2y(n-2) = x(n) + 3x(n-1) + 3x(n-2) + x(n-3)$$

满足初始条件 y(-1)=0，x(-1)=0。在该系统的输入端加一个矩形脉冲序列，其脉冲宽度与周期的比例为 1：4，一个周期取 16 个采样点，求该系统的响应。

解   编写 MATLAB 程序如下：

```
N=16;
n=0: N-1;
x=[ones(1, N/4), zeros(1, 3 * N/4)];        %产生输入信号序列
subplot(3, 1, 1); stem(n, x, 'filled');
a=[1, 0, 1/3, 0];
b=[1/6, 1/2, 1/2, 1/6];
hn=impz(b, a, n);                           %求系统的单位冲激响应
subplot(3, 1, 2); stem(n, hn, 'filled');
y=conv(x, hn);                              %卷积运算
subplot(3, 1, 3); stem(y, 'filled');
```

程序执行的结果如图 5 - 2 所示。

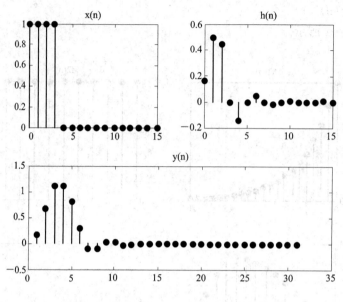

图 5-2 例 5-2 x(n)、h(n)、y(n)的波形

3. 复杂序列的卷积运算

由于 MATLAB 中卷积子函数 conv 默认两个信号的时间序列从 n=0 开始,因此,如果信号不是从 0 开始,则编程时必须用两个数组确定一个信号,其中,一个数组是信号波形的幅度样值,另一个数组是其对应的时间向量。此时,程序的编写较为复杂,我们可以将其处理过程编写成一个可调用的通用子函数。

下面是在 conv 基础上进一步编写的新的卷积子函数 convnew,是一个适用于信号从任意时间开始的通用程序。

```
function [y, ny]=convnew(x, nx, h, nh)        %建立 convnew 子函数
% x 为一信号幅度样值向量, nx 为 x 对应的时间向量
% h 为另一信号或系统冲激函数的非零样值向量, nh 为 h 对应的时间向量
% y 为卷积积分的非零样值向量, ny 为其对应的时间向量
n1=nx(1)+nh(1);                               %计算 y 的非零样值的起点位置
n2=nx(length(x))+nh(length(h));              %计算 y 的非零样值的宽度
ny=[n1:n2];                                   %确定 y 的非零样值时间向量
y=conv(x, h);
```

用上述程序可以计算两个离散时间序列的卷积和,求解信号通过一个离散系统的响应。

例 5-3 两个信号序列:f1 为 0.5n (0<n<10)的斜变信号序列;f2 为一个 u(n+2) (-2<n<10)的阶跃序列,求两个序列的卷积和。

解 从信号序列 n 的范围可见,f2 的时间轴起点不是 n=0,因此,该程序需使用卷积子函数 convnew 进行计算。

编写 MATLAB 程序如下:

```
nf1=0: 10;                                     %f1 的时间向量
```

```
f1＝0.5 * nf1；
nf2＝－2：10；                         ％f2 的时间向量
nt＝length(nf2)；                      ％取 f2 时间向量的长度
f2＝ones(1，nt)；
[y，ny]＝convnew(f1，nf1，f2，nf2)；    ％调用 convnew 卷积子函数
subplot(2，2，1)，stem(nf1，f1，'filled')；   ％显示 f1 信号
subplot(2，2，2)，stem(nf2，f2，'filled')；   ％显示 f2 信号
subplot(2，1，2)，stem(ny，y，'filled')；     ％卷积积分结果
```

程序执行的结果如图 5-3 所示。

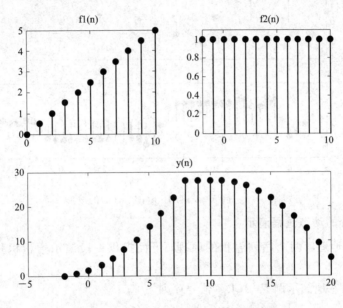

图 5-3　例 5-3 f1(n)、f2(n)、y(n)的波形

例 5-4　已知一个 IIR 数字低通滤波器的系统函数公式为

$$H(z)=\frac{0.1321+0.3963z^{-1}+0.3963z^{-2}+0.1321z^{-3}}{1-0.343\,19z^{-1}+0.604\,39z^{-2}-0.204\,07z^{-3}}$$

输入一个矩形信号序列

$$x=square(n/5)\quad(-2<n<10\pi)$$

求该系统的响应。

编写 MATLAB 程序如下：

```
nx＝－2：10 * pi；x＝square(nx/5)；          ％产生输入信号序列
subplot(3，1，1)；stem(nx，x，'filled')；
a＝[1，－0.34319，0.60439，－0.20407]；
b＝[0.1321，0.3963，0.3963，0.1321]；
nh＝0：9；
hn＝impz(b，a，nh)；                        ％求系统的单位冲激响应
subplot(3，1，2)；stem(nh，hn，'filled')；
[y，ny]＝convnew(x，nx，hn，nh)；            ％调用 convnew 卷积子函数
```

subplot(3，1，3)；stem(ny，y，'filled')；

程序执行的结果如图 5-4 所示。

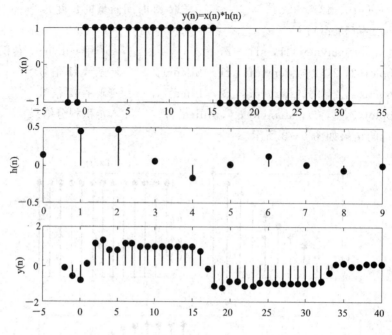

图 5-4　例 5-4 x(n)、h(n)、y(n)的波形

4. 卷积积分的动态过程演示

为了更深入地理解两个序列卷积的原理，下面提供一段演示卷积积分的动态过程的 MATLAB 程序。

例 5-5　动态地演示例 5-1 求解信号序列

$$f_1 = 0.8^n \quad (0 < n < 20)$$

$$f_2 = u(n) \quad (0 < n < 10)$$

卷积和的过程。

编写 MATLAB 程序如下：

```
clf;                              %图形窗清屏
nf1=0：20；                        %建立 f1 的时间向量
f1=0.8.^nf1；                      %建立 f1 序列
lf1=length(f1)；                   %取 f1 时间向量的长度
nf2=0：10；                        %f2 的时间向量
lf2=length(nf2)；                  %取 f2 时间向量的长度
f2=ones(1，lf2)；                  %建立 f2 序列
lmax=max(lf2，lf1)；               %求最长的序列
if lf2>lf1 nf2=0；nf1=lf2-lf1；    %若 f2 比 f1 长，对 f1 补 nf1 个 0
    elseif lf2<lf1 nf1=0；nf2=lf1-lf2；  %若 f1 比 f2 长，对 f2 补 nf2 个 0
    else nf2=0；lf1=0；            %若 f1 与 f2 同长，不补 0
end
```

```
lt＝lmax；                          %取长者为补 0 长度基础
%先将 f2 补得与 f1 同长，再将两边补最大长度的 0
u＝[zeros(1，lt)，f2，zeros(1，nf2)，zeros(1，lt)]；
t1＝(－lt＋1：2＊lt)；
%先将 f1 补得与 f2 同长，再将左边补 2 倍最大长度的 0
f1＝[zeros(1，2＊lt)，f1，zeros(1，nf1)]；
hf1＝fliplr(f1)；                    %将 f1 作左右反折
N＝length(hf1)；
y＝zeros(1，3＊lt)；                  %将 y 存储单元初始化
for k＝0：2＊lt                      %动态演示绘图
    p＝[zeros(1，k)，hf1(1：N－k)]；    %使 hf1 向右循环移位
    y1＝u.＊p；                        %使输入和翻转移位的脉冲过渡函数逐项相乘
    yk＝sum(y1)；                    %相加
    y(k＋lt＋1)＝yk；                %将结果放入数组 y
    subplot(4，1，1)；stem(t1，u)；
    subplot(4，1，2)；stem(t1，p)；
    subplot(4，1，3)；stem(t1，y1)；
    subplot(4，1，4)；stem(k，yk)；   %作图表示每一次卷积的结果
    axis([－20，50，0，5])；hold on    %在图形窗上保留每一次运行的图形结果
    pause(1)；                       %停顿 1 秒钟
end
```

四、实验任务

(1) 输入并运行例题程序，理解每一条语句的意义。

(2) 编写 MATLAB 程序，描绘下列信号序列的卷积波形：

① $f_1(n)＝\delta(n-1)$，$f_2(n)＝u(n-2)$，$(0\leqslant n<10)$

② $f_1(n)＝u(n)$，$f_2(n)＝e^{0.2n}u(n)$，$(0\leqslant n<10)$

③ $x(n)＝\sin\dfrac{n}{2}$，$h(n)＝(0.5)^n$，$(-3\leqslant n\leqslant 4\pi)$

④ $x(n)＝\delta(n+2)+\delta(n-1)$，$h(n)＝R_4(n)$，$(-3\leqslant n\leqslant 8)$

(3) 已知一个系统的差分方程为 $y(n)＝0.7y(n-1)+2x(n)-x(n-2)$，试求此系统的输入序列 $x(n)＝u(n-3)$ 的响应。

(4) 已知一个系统

$$H(z)＝\frac{1}{2}\frac{1+3z^{-1}+3z^{-2}+z^{-3}}{3+z^{-2}}$$

试求此系统的输入序列 $x(n)＝R_5(n)$ 的响应。

(5) 一个 LSI 系统的单位冲激响应为

$h(n)＝3\delta(n-3)+0.5\delta(n-4)+0.2\delta(n-5)+0.7\delta(n-6)-0.8\delta(n-7)$

试求此系统的输入序列 $x(n)＝e^{-0.5n}u(n)$ 的响应。

五、实验预习

（1）认真阅读实验原理部分，了解用 MATLAB 进行离散时间系统卷积的基本原理、方法和步骤。

（2）读懂实验原理部分的有关例题，根据实验任务编写实验程序。

（3）预习思考题：MATLAB 中提供的 conv 卷积子函数，使用中需满足什么条件？如果条件不满足，应如何处理？

六、实验报告

（1）列写已调试通过的实验任务程序，打印或描绘实验程序产生的曲线图形。

（2）思考题：

① 回答预习思考题。

② 请简述：调用子函数 convnew 进行卷积积分处理前要做哪些准备，与使用 conv 有何不同。

实验 6　离散 LSI 系统的时域响应

一、实验目的

(1) 加深对离散 LSI 系统时域特性的认识。

(2) 掌握 MATLAB 求解离散时间系统响应的基本方法。

(3) 了解 MATLAB 中求解系统响应的子函数及其应用方法。

二、实验涉及的 MATLAB 子函数

dlsim

功能：求解离散系统的响应。

调用格式：

y＝dlsim(b, a, x)；求输入信号为 x 时系统的响应。

说明：b 和 a 分别表示系统函数 H(z)中，由对应的分子项和分母项系数所构成的数组。

三、实验原理

1. 离散 LSI 系统时域响应的求解方法

在实验 4 中我们已经讨论过，一个线性移不变离散系统可以用线性常系数差分方程(式(4－1))表示，也可以用系统函数(式(4－2))表示。无论是差分方程还是系统函数，一旦式中的系数 b_m 和 a_k 的数据确定了，则系统的性质也就确定了。因此，在程序编写时，往往只要将系数 b_m 和 a_k 列写成数组，然后调用相应的处理子函数，就可以求出系统的响应。

对于离散 LSI 系统的响应，MATLAB 为我们提供了多种求解方法：

(1) 用 conv 子函数进行卷积积分，求任意输入的系统零状态响应(见实验 5)。

(2) 用 dlsim 子函数求任意输入的系统零状态响应。

(3) 用 filter 和 filtic 子函数求任意输入的系统完全响应。

本实验重点介绍(2)、(3)两种方法。

2. 用 dlsim 子函数求 LSI 系统对任意输入的响应

对于离散 LSI 系统任意输入信号的响应，可以用 MATLAB 提供的仿真 dlsim 子函数来求解。

例 6－1　已知一个 IIR 数字低通滤波器的系统函数公式为

$$H(z)=\frac{0.1321+0.3963z^{-1}+0.3963z^{-2}+0.1321z^{-3}}{1-0.343\,19z^{-1}+0.604\,39z^{-4}-0.204\,07z^{-3}}$$

输入两个正弦叠加的信号序列

$$x=\sin\frac{n}{2}+\frac{1}{3}\sin(10n)$$

求该系统的响应。

编写 MATLAB 程序如下：

```
nx＝0：8 * pi;
x＝sin(nx/2)＋sin(10 * nx)/3;                    %产生输入信号序列
subplot(3, 1, 1); stem(nx, x);
a＝[1, －0.34319, 0.60439, －0.20407];          %输入系统函数的系数
b＝[0.1321, 0.3963, 0.3963, 0.1321];
nh＝0：9;
h＝impz(b, a, nh);                              %求系统的单位冲激响应
subplot(3, 1, 2); stem(nh, h);
y＝dlsim(b, a, x);                              %求系统的响应
subplot(3, 1, 3); stem(y);
```

程序执行的结果如图 6-1 所示。

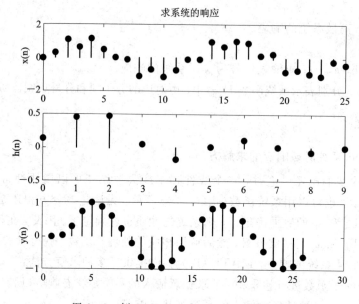

图 6-1　例 6-1 x(n)、h(n)、y(n)的波形

从系统的输出响应 y(n)可以看出，原输入序列中的高频信号部分通过低通滤波器后已被滤除，仅剩下频率较低的 sin(n/2)分量。

3. 用 filtic 和 filter 子函数求 LSI 系统对任意输入的响应

filtic 和 filter 子函数采用递推法进行系统差分方程的求解，可以用于求解离散 LSI 系统对任意输入的完全响应。在实验 4 中，当输入信号为单位冲激信号或单位阶跃信号时，求得的响应即为系统的单位冲激响应或单位阶跃响应。

本实验则使用任意输入序列 x(n)，求系统的完全响应。

例 6-2　已知一个 LSI 系统的差分方程为

$$y(n)=0.9y(n-1)+x(n)+0.9x(n-1)$$

满足初始条件 y(-1)=0, x(-1)=0，求系统输入为 $x(n)=e^{-0.05+j0.4n}u(n-2)$ 时的响

应 y(n)。

　　解　将上式整理后得到：

$$y(n)-0.9y(n-1)=x(n)+0.9x(n-1)$$

由上式可列写出其 b_m 和 a_k 系数。

　　编写 MATLAB 程序如下：

```
a=[1, -0.9];                                    %输入差分方程的系数
b=[1, 0.9];
x01=0; y01=0;                                   %输入初始条件
xi=filtic(b, a, x01, y01);                      %计算初始状态
N=40; n=0: N-1;
x=(exp((-0.05+j*0.4)*n)).*[n>=2];              %建立输入信号 x(n)
y=filter(b, a, x, xi);                          %求系统的完全响应
subplot(2, 2, 1), stem(n, real(x));
title('输入信号 x(n)的实部');
subplot(2, 2, 2), stem(n, imag(x));
title('输入信号 x(n)的虚部');
subplot(2, 2, 3), stem(n, real(y));
title('系统响应 y(n)的实部');
subplot(2, 2, 4), stem(n, imag(y));
title('系统响应 y(n)的虚部');
```

结果如图 6-2 所示。注意：由于输入信号是一个复指数信号，作图时应分别表示。

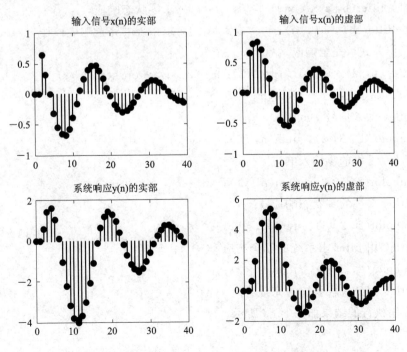

图 6-2　例 6-2x(n)和 y(n)的实部、虚部波形

例 6 - 3 已知一个系统的差分方程为

$$y(n)-1.5y(n-1)+0.5y(n-2)=x(n) \quad n\geq 0$$

满足初始条件 $y(-1)=4$，$y(-2)=10$，用 filtic 和 filter 子函数求系统输入为 $x(n)=(0.25)^n u(n)$ 时的零输入、零状态以及完全响应。

解 为了更深入地理解 filtic 和 filter 子函数的用途，我们对上述方程进行推导，可得到完全响应的公式为

$$y(n)=\left[\left(\frac{1}{2}\right)^n+\frac{1}{3}\left(\frac{1}{4}\right)^n\right]u(n)+\frac{2}{3}u(n)$$

在使用 filtic 和 filter 子函数进行系统差分方程的求解时，我们同时将上面推导出的公式也编入程序，与 MATLAB 子函数计算的结果进行比较。

编写 MATLAB 程序如下：

```
a=[1, -1.5, 0.5];              %输入系统 a、b 系数
b=[1];
N=20; n=0: N-1;
x=0.25.^n;                     %建立输入信号 x(n)
x0=zeros(1, N);                %建立零输入信号
y01=[4, 10];                   %输入初始条件
xi=filtic(b, a, y01);          %计算初始状态
y0=filter(b, a, x0, xi);       %求零输入响应
xi0=filtic(b, a, 0);           %计算初始状态为零的情况
y1=filter(b, a, x, xi0);       %求零状态响应
y=filter(b, a, x, xi);         %求系统的完全响应
%用公式求完全响应
y2=((1/3)*(1/4).^n+(1/2).^n+(2/3)).*ones(1, N);
subplot(2, 3, 1), stem(n, x);
title('输入信号 x(n)');
subplot(2, 3, 2), stem(n, y0);
title('系统的零输入响应');
subplot(2, 3, 3), stem(n, y1);
title('系统的零状态响应');
subplot(2, 2, 3), stem(n, y);
title('用 filter 求系统的完全响应 y(n)');
subplot(2, 2, 4), stem(n, y2);
title('用公式求系统的完全响应 y(n)');
```

程序执行的结果如图 6 - 3 所示。

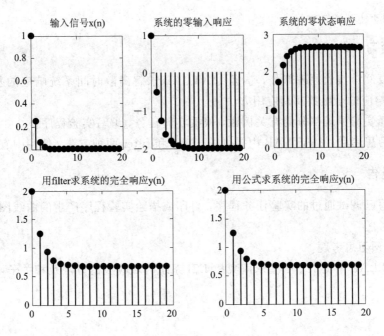

图 6-3   例 6-3 x(n)和系统零输入、零状态和完全响应的波形

四、实验任务

(1) 输入并运行例题程序,理解每一条语句的意义。

(2) 一个 LSI 系统的差分方程表示式为

$$y(n)-0.5y(n-1)+y(n-6)-0.5y(n-7)=x(n)-x(n-1)+x(n-2)$$

满足初始条件 $y(-1)=0$,$x(-1)=0$,试用 dlsim 和 filter 两种方法求此系统的输入序列 $x(n)$ 为下列信号时的响应:

① $x(n)=u(n-3)$

② $x(n)=\delta(n)-\delta(n-5)$

③ $x(n)=e^{0.1n}u(n-3)$

④ $x(n)=(0.5)^{n}u(n)$

说明:可以在同一段程序中将 4 个小题的 $x(n)$ 分别输入,用 dlsim 和 filter 两种方法求输出,同时显示采用不同子函数处理后的输出结果 $y(n)$。

(3) 一个 LSI 系统的系统函数表示式为

$$H(z)=\frac{0.187\ 632+0.241\ 242z^{-1}+0.241\ 242z^{-2}+0.187\ 632z^{-3}}{1-0.602\ 012z^{-1}+0.495\ 684z^{-2}-0.035\ 924\ 4z^{-3}}$$

满足初始条件 $y(-1)=5$,$y(-2)=5$,试用 filtic 和 filter 子函数求此系统的输入序列 $x(n)$ 为下列信号时的零输入、零状态以及完全响应:

① $x(n)=\delta(n-3)$

② $x(n)=R_5(n)$

③ $x(n)=\cos\dfrac{2\pi}{3}n+\sin\dfrac{3\pi}{10}n$

④　$x(n) = 0.6^n u(n-3)$

五、实验预习

（1）认真阅读实验原理部分，掌握 MATLAB 求解离散时间系统响应的基本方法，了解求解系统响应的子函数及其应用方法。

（2）读懂实验原理部分的有关例题，根据实验任务，编写实验程序。

（3）预习思考题：MATLAB 中提供的 dlsim 和 filter 两种方法，使用中有何不同？

六、实验报告

（1）列写已调试通过的实验任务程序，打印或描绘实验程序产生的曲线图形。

（2）思考题：

① 回答预习思考题。

② MATLAB 中提供了哪些求解离散 LSI 系统时域响应的方法及相关子函数？

实验 7　z 变换及其应用

一、实验目的

(1) 加深对离散系统变换域分析——z 变换的理解。

(2) 掌握进行 z 变换和 z 反变换的基本方法，了解部分分式法在 z 反变换中的应用。

(3) 掌握使用 MATLAB 语言进行 z 变换和 z 反变换的常用子函数。

二、实验涉及的 MATLAB 子函数

1. ztrans

功能：返回无限长序列函数 x(n)的 z 变换。

调用格式：

X＝ztrans(x)；求无限长序列函数 x(n)的 z 变换 X(z)，返回 z 变换的表达式。

2. iztrans

功能：求函数 X(z)的 z 反变换 x(n)。

调用格式：

x＝iztrans(X)；求函数 X(z)的 z 反变换 x(n)，返回 z 反变换的表达式。

3. syms

功能：定义多个符号对象。

调用格式：

syms a b w0；把字符 a，b，w0 定义为基本的符号对象。

4. residuez

功能：有理多项式的部分分式展开。

调用格式：

[r p c]＝residuez(b, a)；把 b(z)/a(z)展开成(如式(7-3))部分分式。

[b, a]＝residuez(r p c)；根据部分分式的 r、p、c 数组，返回有理多项式。

其中：b，a 为按降幂排列的多项式(如式(7-1))的分子和分母的系数数组；r 为余数数组；p 为极点数组；c 为无穷项多项式系数数组。

三、实验原理

1. 用 ztrans 子函数求无限长序列的 z 变换

MATLAB 为我们提供了进行无限长序列的 z 变换的子函数 ztrans。使用时须知，该函数只给出 z 变换的表达式，而没有给出收敛域。另外，由于这一功能还不尽完善，因而有的

序列的 z 变换还不能求出，z 逆变换也存在同样的问题。

例 7 - 1   求以下各序列的 z 变换。

$$x_1(n) = a^n \quad x_2(n) = n \quad x_3(n) = \frac{n(n-1)}{2}$$

$$x_4(n) = e^{j\omega_0 n} \quad x_5(n) = \frac{1}{n(n-1)}$$

解   syms w0 n z a

     x1＝a^n；X1＝ztrans(x1)

     x2＝n；X2＝ztrans(x2)

     x3＝(n * (n－1))/2；X3＝ztrans(x3)

     x4＝exp(j * w0 * n)；X4＝ztrans(x4)

     x5＝1/n * (n－1)；X5＝ztrans(x5)

程序运行结果如下：

     X1 ＝z/a/(z/a－1)

     X2 ＝z/(z－1)^2

     X3 ＝－1/2 * z/(z－1)^2+1/2 * z * (z+1)/(z－1)^3

     X4 ＝ z/exp(i * w0)/(z/exp(i * w0)－1)

     ??? Error using ＝＝> sym/maple   ← 表示(x5)不能求出 z 变换

     Error,(in convert/hypergeom) Summand is singular at n ＝ 0 in the interval of

     summation

     Error in ＝＝> C：\MATLAB6p1\toolbox\symbolic\@sym\ztrans. m

     On line 81 ＝＝> F = maple('map','ztrans', f, n, z);

2. 用 iztrans 子函数求无限长序列的 z 反变换

MATLAB 还提供了进行无限长序列的 z 反变换的子函数 iztrans。

例 7 - 2   求下列函数的 z 反变换。

$$X_1(z) = \frac{z}{z-1} \quad X_2(z) = \frac{az}{(a-z)^2} \quad X_3(z) = \frac{z}{(z-1)^3} \quad X_4(z) = \frac{1-z^{-n}}{1-z^{-1}}$$

解   syms n z a

     X1＝z/(z－1)；x1＝iztrans(X1)

     X2＝a * z/(a－z)^2；x2＝iztrans(X2)

     X3＝z/(z－1)^3；x3＝iztrans(X3)

     X4＝(1－z^－n)/(1－z^－1)；x4＝iztrans(X4)

程序运行结果如下：

     x1 ＝1

     x2 ＝n * a^n

     x3 ＝－1/2 * n+1/2 * n^2

     x4 ＝iztrans((1－z^(－n))/(1－1/z), z, n)

3. 用部分分式法求 z 反变换

部分分式法是一种常用的求解 z 反变换的方法。当 z 变换表达式是一个多项式时，可

以表示为

$$X(z) = \frac{b_0 + b_1 z^{-1} + b_2 z^{-2} + \cdots + b_M z^{-M}}{1 + a_1 z^{-1} + a_2 z^{-2} + \cdots + a_N z^{-N}} \tag{7-1}$$

将该多项式分解为真有理式与直接多项式两部分，即得到：

$$X(z) = \frac{\bar{b}_0 + \bar{b}_1 z^{-1} + \bar{b}_2 z^{-2} + \cdots + \bar{b}_{N-1} z^{-N-1}}{1 + a_1 z^{-1} + a_2 z^{-2} + \cdots + a_N z^{-N}} + \sum_{k=0}^{M-N} C_k z^{-k} \tag{7-2}$$

当式中 M<N 时，式(7-2)的第二部分为 0。

对于 X(z) 的真有理式部分存在以下两种情况。

情况 1　X(z)仅含有单实极点，则部分分式展开式为

$$X(z) = \sum_{k=1}^{N} \frac{r_k}{1 - p_k z^{-1}} + \sum_{k=0}^{M-N} C_k z^{-k}$$

$$= \frac{r_1}{1 - p_1 z^{-1}} + \frac{r_2}{1 - p_2 z^{-1}} + \cdots + \frac{r_N}{1 - p_N z^{-1}} + \sum_{k=0}^{M-N} C_k z^{-k} \tag{7-3}$$

X(z)的 z 反变换为

$$x(n) = \sum_{k=1}^{N} r_k (p_k)^n u(n) + \sum_{k=0}^{M-N} C_k \delta(n-k)$$

情况 2　X(z)含有一个 r 重极点。这种情况处理起来比较复杂，本实验不做要求，仅举例 7-4 供使用者参考。

例 7-3　已知 $X(z) = \dfrac{z^2}{z^2 - 1.5z + 0.5}$，|z|>1，试用部分分式法求 z 反变换，并列出 N=20 点的数值。

解　由表达式和收敛域条件可知，所求序列 x(n)为一个右边序列，且为因果序列。将上式按式(7-1)的形式整理得：

$$X(z) = \frac{1}{1 - 1.5z^{-1} + 0.5z^{-2}}$$

求 z 反变换的程序如下：

```
b=[1, 0, 0];
a=[1, -1.5, 0.5];
[r p c]=residuez(b, a)
```

在 MATLAB 命令窗将显示：

```
r =
    2
   -1
p =
  1.0000
  0.5000
c =
  []
```

由此可知，这是多项式 M<N 的情况，多项式分解后表示为

$$X(z) = \frac{2}{1-z^{-1}} - \frac{1}{1-0.5z^{-1}}$$

可写出 z 反变换公式:

$$x(n) = 2u(n) - (0.5)^n u(n)$$

如果用图形表现 x(n) 的结果,可以加以下程序:

N=20; n=0: N-1;

x=r(1)*p(1).^n +r(2)*p(2).^n;

stem(n, x);

title('用部分分式法求反变换 x(n)');

其中 x 的数值为

x =

[1.0000 1.5000 1.7500 1.8750 1.9375 1.9688 1.9844 1.9922

  1.9961 1.9980 1.9990 1.9995 1.9998 1.9999 1.9999 2.0000

  2.0000 2.0000 2.0000 2.0000]

程序执行的结果如图 7-1 所示。

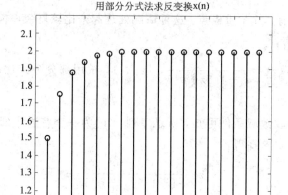

图 7-1 用部分分式求解例 7-3 的 z 反变换

* 例 7-4 用部分分式法求解函数

$$H(z) = \frac{z^{-1}}{1-12z^{-1}+36z^{-2}}$$

的 z 反变换,写出 h(n) 的表示式,并用图形与 impz 求得的结果相比较。

解 求 z 反变换的程序如下:

b=[0, 1, 0]; a=[1, -12, 36];

[r p c]=residuez(b, a)

在 MATLAB 命令窗将显示:

r =

   -0.1667 - 0.0000i

   0.1667 + 0.0000i

p =

   6.0000 + 0.0000i

   6.0000 − 0.0000i

c =

   []

由此可知，这个多项式含有重极点。多项式分解后表示为

$$H(z)=\frac{-0.1667}{1-6z^{-1}}+\frac{0.1667}{(1-6z^{-1})^2}$$

$$=\frac{-0.1667}{1-6z^{-1}}+\frac{0.1667}{6}z\frac{6z^{-1}}{(1-6z^{-1})^2}$$

根据时域位移性质，可写出 z 反变换公式：

$$h(n)=-0.1667(6)^n u(n)+\frac{0.1667}{6}(n+1)6^{n+1}u(n+1)$$

如果要用图形表现 h(n) 的结果，并与 impz 子函数求出的结果相比较，可以在前面已有的程序后面加以下程序段：

N=8; n=0: N−1;

h=r(1) * p(1).^n. * [n>=0]+r(2). * (n+1). * p(2).^n. * [n−1>=0];

subplot(1, 2, 1), stem(n, h);

title('用部分分式法求反变换 h(n)');

h2=impz(b, a, N);

subplot(1, 2, 2), stem(n, h2);

title('用 impz 求反变换 h(n)');

执行结果如图 7 - 2 所示。

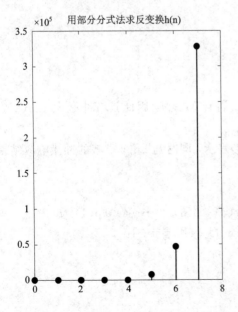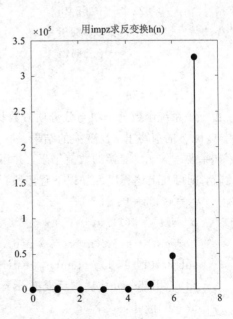

图 7 - 2 用部分分式法和 impz 子函数求解例 7 - 4 的 z 反变换

注意：impz 是一个求解离散系统冲激响应的子函数，在实验中我们已使用过。如果把

H(z)看成是一个系统的系统函数,则 H(z)的 z 反变换就等于这个系统的冲激响应。因此,可以用 impz 的结果来检验用部分分式法求得的 z 反变换结果是否正确。

例 7-5   用部分分式法求解例 4-2 系统函数的 z 反变换,并用图形与 impz 求得的结果相比较。

$$H(z) = \frac{0.1321 - 0.3963z^{-2} + 0.3963z^{-4} - 0.1321z^{-6}}{1 + 0.343\ 19z^{-2} + 0.604\ 39z^{-4} + 0.204\ 07z^{-6}}$$

解   由上式可知,该函数表示一个 6 阶系统。其程序如下:

```
a=[1, 0, 0.34319, 0, 0.60439, 0, 0.20407];
b=[0.1321, 0, -0.3963, 0, 0.3963, 0, -0.1321];
[r p c]=residuez(b, a)
```

此时在 MATLAB 命令窗将显示:

```
r =
    -0.1320 - 0.0001i
    -0.1320 + 0.0001i
    -0.1320 + 0.0001i
    -0.1320 - 0.0001i
     0.6537 + 0.0000i
     0.6537 - 0.0000i
p =
    -0.6221 + 0.6240i
    -0.6221 - 0.6240i
     0.6221 + 0.6240i
     0.6221 - 0.6240i
     0 + 0.5818i
     0 - 0.5818i
c =
    -0.6473
```

由于该系统函数分子项与分母项阶数相同,符合 M≥N,因此具有冲激项 $C_0\delta(n)$。可以由 r、p、c 的值写出 z 反变换的结果。

如果要求解 z 反变换的数值结果,并用图形表示,同时与 impz 求解的冲激响应结果进行比较,则可在上述程序后加以下程序段:

```
N=40; n=0: N-1;
h=r(1)*p(1).^n+r(2)*p(2).^n+r(3)*p(3).^n+r(4)*p(4).^n
    +r(5)*p(5).^n+r(6)*p(6).^n+c(1).*[n==0];
subplot(1, 2, 1), stem(n, real(h), 'k');
title('用部分分式法求反变换 h(n)');
h2=impz(b, a, N);
subplot(1, 2, 2), stem(n, h2, 'k');
title('用 impz 求反变换 h(n)');
```

由图 7-3 显示的结果可以看出，系统函数的 z 反变换与 impz 求解冲激响应的图形相同。可见，用部分分式法求系统函数的 z 反变换也是一种求解系统的冲激响应的有效方法。

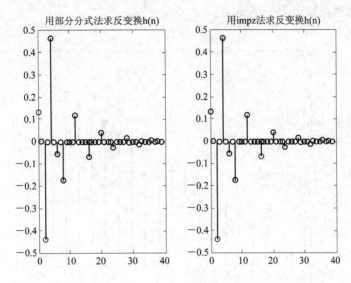

图 7-3　用部分分式法和 impz 子函数求解例 7-5 的 z 反变换

4. 从变换域求系统的响应

在实验 4 中，我们用图 4-1 表示了离散系统的响应与激励的关系。由图可知，系统的响应既可以用时域分析的方法求解，也可以用变换域分析法求解。当已知系统函数 H(z)，又已知系统输入序列的 z 变换 X(z)，则系统响应序列的 z 变换可以由 Y(z)＝H(z)X(z) 求出。

例 7-6　已知一个离散系统的函数 $H(z)=\dfrac{z^2}{z^2-1.5z+0.5}$，输入序列 $X(z)=\dfrac{z}{z-1}$，求系统在变换域的响应 Y(z) 及时间域的响应 y(n)。

解　根据实验 4、5、6 和本实验已掌握的方法，我们可以采用各种方法求解。本例仅采用先从变换域求解 Y(z)，再用反变换求 y(n) 的方法，以巩固本实验所学习的内容。

MATLAB 程序如下：

```
syms z
X=z./(z-1);
H=z.^2./(z.^2-1.5*z+0.5);
Y=X.*H
y=iztrans(Y)
```

程序运行后，将显示以下结果：

```
Y =
    z^3/(z-1)/(z^2-3/2*z+1/2)
y =
    2*n+2^(-n)
```

如果要观察时域输出序列 y(n)，可以在上面的程序后编写以下程序段：

```
n=0:20;
```

y＝2 * n＋2.^(－n);

stem(n, y);

程序执行的结果如图 7－4 所示。

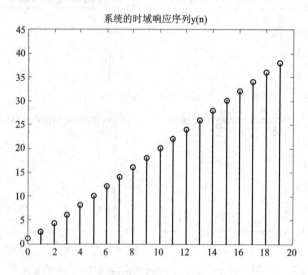

图 7－4 例 7－6 的时域输出序列 y(n)

四、实验任务

(1) 输入并运行例题程序，理解每一条程序的意义。

(2) 求以下各序列的 z 变换：

$x_1(n)=na^n$ $x_2(n)=\sin(\omega_0 n)$ $x_3(n)=2^n$ $x_4=e^{-an}\sin(n\omega_0)$

(3) 求下列函数的 z 反变换：

$X_1(z)=\dfrac{z}{z-a}$ $X_2(z)=\dfrac{z}{(z-a)^2}$ $X_3(z)=\dfrac{z}{z-e^{j\omega_0}}$ $X_4(z)=\dfrac{1-z^{-3}}{1-z^{-1}}$

(4) 用部分分式法求解下列系统函数的 z 反变换，写出 x(n)的表示式，并用图形与 impz 求得的结果相比较，取前 10 个点作图。

① $X(z)=\dfrac{10+20z^{-1}}{1+8z^{-1}+19z^{-2}+12z^{-3}}$

② $X(z)=\dfrac{5z^{-2}}{1+z^{-1}-0.6z^{-2}}$

* ③ $X(z)=\dfrac{1}{(1-0.9z^{-1})^2(1+0.9z^{-1})}$

五、实验预习

(1) 认真阅读实验原理部分，学习使用 MATLAB 语言进行 z 变换和 z 反变换的常用子函数。初步掌握 MATLAB 求解离散系统 z 变换和 z 反变换的基本方法，及部分分式法进行 z 反变换的步骤、方法和注意事项。

(2) 读懂实验原理部分的有关例题，根据实验任务编写实验程序。

(3) 预习思考题：使用部分分式法进行 z 反变换一般会遇到哪几种情况？如何处理？

六、实验报告

（1）列写已调试通过的实验任务程序，打印或描绘实验程序产生的曲线图形。

（2）思考题：

① MATLAB 中提供的 ztrans 和 iztrans 变换方法，使用中有何问题需要注意？

② 回答预习思考题。

实验 8　离散系统的描述模型及其转换

一、实验目的

(1) 了解离散系统的基本描述模型。

(2) 掌握各种模型相互间的关系及转换方法。

(3) 熟悉 MATLAB 中进行离散系统模型间转换的常用子函数。

二、实验涉及的 MATLAB 子函数

1. tf2zp

功能：将系统传递函数(tf)模型转换为系统函数的零-极点增益(zpk)模型。

调用格式：

[z, p, k]=tf2zp(num, den)；输入系统传递函数模型中分子(num)、分母(den)多项式的系数向量，求系统函数的零-极点增益模型中的零点向量 z、极点向量 p 和增益系数 k。其中 z、p、k 为列向量。

2. zp2tf

功能：将系统函数的零-极点增益(zpk)模型转换为系统传递函数(tf)模型。

调用格式：

[num, den]=zp2tf(z, p, k)；输入零-极点增益(zpk)模型零点向量 z、极点向量 p 和增益系数 k，求系统传递函数(tf)模型中分子(num)、分母(den)多项式的系数向量。

3. tf2sos

功能：将系统传递函数(tf)模型转换为系统函数的二次分式(sos)模型。

调用格式：

[sos, g]=tf2sos(num, den)；输入系统传递函数模型中分子(num)、分母(den)多项式的系数向量，求系统函数的二次分式模型的系数矩阵 sos、增益系数 g。

4. sos2tf

功能：将系统函数的二次分式(sos)模型转换为系统传递函数(tf)模型。

调用格式：

[num, den]= sos2tf(sos, g)；输入系统函数的二次分式模型的系数矩阵 sos、增益系数 g(默认值为 1)，求系统传递函数模型中分子(num)、分母(den)多项式的系数向量。

5. sos2zp

功能：将系统函数的二次分式(sos)模型转换为系统函数的零-极点增益(zpk)模型。

调用格式：

[z, p, k]= sos2zp(sos, g)；输入系统函数的二次分式模型的系数矩阵 sos、增益系数 g(默认值为 1)，求系统函数的零-极点增益模型中的零点向量 z、极点向量 p 和增益系数 k。

6. zp2sos

功能：将系统函数的零-极点增益(zpk)模型转换为系统函数的二次分式(sos)模型。

调用格式：

[sos, g]= zp2sos(z, p, k)；输入系统函数的零-极点增益模型中零点向量 z、极点向量 p 和增益系数 k，求系统函数的二次分式模型的系数矩阵 sos、增益系数 g。

7. ss2tf

功能：将系统状态空间(ss)模型转换为系统传递函数(tf)模型。

调用格式：

[num, den]= ss2tf(A, B, C, D, xi)；可将系统状态空间(ss)模型转换为相应的传递函数(tf)模型。xi 用于指定变换使用的输入量。

8. tf2ss

功能：将系统传递函数(tf)模型转换为系统状态空间(ss)模型。

调用格式：

[A, B, C, D]= tf2ss(num, den)；将系统传递函数(tf)模型转换为系统状态空间(ss)模型。num 按 s 降幂排列顺序输入分子系数，den 按 s 降幂排列顺序输入分母系数。

三、实验原理

1. 离散系统的基本描述模型

一个线性移不变(LSI)离散系统可以用线性常系数差分方程表示：

$$y(n) + \sum_{k=1}^{N} a_k y(n-k) = \sum_{m=0}^{M} b_m x(n-m) \tag{8-1}$$

这是系统在时间域的表达式，如果在变换域对系统进行描述，则可以采用以下几种模型。

(1) 系统传递函数(tf)模型。对式(8-1)所示的线性常系数差分方程两边进行 z 变换，可以得到离散 LSI 系统的系统传递函数：

$$H(z) = \frac{Y(z)}{X(z)} = \frac{\sum_{m=0}^{M} b_m z^{-m}}{\sum_{k=0}^{N} a_k z^{-k}} = \frac{b_0 + b_1 z^{-1} + b_2 z^{-2} + \cdots + b_M z^{-M}}{1 + a_1 z^{-1} + a_2 z^{-2} + \cdots + a_N z^{-N}} \tag{8-2}$$

(2) 零-极点增益(zpk)模型。对式(8-2)表示的系统传递函数进行因式分解，可以得到系统传递函数的零-极点增益模型：

$$H(z) = k \frac{(z-q_1)(z-q_2)\cdots(z-q_M)}{(z-p_1)(z-p_2)\cdots(z-p_N)} \tag{8-3}$$

(3) 极点留数(rpk)模型。当式(8-3)模型中的极点均为单极点时，可以将式(8-3)分解为部分分式，表示为系统的极点留数模型：

$$H(z) = \frac{r_1}{1 - p_1 z^{-1}} + \frac{r_2}{1 - p_2 z^{-1}} + \cdots + \frac{r_N}{1 - p_N z^{-1}} + k_0 \qquad (8-4)$$

（4）二次分式(sos)模型。离散 LSI 系统函数经常包含复数的零、极点，把每一对共轭零点或共轭极点多项式合并，就可以得到二次分式模型：

$$H(z) = g \prod_{k=1}^{l} \frac{b_{0k} + b_{1k} z^{-1} + b_{2k} z^{-2}}{1 + a_{1k} z^{-1} + a_{2k} z^{-2}} \qquad (8-5)$$

（5）状态变量(ss)模型。系统的状态方程可表示为：

$$\begin{aligned} W(n+1) &= AW(n) + BX(n) \\ Y(n) &= CW(n) + DX(n) \end{aligned} \qquad (8-6)$$

表示为传递函数形式：

$$\begin{aligned} H(z) = \frac{Y(z)}{X(z)} &= C \frac{W(z)}{X(z)} + D \\ &= C(zI - A)^{-1}B + D \end{aligned} \qquad (8-7)$$

在 MATLAB 中提供了上述各种模型之间的转换函数。这些函数为系统特性的分析提供了有效的手段。

2. 系统传递函数(tf)模型与零-极点增益(zpk)模型间的转换

例 8-1 已知离散时间系统的传递函数

$$H(z) = \frac{10z^{-1}}{1 - 3z^{-1} + 2z^{-2}}$$

求系统的零点向量 z、极点向量 p 和增益系数 k，并列出系统函数的零-极点增益模型。

解 MATLAB 程序如下：

```
num=[0, 10, 0];
den=[1, -3, 2];
[z, p, k]=tf2zp(num, den)
```

程序运行结果如下：

```
z =
    0
p =
    2
    1
k =
    10
```

根据程序运行结果，零-极点增益模型的系统函数为

$$H(z) = 10\left(\frac{z}{z-2}\right)\left(\frac{z}{z-1}\right)$$

例 8-2 已知离散时间系统的零-极点增益模型

$$H(z) = 5 \frac{(z-1)(z+3)}{(z-2)(z+4)}$$

求系统的传递函数(tf)模型。

解　MATLAB 程序如下：

```
z=[1, -3]';
p=[2, -4]';
k=5;
[num, den]=zp2tf(z, p, k)
```

程序运行结果如下：

```
num =
    5    10    -15
den =
    1    2    -8
```

根据程序运行结果，可知系统的传递函数为

$$H(z)=\frac{5+10z^{-1}-15z^{-2}}{1+2z^{-1}-8z^{-2}}$$

3. 系统传递函数(tf)模型与二次分式(sos)模型间的转换

例 8 - 3　将系统传递函数 $H(z)=\dfrac{1.9+2.5z^{-1}+2.5z^{-2}+1.9z^{-3}}{1-6z^{-1}+5z^{-2}-0.4z^{-3}}$ 转换为二次分式模型。

解　MATLAB 程序如下：

```
num=[1.9, 2.5, 2.5, 1.9];
den=[1, -6, 5, -0.4];
[sos, g]=tf2sos(num, den)
```

程序运行结果如下：

```
sos =
    1.0000    1.0000         0    1.0000    -5.0198         0
    1.0000    0.3158    1.0000    1.0000    -0.9802    0.0797
g =
    1.9000
```

根据程序运行结果，可求出二次分式为

$$H(z)=1.9 \cdot \frac{1+z^{-1}}{1-5.0198z^{-1}} \cdot \frac{1+0.3158z^{-1}+z^{-2}}{1-0.9802z^{-1}+0.0797z^{-2}}$$

例 8 - 4　已知系统的二次分式模型为

$$H(z)=4 \cdot \frac{1+z^{-1}}{1-0.5z^{-1}} \cdot \frac{1-1.4z^{-1}+z^{-2}}{1+0.9z^{-1}+0.8z^{-2}}$$

试将其转换为系统传递函数(tf)模型。

解　MATLAB 程序如下：

```
sos =[1.0000    1.0000         0    1.0000    -0.5000         0;
      1.0000    -1.4000    1.0000    1.0000    0.9000    0.8000];
g =4;
[num, den]=sos2tf(sos, g)
```

程序运行结果如下：

$$
\begin{array}{llll}
\text{num} = 4.0000 & -1.6000 & -1.6000 & 4.0000 \\
\text{den} = 1.0000 & 0.4000 & 0.3500 & -0.4000
\end{array}
$$

根据程序运行结果，可求出系统传递函数为

$$H(z)=\frac{4-1.6z^{-1}-1.6z^{-2}+4z^{-3}}{1+0.4z^{-1}+0.35z^{-2}-0.4z^{-3}}$$

4. 零-极点增益(zpk)模型与二次分式(sos)模型间的转换

例 8 - 5　已知离散时间系统(如例 8 - 2)的零-极点增益模型 $H(z)=5\dfrac{(z-1)(z+3)}{(z-2)(z+4)}$，求系统的二次分式模型。

解　MATLAB 程序如下：

```
z=[1, -3]';
p=[2, -4]';
k=5;
[sos, g]=zp2sos(z, p, k)
```

程序运行结果如下：

$$
\begin{array}{cccccc}
\text{sos} = 1 & 2 & -3 & 1 & 2 & -8 \\
\end{array}
$$
$$\text{g} = 5$$

根据程序运行结果，可求出二次分式为

$$H(z)=5\cdot\frac{1+2z^{-1}-3z^{-2}}{1+2z^{-1}-8z^{-2}}$$

例 8 - 6　已知离散时间系统的二次分式模型(如例 8 - 3)为

$$H(z)=1.9\cdot\frac{1+z^{-1}}{1-5.0198z^{-1}}\cdot\frac{1+0.3158z^{-1}+z^{-2}}{1-0.9802z^{-1}+0.0797z^{-2}}$$

求系统的零-极点增益模型。

解　MATLAB 程序如下：

```
sos =[1.0000   1.0000        0   1.0000   -5.0198        0;
      1.0000   0.3158   1.0000   1.0000   -0.9802   0.0797];
g = 1.9;
[z, p, k]= sos2zp(sos, g)
```

程序运行结果如下：

```
z =
   -1.0000
   -0.1579 + 0.9875i
   -0.1579 - 0.9875i
p =
    5.0198
    0.8907
    0.0895
```

　　　　k ＝1.9000

根据程序运行结果，零-极点增益模型的系统函数为

$$H(z)=1.9 \cdot \frac{z+1}{z-5.0198} \cdot \frac{z+0.1579-0.9875i}{z-0.8907} \cdot \frac{z+0.1579+0.9875i}{z-0.0895}$$

5. 系统传递函数(tf)模型与极点留数(rpk)模型间的转换

在实验 7 中，我们用部分分式法求系统函数的 z 反变换，实际上也就是利用 residuez 子函数，将系统的传递函数(tf)模型转换为极点留数(rpk)模型。反之，利用 residuez 子函数，还能将系统的极点留数(rpk)模型转换为传递函数(tf)模型。

例 8 - 7　已知离散时间系统的传递函数(tf)模型(如例 8-1)为

$$H(z)=\frac{10z^{-1}}{1-3z^{-1}+2z^{-2}}$$

求系统的极点留数(rpk)模型。

　　解　MATLAB 程序如下：

```
num＝[0, 10, 0];
den＝[1, -3, 2];
[r, p, k]＝residuez(num, den)
```

程序运行结果如下：

```
r ＝
    10
   -10
p ＝
    2
    1
k ＝ 0
```

根据程序运行结果，极点留数(rpk)模型为

$$H(z)=\frac{10}{1-2z^{-1}}-\frac{10}{1-z^{-1}}$$

例 8 - 8　已知离散时间系统的极点留数(rpk)模型为

$$H(z)=\frac{2}{1-z^{-1}}-\frac{1}{1-0.5z^{-1}}+\frac{1}{1+0.5z^{-1}}$$

求系统的传递函数(tf)模型。

　　解　MATLAB 程序如下：

```
r＝[2, -1, 1]';
p＝[1, 0.5, -0.5]';
k＝0;
[num, den]＝residuez(r, p, k)
```

程序运行结果如下：

```
num ＝2.0000    -1.0000      0.5000        0
den ＝ 1.0000    -1.0000    -0.2500    0.2500
```

根据程序运行结果,可求出系统传递函数为

$$H(z) = \frac{2 - z^{-1} + 0.5z^{-2}}{1 - z^{-1} - 0.25z^{-2} + 0.25z^{-3}}$$

6. 系统传递函数(tf)模型与状态变量(ss)模型间的转换

例 8 - 9 将系统传递函数 $H(z) = \dfrac{1.9 + 2.5z^{-1} + 2.5z^{-2} + 1.9z^{-3}}{1 - 6z^{-1} + 5z^{-2} - 0.4z^{-3}}$ 转换为状态变量模型。

解 MATLAB 程序如下:

```
num = [1.9, 2.5, 2.5, 1.9];
den = [1, -6, 5, -0.4];
[A, B, C, D] = tf2ss(num, den)
```

程序运行结果如下:

A = 6.0000   -5.0000   0.4000

      1.0000   0   0

            0   1.0000   0

B = 1

    0

    0

C = 13.9000   -7.0000   2.6600

D = 1.9000

将以上数据代入式(8-6),可得到系统的状态方程。

同理,如果知道式(8-6),则可以由状态变量模型转变为系统传递函数形式。

四、实验任务

(1) 阅读并输入实验原理中介绍的例题程序,理解每一条语句的含义,观察程序输出数据及公式。

(2) 已知离散时间系统的传递函数(tf)模型 $H(z) = \dfrac{2 + 3z^{-1}}{1 + 0.4z^{-1} + z^{-2}}$,要求将其转换为:

① 零-极点增益(zpk)模型;

② 二次分式(sos)模型;

③ 极点留数(rpk)模型;

④ 状态变量(ss)模型。

(3) 已知离散时间系统的零-极点增益(zpk)模型为

$$H(z) = 3 \cdot \frac{z-1}{z-2} \cdot \frac{z+3}{z-4} \cdot \frac{z-5}{z+6}$$

要求将其转换为:

① 传递函数(tf)模型;

② 二次分式(sos)模型;

③ 极点留数(rpk)模型。

五、实验预习

(1) 认真阅读实验原理,明确本次实验任务,读懂各函数和例题程序,了解实验方法。

(2) 根据实验任务预先编写实验程序。

(3) 预习思考题:离散系统有几种常用的系统描述模型?它们的公式如何?

六、实验报告

(1) 列写调试通过的实验程序及运行结果。

(2) 思考题:

① 回答实验预习思考题。

② 通过本实验,你能进行哪些系统描述模型之间的转换?

实验 9　离散系统的零极点分析

一、实验目的

(1) 了解离散系统的零极点与系统因果性和稳定性的关系。

(2) 观察离散系统零极点对系统冲激响应的影响。

(3) 熟悉 MATLAB 中进行离散系统零极点分析的常用子函数。

二、实验涉及的 MATLAB 子函数

1. zplane

功能：显示离散系统的零极点分布图。

调用格式：

zplane(z, p)；绘制由列向量 z 确定的零点、列向量 p 确定的极点构成的零极点分布图。

zplane(b, a)；绘制由行向量 b 和 a 构成的系统函数确定的零极点分布图。

[hz, hp, ht]= zplane(z, p)；执行后可得到 3 个句柄向量：hz 为零点线句柄，hp 为极点线句柄，ht 为坐标轴、单位圆及文本对象的句柄。

2. roots

功能：求多项式的根。

调用格式：

r= roots(a)；由多项式的分子或分母系数向量求根向量。其中，多项式的分子或分母系数按降幂排列，得到的根向量为列向量。

三、实验原理

1. 离散系统的因果性和稳定性

1) 因果系统

由理论分析可知，一个离散系统的因果性在时域中必须满足的充分必要条件是：

$$h(n)=0 \qquad n<0$$

即系统的冲激响应必须是右序列。

在变换域，极点只能在 z 平面上一个有界的以原点为中心的圆内。如果系统函数是一个多项式，则分母上 z 的最高次数应大于分子上 z 的最高次数。

2）稳定系统

在时域中，离散系统稳定的充分必要条件是：它的冲激响应绝对可加，即

$$\sum_{n=0}^{\infty} |h(n)| < \infty$$

在变换域，则要求所有极点必须在 z 平面上以原点为中心的单位圆内。

3）因果稳定系统

综合系统的因果性和稳定性两方面的要求可知，一个因果稳定系统的充分必要条件是：系统函数的全部极点必须在 z 平面上以原点为中心的单位圆内。

2. 系统极点的位置对系统响应的影响

系统极点的位置对系统响应有着非常明显的影响。下面举例说明系统的极点分别是实数和复数时的情况，使用 MATLAB 提供的 zplane 子函数制作零极点分布图进行分析。

例 9 - 1 研究 z 右半平面的实数极点对系统响应的影响。

已知系统的零-极点增益模型分别为：

$$H_1(z) = \frac{z}{z-0.85}, \quad H_2(z) = \frac{z}{z-1}, \quad H_3(z) = \frac{z}{z-1.5}$$

求这些系统的零极点分布图以及系统的冲激响应，判断系统的稳定性。

解 根据公式写出 zpk 形式的列向量，求系统的零极点分布图以及系统的冲激响应。程序如下：

```
%在右半平面的实数极点的影响
z1=[0]′; p1=[0.85]′; k=1;
[b1, a1]=zp2tf(z1, p1, k);
subplot(3, 2, 1), zplane(z1, p1);
ylabel('极点在单位圆内');
subplot(3, 2, 2), impz(b1, a1, 20);
z2=[0]′; p2=[1]′;
[b2, a2]=zp2tf(z2, p2, k);
subplot(3, 2, 3), zplane(z2, p2);
ylabel('极点在单位圆上');
subplot(3, 2, 4), impz(b2, a2, 20);
z3=[0]′; p3=[1.5]′;
[b3, a3]=zp2tf(z3, p3, k);
subplot(3, 2, 5), zplane(z3, p3);
ylabel('极点在单位圆外');
subplot(3, 2, 6), impz(b3, a3, 20);
```

由图 9-1 可见，这 3 个系统的极点均为实数且处于 z 平面的右半平面。由图可知，当极点处于单位圆内，系统的冲激响应曲线随着频率的增大而收敛；当极点处于单位圆上，系统的冲激响应曲线为等幅振荡；当极点处于单位圆外，系统的冲激响应曲线随着频率的增大而发散。

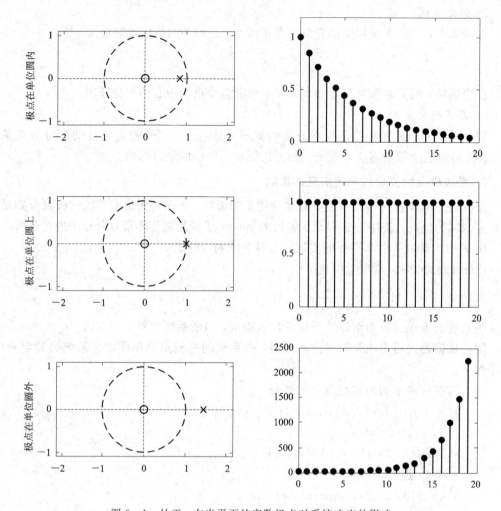

图 9-1 处于 z 右半平面的实数极点对系统响应的影响

例 9-2 研究 z 左半平面的实数极点对系统响应的影响。

已知系统的零-极点增益模型分别为

$$H_1(z)=\frac{z}{z+0.85}, \quad H_2(z)=\frac{z}{z+1}, \quad H_3(z)=\frac{z}{z+1.5}$$

求这些系统的零极点分布图以及系统的冲激响应,判断系统的稳定性。

解 根据公式写出 zpk 形式的列向量,求系统的零极点分布图以及系统的冲激响应。程序如下:

```
%在左半平面的实数极点的影响
z1=[0]'; p1=[-0.85]'; k=1;
[b1, a1]=zp2tf(z1, p1, k);
subplot(3, 2, 1), zplane(z1, p1);
ylabel('极点在单位圆内');
subplot(3, 2, 2), impz(b1, a1, 20);
z2=[0]'; p2=[-1]';
```

```
[b2，a2]＝zp2tf(z2，p2，k);
subplot(3，2，3)，zplane(z2，p2);
ylabel('极点在单位圆上');
subplot(3，2，4)，impz(b2，a2，20);
z3＝[0]'; p3＝[-1.5]';
[b3，a3]＝zp2tf(z3，p3，k);
subplot(3，2，5)，zplane(b3，a3);
ylabel('极点在单位圆外');
subplot(3，2，6)，impz(z3，p3，20);
```

由图 9-2 可见，这 3 个系统的极点均为实数且处于 z 平面的左半平面。由图可知，当极点处于单位圆内，系统的冲激响应曲线随着频率的增大而收敛；当极点处于单位圆上，系统的冲激响应曲线为等幅振荡；当极点处于单位圆外，系统的冲激响应曲线随着频率的增大而发散。

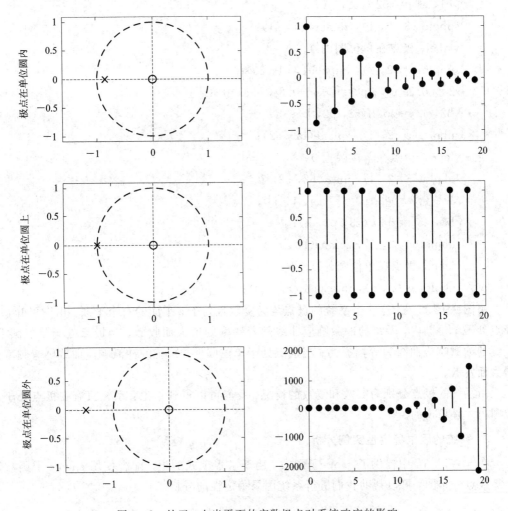

图 9-2 处于 z 左半平面的实数极点对系统响应的影响

例 9 - 3 研究 z 右半平面的复数极点对系统响应的影响。

已知系统的零-极点增益模型分别为

$$H_1(z) = \frac{z(z-0.3)}{(z-0.5-0.7j)(z-0.5+0.7j)}$$

$$H_2(z) = \frac{z(z-0.3)}{(z-0.6-0.8j)(z-0.6+0.8j)}$$

$$H_3(z) = \frac{z(z-0.3)}{(z-1-j)(z-1+j)}$$

求这些系统的零极点分布图以及系统的冲激响应,判断系统的稳定性。

解 根据公式写出 zpk 形式的列向量,求系统的零极点分布图以及系统的冲激响应。程序如下:

```
%复数极点的影响
z1=[0.3, 0]'; p1=[0.5+0.7j, 0.5-0.7j]'; k=1;
[b1, a1]=zp2tf(z1, p1, k);
subplot(3, 2, 1), zplane(b1, a1);
ylabel('极点在单位圆内');
subplot(3, 2, 2), impz(b1, a1, 20);
z2=[0.3, 0]'; p2=[0.6+0.8j, 0.6-0.8j]';
[b2, a2]=zp2tf(z2, p2, k);
subplot(3, 2, 3), zplane(b2, a2);
ylabel('极点在单位圆上');
subplot(3, 2, 4), impz(b2, a2, 20);
z3=[0.3, 0]'; p3=[1+j, 1-j]';
[b3, a3]=zp2tf(z3, p3, k);
subplot(3, 2, 5), zplane(b3, a3);
ylabel('极点在单位圆外');
subplot(3, 2, 6), impz(b3, a3, 20);
```

由图 9 - 3 可见,这 3 个系统的极点均为复数且处于 z 平面的右半平面。由图可知,当极点处于单位圆内,系统的冲激响应曲线随着频率的增大而收敛;当极点处于单位圆上,系统的冲激响应曲线为等幅振荡;当极点处于单位圆外,系统的冲激响应曲线随着频率的增大而发散。

由系统的极点分别为实数和复数的情况,我们可以得到结论:系统只有在极点处于单位圆内才是稳定的。

3. 系统的因果稳定性实例分析

在 MATLAB 中提供了 roots 子函数,用于求多项式的根。配合使用 zplane 子函数制作零极点分布图,可以帮助我们进行系统因果稳定性的分析。

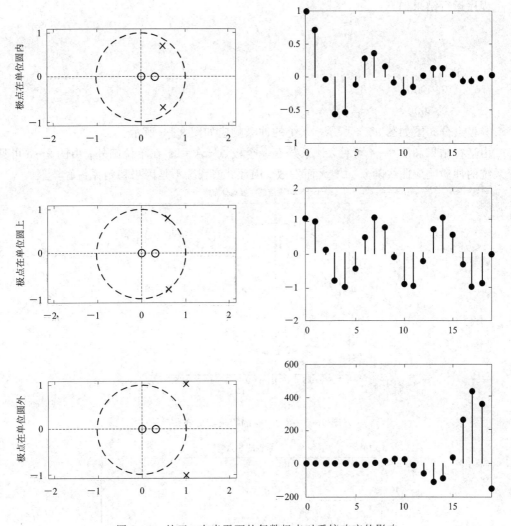

图 9-3　处于 z 右半平面的复数极点对系统响应的影响

例 9-4　已知离散时间系统函数为

$$H(z) = \frac{z-1}{z^2 - 2.5z + 1}$$

求该系统的零极点及零极点分布图，并判断系统的因果稳定性。

解　该题给出的公式是按 z 的降幂排列。MATLAB 程序如下：

```
b=[0, 1, -1]; a=[1, -2.5, 1];
rz=roots(b)                    %求系统的零点
rp=roots(a)                    %求系统的极点
subplot(1, 2, 1), zplane(b, a);   %求系统的零极点分布图
title('系统的零极点分布图');
subplot(1, 2, 2), impz(b, a, 20);
title('系统的冲激响应');
xlabel('n'); ylabel('h(n)');
```

程序运行结果如下:

rz =

    1

rp =

    2.0000

    0.5000

零极点分布图如图 9-4 所示,系统的冲激响应如图 9-5 所示。

由运行结果和图 9-4 可见,该系统有一个极点 rp1=2,在单位圆外;由图 9-5 可见,该系统的冲激响应曲线随着 n 增大而发散。因此,该系统不是因果稳定系统。

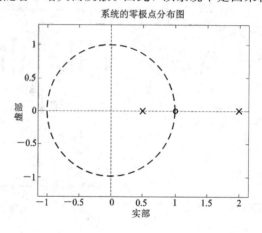

图 9-4 例 9-4 的零极点分布图

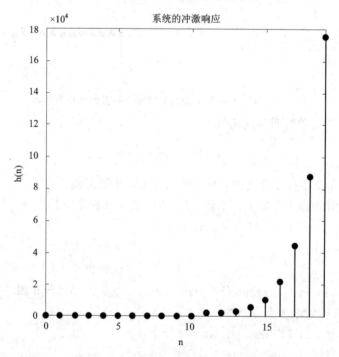

图 9-5 例 9-4 系统的冲激响应图

例 9 - 5　已知离散时间系统函数为

$$H(z)=\frac{0.2+0.1z^{-1}+0.3z^{-2}+0.1z^{-3}+0.2z^{-4}}{1-1.1z^{-1}+1.5z^{-2}-0.7z^{-3}+0.3z^{-4}}$$

求该系统的零极点及零极点分布图，并判断系统的因果稳定性。

解　MATLAB 程序如下：

```
b=[0.2, 0.1, 0.3, 0.1, 0.2];
a=[1, -1.1, 1.5, -0.7, 0.3];
rz=roots(b)
rp=roots(a)
subplot(1, 2, 1), zplane(b, a);
title('系统的零极点分布图');
subplot(1, 2, 2), impz(b, a, 20);
title('系统的冲激响应');
xlabel('n'); ylabel('h(n)');
```

程序运行结果如下：

```
rz =
        -0.5000 + 0.8660i
        -0.5000 - 0.8660i
         0.2500 + 0.9682i
         0.2500 - 0.9682i

   rp =
      0.2367 + 0.8915i
      0.2367 - 0.8915i
      0.3133 + 0.5045i
      0.3133 - 0.5045i
```

零极点分布图如图 9 - 6 所示，系统的冲激响应如图 9 - 7 所示。

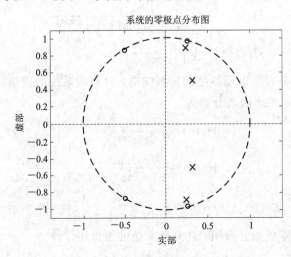

图 9 - 6　例 9 - 5 的零极点分布图

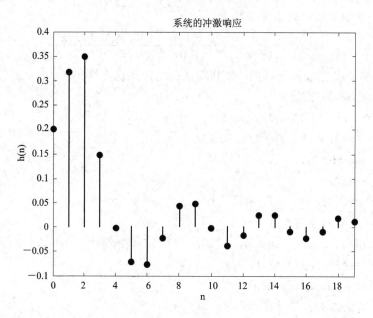

图 9-7　例 9-5 系统的冲激响应图

　　由运行结果和图 9-6 零极点分布图可见,该系统的所有极点均在单位圆内;由图 9-7 可见,该系统的冲激响应曲线随着 n 增大而收敛。因此,该系统是一个因果稳定系统。

四、实验任务

　　(1) 阅读并输入实验原理中介绍的例题程序,理解每一条语句的含义,观察程序输出结果,理解零极点对系统特性的影响。

　　(2) 已知系统的零-极点增益模型分别为

$$H_1(z) = \frac{z-0.3}{(z+0.5-0.7j)(z+0.5+0.7j)}$$

$$H_2(z) = \frac{z-0.3}{(z+0.6-0.8j)(z+0.6+0.8j)}$$

$$H_3(z) = \frac{z-0.3}{(z+1-j)(z+1+j)}$$

求这些系统的零极点分布图以及系统的冲激响应,并判断系统的因果稳定性。

　　(3) 已知离散时间系统函数分别为

$$H_1(z) = 5\frac{(z-1)(z+3)}{(z-2)(z+4)}$$

$$H_2(z) = \frac{4-1.6z^{-1}-1.6z^{-2}+4z^{-3}}{1+0.4z^{-1}+0.35z^{-2}-0.4z^{-3}}$$

$$H_3(z) = \frac{2}{1-z^{-1}} - \frac{1}{1-0.5z^{-1}} + \frac{1}{1+0.5z^{-1}}$$

求该系统的零极点及零极点分布图,并判断系统的因果稳定性。

五、实验预习

（1）认真阅读实验原理，明确本次实验任务，读懂各函数和例题程序，了解实验方法。

（2）根据实验任务预先编写实验程序。

（3）预习思考题：因果稳定的离散系统必须满足的充分必要条件是什么？MATLAB 提供了哪些进行零极点求解的子函数？如何使用？

六、实验报告

（1）列写调试通过的实验程序及运行结果。

（2）思考题：

① 回答实验预习思考题。

② 系统函数零极点的位置与系统冲激响应有何关系？

实验 10　离散系统的频率响应

一、实验目的

（1）加深对离散系统的频率响应特性基本概念的理解。

（2）了解离散系统的零极点与频响特性之间关系。

（3）熟悉 MATLAB 中进行离散系统分析频响特性的常用子函数，掌握离散系统幅频响应和相频响应的求解方法。

二、实验涉及的 MATLAB 子函数

1. freqz

功能：用于求解离散时间系统的频率响应函数 $H(e^{j\omega})$。

调用格式：

$[h, w] = freqz(b, a, n)$；可得到数字滤波器的 n 点复频响应值，这 n 个点均匀地分布在 $[0, \pi]$ 上，并将这 n 个频点的频率记录在 w 中，相应的频响值记录在 h 中。缺省时 n = 512。

$[h, f] = freqz(b, a, n, Fs)$；用于对 $H(e^{j\omega})$ 在 $[0, Fs/2]$ 上等间隔采样 n 点，采样点频率及相应频响值分别记录在 f 和 h 中。由用户指定 Fs(以 Hz 为单位)的值。

$h = freqz(b, a, w)$；用于对 $H(e^{j\omega})$ 在 $[0, 2\pi]$ 上进行采样，采样频率点由矢量 w 指定。

$h = freqz(b, a, f, Fs)$；用于对 $H(e^{j\omega})$ 在 $[0, Fs]$ 上采样，采样频率点由矢量 f 指定。

$freqz(b, a, n)$；用于在当前图形窗口中绘制幅频和相频特性曲线。

2. angle

功能：求相角。

调用格式：

$p = angle(h)$；用于求取复矢量或复矩阵 H 的相角(以弧度为单位)，相角介于 $-\pi$ 和 $+\pi$ 之间。

3. grid

功能：在指定的图形坐标上绘制分格线。

调用格式：

grid　紧跟在要绘制分格线的绘图指令后面。例如：plot(t, y); grid。

grid on　绘制分格线。

grid off　不绘制分格线。

4. hold

功能：在当前轴或图形上多次叠绘多条曲线。

调用格式：

hold　使当前图形具备刷新性质的双向开关。

hold on　使当前轴或图形保持而不被刷新，准备接受此后将绘制的新曲线。

hold off　使当前轴或图形不再具备不被刷新的性质。

5．text

功能：在图形上标注文字说明。

调用格式：

text(xt，yt，'string')；在图面上(xt，yt)坐标处书写文字说明。其中文字说明字符串
　　必须使用单引号标注。

三、实验原理

1. 离散系统频率响应的基本概念

已知稳定系统传递函数的零-极点增益(zpk)模型为

$$H(z) = K \frac{\prod\limits_{m=1}^{M}(z-c_m)}{\prod\limits_{n=1}^{N}(z-d_n)}$$

则系统的频响函数为

$$H(e^{j\omega}) = H(z)\mid_{z=e^{j\omega}} = K\frac{\prod\limits_{m=1}^{M}(e^{j\omega}-c_m)}{\prod\limits_{n=1}^{N}(e^{j\omega}-d_n)} = K\frac{\prod\limits_{m=1}^{M}C_m e^{j\alpha_m}}{\prod\limits_{n=1}^{N}D_n e^{j\beta_n}} = \mid H(e^{j\omega})\mid e^{j\varphi(\omega)}$$

其中，系统的幅度频响特性为

$$\mid H(e^{j\omega})\mid = K\frac{\prod\limits_{m=1}^{M}C_m}{\prod\limits_{n=1}^{N}D_n}$$

系统的相位频响特性为

$$\varphi(\omega) = \sum_{m=1}^{M}\alpha_m - \sum_{n=1}^{N}\beta_n + \omega(N-M)$$

　　由公式可见，系统函数与频率响应有着密切的联系。适当地控制系统函数极点、零点
的分布，可以改变离散系统的频率响应特性：

　　(1) 在原点(z=0)处的零点或极点至单位圆的距离始终保持不变，其值$\mid e^{j\omega}\mid=1$，所以
对幅度响应不起作用。

　　(2) 单位圆附近的零点对系统幅度响应的凹谷的位置及深度有明显的影响。

　　(3) 单位圆内且靠近单位圆附近的极点对系统幅度响应的凸峰的位置及峰度有明显的
影响。

2. 系统的频率响应特性

MATLAB 为求解离散系统的频率响应和连续系统的频率响应，分别提供了 freqz 和

freqs 两个函数，使用方法类似。本实验主要讨论离散系统的频率响应。

例 10 - 1 已知离散时间系统的系统函数为

$$H(z) = \frac{0.1321 - 0.3963z^{-2} + 0.3963z^{-4} - 0.1321z^{-6}}{1 + 0.343\,19z^{-2} + 0.604\,39z^{-4} + 0.204\,07z^{-6}}$$

求该系统在 $0 \sim \pi$ 频率范围内的相对幅度频率响应与相位频率响应。

MATLAB 程序如下：

    b=[0.1321, 0, -0.3963, 0, 0.3963, 0, -0.1321];
    a=[1, 0, 0.34319, 0, 0.60439, 0, 0.20407];
    freqz(b, a);

以上程序采用了 freqz 不带输出向量的形式，直接出图。执行结果如图 10 - 1 所示。

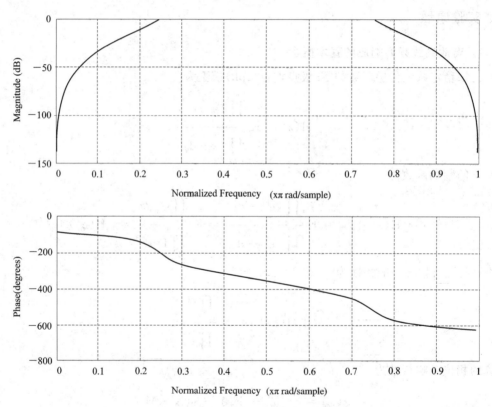

图 10 - 1   例 10 - 1 系统的幅度频率响应与相位频率响应

由图 10 - 1 可见，该系统是一个 IIR 数字带通滤波器。其中幅频特性采用归一化的相对幅度值，以分贝(dB)为单位。

例 10 - 2 已知离散时间系统的系统函数，求该系统在 $0 \sim \pi$ 频率范围内归一化的绝对幅度频率响应与相位频率响应。

$$H(z) = \frac{0.2 + 0.1z^{-1} + 0.3z^{-2} + 0.1z^{-3} + 0.2z^{-4}}{1 - 1.1z^{-1} + 1.5z^{-2} - 0.7z^{-3} + 0.3z^{-4}}$$

解 MATLAB 程序如下：

    b=[0.2, 0.1, 0.3, 0.1, 0.2];
    a=[1, -1.1, 1.5, -0.7, 0.3];

```
n=(0：500) * pi/500;                    %在 pi 的范围内取 501 个采样点
[h，w]=freqz(b，a，n);                  %求系统的频率响应
subplot(2，1，1)，plot(n/pi，abs(h))；grid    %作系统的幅度频响图
axis([0，1，1.1 * min(abs(h))，1.1 * max(abs(h))])；
ylabel('幅度')；
subplot(2，1，2)，plot(n/pi，angle(h))；grid    %作系统的相位频响图
axis([0，1，1.1 * min(angle(h))，1.1 * max(angle(h))])；
ylabel('相位')；xlabel('以 pi 为单位的频率')；
```

执行结果如图 10 - 2 所示。

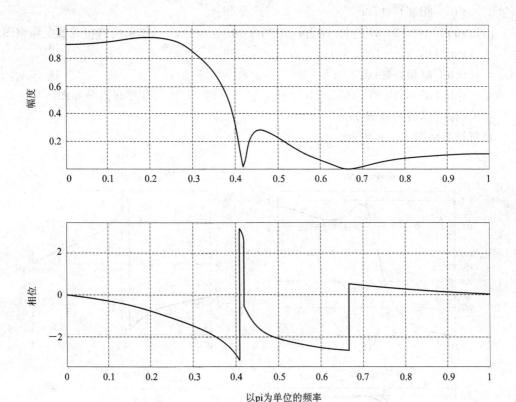

图 10 - 2 例 10 - 2 系统的幅度频率响应与相位频率响应

由图 10 - 2 可见，该系统是一个低通滤波器。其中，幅频特性采用归一化的绝对幅度值。

例 10 - 3 已知离散时间系统的系统函数为

$$H(z)=\frac{0.1-0.4z^{-1}+0.4z^{-2}-0.1z^{-3}}{1+0.3z^{-1}+0.55z^{-2}+0.2z^{-3}}$$

求该系统在 0～π 频率范围内，归一化的绝对幅度频率响应、相对幅度频率响应、相位频率响应及零极点分布图。

解 MATLAB 程序如下：

```
b=[0.1，-0.4，0.4，-0.1];
```

```
a=[1, 0.3, 0.55, 0.2];
n=(0: 500) * pi/500;
[h, w]=freqz(b, a, n);
db=20 * log10(abs(h));                    %求系统的相对幅频响应值
subplot(2, 2, 1), plot(w/pi, abs(h)); grid    %作系统的绝对幅度频响图
axis([0, 1, 1.1 * min(abs(h)), 1.1 * max(abs(h))]);
title('幅频特性(V)');
subplot(2, 2, 2), plot(w/pi, angle(h)); grid    %作系统的相位频响图
axis([0, 1, 1.1 * min(angle(h)), 1.1 * max(angle(h))]);
title('相频特性');
subplot(2, 2, 3), plot(w/pi, db); grid        %作系统的相对幅度频响图
axis([0, 1, -100, 5]);
title('幅频特性(dB)');
subplot(2, 2, 4), zplane(b, a);              %作零极点分布图
title('零极点分布');
```

执行结果如图 10-3 所示。

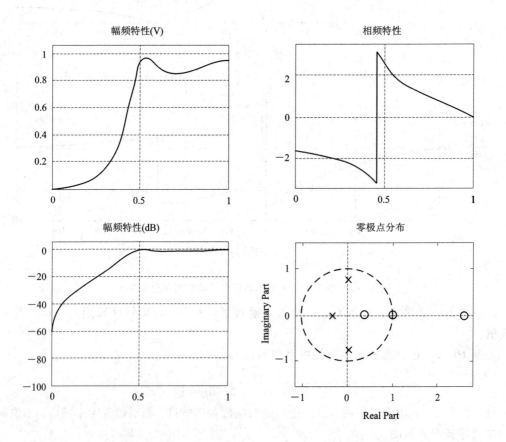

图 10-3　例 10-3 系统的幅频响应、相频响应及零极点分布图

3. 介绍一个求解频率响应的实用程序

在实际使用 freqz 进行离散系统频率响应分析时，通常需要求解幅频响应、相频响应、群时延，幅频响应又分为绝对幅频和相对幅频两种表示方法。这里介绍一个求解频率响应的实用程序 freqz_m.m，利用这个程序，可以方便地满足上述要求。

MATLAB 程序如下：

```
function [db, mag, pha, grd, w]=freqz_m(b, a);
[H, w]=freqz(b, a, 1000, 'whole');
H=(H(1: 501))'; w=(w(1: 501))';
mag=abs(H);
db=20 * log10((mag+eps)/max(mag));
pha=angle(H);
grd=grpdelay(b, a, w);
```

freqz_m 子函数是 freqz 函数的修正函数，可获得幅值响应(绝对和相对)、相位响应及群迟延响应。式中：

db 中记录了一组对应$[0, \pi]$频率区域的相对幅值响应值；

mag 中记录了一组对应$[0, \pi]$频率区域的绝对幅值响应值；

pha 中记录了一组对应$[0, \pi]$频率区域的相位响应值；

grd 中记录了一组对应$[0, \pi]$频率区域的群迟延响应值；

w 中记录了对应$[0, \pi]$频率区域的 501 个频点的频率值。

下面举例说明 freqz_m 函数的使用方法。

例 10-4　已知离散时间系统的系统函数为

$$H(z)=\frac{0.1321+0.3963z^{-2}+0.3963z^{-4}+0.1321z^{-6}}{1-0.343\,19z^{-2}+0.604\,39z^{-4}-0.204\,07z^{-6}}$$

求该系统在 $0\sim\pi$ 频率范围内的绝对幅频响应、相对幅频响应、相位频率响应及群迟延。

解　MATLAB 程序如下：

```
b=[0.1321, 0, 0.3963, 0, 0.3963, 0, 0.1321];
a=[1, 0, -0.34319, 0, 0.60439, 0, -0.20407];
[db, mag, pha, grd, w]=freqz_m(b, a);
subplot(2, 2, 1), plot(w/pi, mag); grid        %作绝对幅度频响图
axis([0, 1, 1.1 * min(mag), 1.1 * max(mag)]);
title('幅频特性(V)');
subplot(2, 2, 2), plot(w/pi, pha); grid        %作相位频响图
axis([0, 1, 1.1 * min(pha), 1.1 * max(pha)]);
title('相频特性');
subplot(2, 2, 3), plot(w/pi, db); grid         %作相对幅度频响图
axis([0, 1, -100, 5]);
title('幅频特性(dB)');
subplot(2, 2, 4), plot(w/pi, grd); grid        %作系统的群迟延图
title('群迟延');
```

响应曲线见图 10 - 4。

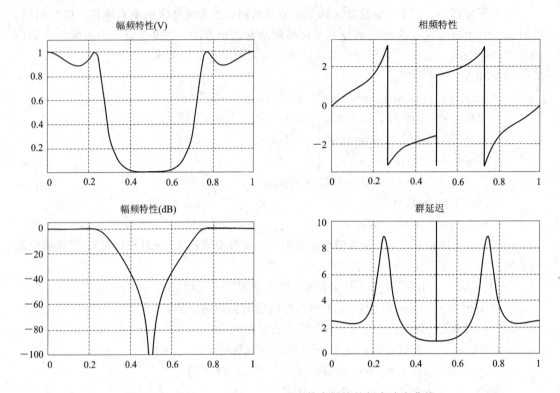

图 10 - 4　例 10 - 4 用 freqz_m 子函数求系统的频率响应曲线

4. 系统零极点的位置对系统频率响应的影响

系统零极点的位置对系统响应有着非常明显的影响。为了更清楚地观察零极点对系统的影响，我们选择最简单的一阶系统为例，且仅选择其中一种情况进行分析。实际情况要比例题复杂，如零点或极点不在原点、零极点之间的相对位置等情况。

例 10 - 5　观察系统极点的位置对幅频响应的影响。

已知一阶离散系统的传递函数为 $H(z) = \dfrac{z - q_1}{z - p_1}$，假设系统的零点 q_1 在原点，极点 p_1 分别取 0.2、0.5、0.8，比较它们的幅频响应曲线，从中了解系统极点的位置对幅频响应有何影响。

解　MATLAB 程序如下：

```
z=[0]'; k=1;                    %设零点在原点处，k 为 1
n=(0:500) * pi/500;
p1=[0.2]';                      %极点在 0.2 处
[b1,a1]=zp2tf(z,p1,k);         %由 zpk 模式求 tf 模式 b 和 a 系数
[h1,w]=freqz(b1,a1,n);        %求系统的频率响应
subplot(2,3,1),zplane(b1,a1);  %作零极点分布图
title('极点 p1=0.2');
p2=[0.5]';                      %极点在 0.5 处
```

```
[b2, a2]=zp2tf(z, p2, k);
[h2, w]=freqz(b2, a2, n);
subplot(2, 3, 2), zplane(b2, a2);
title('极点 p1=0.5');
p3=[0.8]';                          %极点在 0.8 处
[b3, a3]=zp2tf(z, p3, k);
[h3, w]=freqz(b3, a3, n);
subplot(2, 3, 3), zplane(b3, a3);
title('极点 p1=0.8');
%同时显示 p1 分别取 0.2、0.5、0.8 时的幅频响应
subplot(2, 1, 2), plot(w/pi, abs(h1), w/pi, abs(h2), w/pi, abs(h3));
axis([0, 1, 0, 5]);
text(0.08, 1, 'p1=0.2');            %在曲线上标注文字说明
text(0.05, 2, 'p1=0.5');
text(0.08, 3.5, 'p1=0.8'); title('幅频特性');
```

三种情况下的零极点分布图和幅频响应曲线见图 10-5。

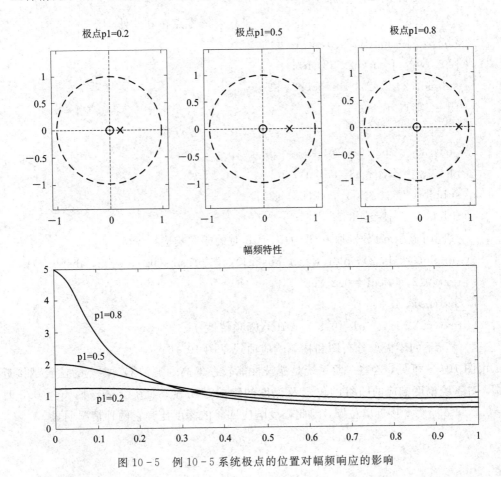

图 10-5　例 10-5 系统极点的位置对幅频响应的影响

由图 10-5 可见，这些一阶系统是滤波性能较差的低通滤波器。单位圆内越靠近单位圆的极点，对系统幅度响应凸峰的位置及峰度影响越明显。如在 $\omega \to 0$ 处，$p_1 = 0.8$ 时比 $p_1 = 0.2$ 和 $p_1 = 0.5$ 接近单位圆，因此幅度响应凸峰的峰度比其它两种情况陡峭。

例 10-6　观察系统零点的位置对幅频响应的影响。

已知一阶离散系统的传递函数为 $H(z) = \dfrac{z - q_1}{z - p_1}$，假设系统的极点 p_1 在原点，零点 q_1 分别取 0.2、0.5、0.8，比较它们的幅频响应曲线，从中了解系统零点的位置对幅频响应有何影响。

解　MATLAB 程序如下：

```
p=[0]'; k=1;                    %设极点在原点处，k 为 1
n=(0: 500) * pi/500;
z1=[0.2]';                      %零点在 0.2 处
[b1, a1]=zp2tf(z1, p, k);
[h1, w]=freqz(b1, a1, n);
subplot(2, 3, 1), zplane(b1, a1);
title('零点 q1=0.2');
z2=[0.5]';                      %零点在 0.5 处
[b2, a2]=zp2tf(z2, p, k);
[h2, w]=freqz(b2, a2, n);
subplot(2, 3, 2), zplane(b2, a2);
title('零点 q1=0.5');
z3=[0.8]';                      %零点在 0.8 处
[b3, a3]=zp2tf(z3, p, k);
[h3, w]=freqz(b3, a3, n);
subplot(2, 3, 3), zplane(b3, a3);
title('零点 q1=0.8');
%同时显示 q1 分别取 0.2、0.5、0.8 时的幅频响应
subplot(2, 1, 2), plot(w/pi, abs(h1), w/pi, abs(h2), w/pi, abs(h3));
text(0.2, 1, 'q1=0.2');
text(0.1, 1.4, 'q1=0.5');
text(0.2, 1.7, 'q1=0.8'); title('幅频特性');
```

三种情况下的零极点分布图和幅频响应曲线见图 10-6。

由图 10-6 可见，这些一阶系统是滤波性能较差的高通滤波器。零点的位置越接近单位圆，对系统幅度响应的凹谷的位置及深度的影响越明显。如在 $\omega \to 0$ 处，$q_1 = 0.8$ 时比 $q_1 = 0.2$ 和 $q_1 = 0.5$ 接近单位圆，因此幅度响应凹谷的深度比其它两种情况明显。

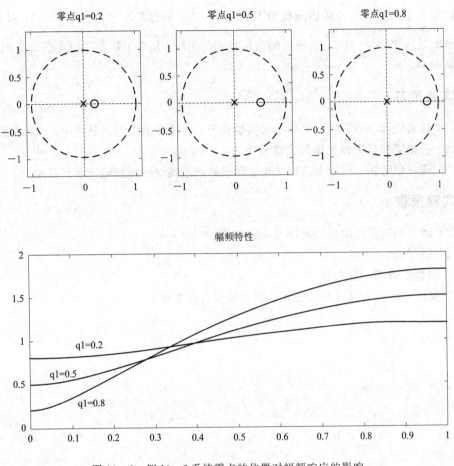

图 10-6　例 10-6 系统零点的位置对幅频响应的影响

四、实验任务

(1) 阅读并输入实验原理中介绍的例题程序,理解每一条语句的含义,观察程序输出图形,并通过图形了解系统频率响应的概念,分析系统零极点对频率响应的影响。

(2) 已知离散时间系统的传递函数 $H(z) = \dfrac{2+3z^{-1}}{1+0.4z^{-1}+z^{-2}}$,求该系统在 $0 \sim \pi$ 频率范围内的相对幅度频率响应与相位频率响应曲线。

(3) 已知离散时间系统的零-极点增益模型为

$$H(z) = \frac{z(z+2)}{(z-0.3)(z-0.4)(z-0.6)}$$

求该系统在 $0 \sim \pi$ 频率范围内的绝对幅度频率响应、相对幅度频率响应、相位频率响应曲线以及零极点分布图。

(4) 已知离散时间系统的系统函数为

$$H(z) = \frac{0.187\,632 - 0.241\,242z^{-2} + 0.241\,242z^{-4} - 0.187\,632z^{-6}}{1 + 0.602\,012z^{-2} + 0.495\,684z^{-4} + 0.035\,924\,4z^{-6}}$$

求该系统在 $0 \sim \pi$ 频率范围内的绝对幅频响应、相对幅频响应、相位频率响应及群迟延。

*(5) 试通过 MATLAB 程序图形,观察系统极点的位置对幅频响应的影响。

已知一阶离散系统的传递函数为 $H(z) = \dfrac{z - q_1}{z - p_1}$，假设系统的零点 $q_1 = -1$，极点 p_1 分别取 -0.2、-0.5、-0.8，比较它们的幅频响应曲线，从中了解系统极点的位置对幅频响应有何影响。

五、实验预习

(1) 认真阅读实验原理，明确本次实验任务，读懂各函数和例题程序，了解实验方法。

(2) 根据实验任务预先编写实验程序。

(3) 预习思考题：利用 MATLAB 如何求解离散系统的幅频响应和相频响应？

六、实验报告

(1) 列写调试通过的实验程序及运行结果。

(2) 思考题：

① 回答实验预习思考题。

② 离散系统的零极点对系统幅度频率响应有何影响？

实验 11 离散傅里叶级数(DFS)

一、实验目的

(1) 加深对离散周期序列傅里叶级数(DFS)基本概念的理解。

(2) 掌握用 MATLAB 语言求解周期序列傅里叶级数变换和逆变换的方法。

(3) 观察离散周期序列的重复周期数对频谱特性的影响。

(4) 了解离散序列的周期卷积及其与线性卷积的区别。

二、实验涉及的 MATLAB 子函数

1. mod

功能：模除求余。

调用格式：

mod(x, m)；x 整除 m 取正余数。

2. floor

功能：向 $-\infty$ 舍入为整数。

调用格式：

floor(x)；将 x 向 $-\infty$ 舍入为整数。

三、实验原理

1. 周期序列的离散傅里叶级数

离散时间序列 x(n)满足 x(n)＝x(n＋rN)，称为离散周期序列，用 $\tilde{x}(n)$ 表示。其中，N 为信号的周期，x(n)称为离散周期序列的主值。

周期序列 $\tilde{x}(n)$ 可以用离散傅里叶级数(DFS)表示：

$$\tilde{x}(n) = \frac{1}{N}\sum_{k=0}^{N-1}\tilde{X}(k)e^{j\frac{2\pi}{N}kn} = \mathrm{IDFS}[\tilde{X}(k)] \qquad n = 0, 1, \cdots, N-1$$

其中，$\tilde{X}(k)$ 是周期序列离散傅里叶级数第 k 次谐波分量的系数，也称为周期序列的频谱，可表示为

$$\tilde{X}(k) = \sum_{n=0}^{N-1}\tilde{x}(n)e^{-j\frac{2\pi}{N}kn} = \mathrm{DFS}[\tilde{x}(n)] \qquad k = 0, 1, \cdots, N-1$$

由上面两式可以看出，它们也是周期序列的一对傅里叶级数变换对。

令 $W_N = e^{-j\frac{2\pi}{N}}$，以上傅里叶级数变换对又可以写成：

$$\tilde{X}(k) = DFS[\tilde{x}(n)] = \sum_{n=0}^{N-1} \tilde{x}(n) W_N^{nk} \qquad k = 0, 1, \cdots, N-1 \qquad (11-1)$$

$$\tilde{x}(n) = IDFS[\tilde{X}(k)] = \frac{1}{N} \sum_{k=0}^{N-1} \tilde{X}(k) W_N^{-nk} \qquad n = 0, 1, \cdots, N-1 \qquad (11-2)$$

与连续性周期信号的傅里叶级数相比较，周期序列离散傅里叶级数有着如下特点：

(1) 连续性周期信号的傅里叶级数对应的第 k 次谐波分量的系数为无穷多。而周期为 N 的周期序列，其离散傅里叶级数谐波分量的系数只有 N 个是独立的。

(2) 周期序列的频谱 $\tilde{X}(k)$ 也是一个以 N 为周期的周期序列。

2. 周期序列的傅里叶级数变换和逆变换

例 11-1 已知一个周期性矩形序列的脉冲宽度占整个周期的 1/4，一个周期的采样点数为 16 点，显示 3 个周期的信号序列波形。要求：

(1) 用傅里叶级数求信号的幅度频谱和相位频谱。

(2) 求傅里叶级数逆变换的图形，与原信号图形进行比较。

解 MATLAB 程序如下：

```
N=16;
xn=[ones(1, N/4), zeros(1, 3*N/4)];
xn=[xn, xn, xn];
n=0:3*N-1;
k=0:3*N-1;
Xk=xn*exp(-j*2*pi/N).^(n'*k);        %离散傅里叶级数变换
x=(Xk*exp(j*2*pi/N).^(n'*k))/N;      %离散傅里叶级数逆变换
subplot(2, 2, 1), stem(n, xn);
title('x(n)'); axis([-1, 3*N, 1.1*min(xn), 1.1*max(xn)]);
subplot(2, 2, 2), stem(n, abs(x));   %显示逆变换结果
title('IDFS|X(k)|');
axis([-1, 3*N, 1.1*min(x), 1.1*max(x)]);
subplot(2, 2, 3), stem(k, abs(Xk));  %显示序列的幅度谱
title('|X(k)|');
axis([-1, 3*N, 1.1*min(abs(Xk)), 1.1*max(abs(Xk))]);
subplot(2, 2, 4), stem(k, angle(Xk)); %显示序列的相位谱
title('arg|X(k)|');
axis([-1, 3*N, 1.1*min(angle(Xk)), 1.1*max(angle(Xk))]);
```

运行结果如图 11-1 所示。

由离散傅里叶级数逆变换图形可见，与原信号相比，幅度扩大了 3^2 倍。这是因为周期序列为原主值序列周期的 3 倍，做逆变换时未做处理。可以将逆变换程序改为

$$x=Xk*exp(j*2*pi/N).^(n'*k)/(3*3*N);$$

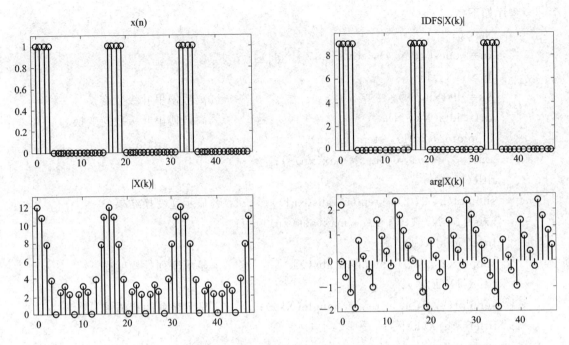

图 11-1　例 11-1 周期序列与傅里叶级数变换和逆变换结果

3. 离散傅里叶级数变换和逆变换的通用子程序

由例 11-1 可见,周期序列进行傅里叶级数变换和逆变换,是依据变换公式进行程序编写的,无论信号序列如何变化,求解的公式总是一样的。因此,可以将其编写成通用子程序。

(1) 离散傅里叶级数变换通用子程序 dfs. m:

function [Xk]=dfs(xn, N);

n=0: N-1;

k=0: N-1;

WN=exp(-j * 2 * pi/N);

nk=n′ * k;

Xk=xn * WN. ^nk;

(2) 离散傅里叶级数逆变换通用子程序 idfs. m:

function [xn]=idfs(Xk, N);

n=0: N-1;

k=0: N-1;

WN=exp(j * 2 * pi/N);

nk=n′ * k;

xn=(Xk * WN. ^nk)/N;

例 11-2　利用上述两个子程序,再做一遍例 11-1。

解　由于需要调用子程序,其中通用子程序仅适用于对主值区间进行傅里叶级数变换和逆变换,周期次数无法传递给通用子程序,因此程序执行的结果仅显示图 11-1 中一个周期的情况。

程序如下：

```
N=16;
xn=[ones(1, N/4), zeros(1, 3 * N/4)];
n=0: N−1;
Xk=dfs(xn, N);                               %离散傅里叶级数变换
xn1=idfs(Xk, N);                             %离散傅里叶级数逆变换
subplot(2, 2, 1), stem(n, xn);
axis([0, N−1, 0, 1.1 * max(xn)]);
title('x(n)');
subplot(2, 2, 2), stem(n, abs(xn1));         %显示逆变换结果
axis([0, N−1, 0, 1.1 * max(abs(xn1))]);
title('idfs|X(k)|');
subplot(2, 2, 3), stem(n, abs(Xk));          %显示序列的幅度谱
title('|X(k)|');
subplot(2, 2, 4), stem(n, angle(Xk));        %显示序列的相位谱
title('arg|X(k)|');
```

4. 周期重复次数对序列频谱的影响

理论上讲，周期序列不满足绝对可积条件，因此不能用傅里叶级数变换来表示。要对周期序列进行分析，可以先取 K 个周期进行处理，然后再让 K 无限增大，研究其极限情况。由这一分析思路，可以观察信号序列由非周期到周期变化时，频谱由连续谱逐渐向离散谱过渡的过程。

下面举例说明信号采用不同的重复周期次数对序列频谱的影响。

例 11-3 已知一个矩形序列的脉冲宽度占整个周期的 1/2，一个周期的采样点数为 10 点，用傅里叶级数变换求信号的重复周期数分别为 1、4、7、10 时的幅度频谱。

解 MATLAB 程序如下：

```
xn=[ones(1, 5), zeros(1, 5)];                %建立一个周期的时域信号
Nx=length(xn);
Nw=1000; dw=2 * pi/Nw;                       %把 2π 分为 Nw 份，频率分辨率为 dw
k=floor((−Nw/2+0.5): (Nw/2+0.5));           %建立关于 0 轴对称的频率向量
for r=0: 3
   K=3 * r+1;
   nx=0: (K * Nx−1);                         %周期延拓后的时间向量
   x=xn(mod(nx, Nx)+1);                      %周期延拓后的时间信号 x
   Xk=x * (exp(−j * dw * nx' * k))/K;        %进行傅里叶级数变换
subplot(4, 2, 2 * r+1), stem(nx, x);
axis([0, K * Nx−1, 0, 1.1]); ylabel('x(n)');
subplot(4, 2, 2 * r+2), plot(k * dw, abs(Xk));
axis([−4, 4, 0, 1.1 * max(abs(Xk))]); ylabel('X(k)');
end
```

程序运行结果如图 11-2 所示。

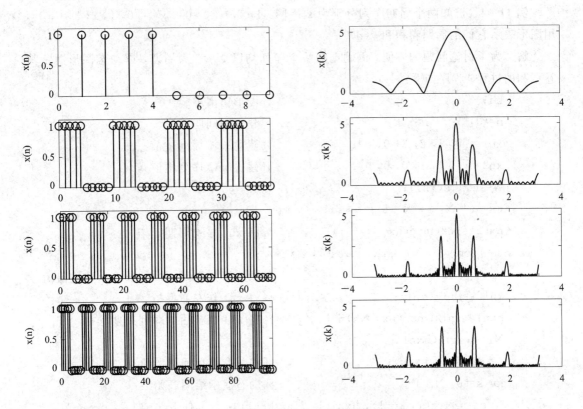

图 11-2   周期重复次数对序列频谱的影响

注意 mod 函数的用法，由于 MATLAB 中变量的下标由 1 开始，而 mod 函数的结果却从零开始，因此语句中加 1。

由图 11-2 可以看出，信号序列的周期数越多，则频谱越是向几个频点集中。当信号序列的周期数趋于无穷大时，频谱转化为离散谱。

*5. 周期序列的卷积和

时域周期序列的卷积和与频域周期序列的积相互对应。若 $\widetilde{Y}(k) = \widetilde{X}_1(k) \cdot \widetilde{X}_2(k)$，则

$$
\begin{aligned}
\widetilde{y}(n) &= \mathrm{IDFS}[\widetilde{Y}(k)] \\
&= \sum_{m=0}^{N-1} \widetilde{x}_1(m)\widetilde{x}_2(n-m) = \sum_{m=0}^{N-1} \widetilde{x}_2(m)\widetilde{x}_1(n-m) \\
&= \widetilde{x}_1(n) * \widetilde{x}_2(n)
\end{aligned}
$$

注意：周期序列的卷积和与非周期序列的卷积和有所区别。

（1）$\widetilde{x}_1(m)$ 和 $\widetilde{x}_2(n-m)$ 均为变量为 m，周期为 N 的周期序列，故它们的乘积也是周期序列。

（2）卷积求和是在一个周期内进行的，即从 m=0 到 m=N-1。

（3）如果 $x_1(n)$ 和 $x_2(n)$ 的周期长度不同，则卷积和的长度取 $N = \max[N_1, N_2]$。

下面举例说明。

例 11-4 已知两个周期序列分别为 $\tilde{x}_1=[1,1,1,0,0,0]$, $\tilde{x}_2=[0,1,2,3,0,0]$, 用图形表示它们的周期卷积和 $\tilde{y}(n)$。

解 为了讨论问题的方便，例题选择两个序列均以 N＝6 为周期，以动态图形演示其卷积和的过程。程序如下：

```
clf;                              %图形窗清屏
n=0：5；                          %建立时间向量 n
xn1=[0, 1, 2, 3, 0, 0];          %建立 xn1 序列主值
xn2=[1, 1, 1, 0, 0, 0];          %建立 xn2 序列主值
N=length(xn1);
nx=(-N：3*N-1);
hxn2=xn2(mod(nx, N)+1);          %将 xn2 序列周期延拓
u=[zeros(1, N), xn2, zeros(1, 2*N)];
                                 %按 xn2 周期延拓后的长度重建主值信号
xn12=fliplr(xn1);                %将 xn1 作左右反折
hxn1=xn12(mod(nx, Nx)+1);        %将 xn1 反折后的序列周期延拓
N1=length(hxn1);
y=zeros(1, 4*N);                 %将 y 存储单元初始化
for k=0：N-1                      %动态演示绘图开始
    p=[zeros(1, k+1), hxn1(1：N1-k-1)];   %使 hxn1 向右循环移位
    y1=u.*p;         %使输入和翻转移位的脉冲过渡函数逐项相乘
    yk=sum(y1);                  %相加
    y([k+1, k+N+1, k+2*N+1, k+3*N+1])=yk; %将结果放入数组 y
    subplot(4, 1, 1); stem(nx, hxn2);
    axis([-1, 3*N, 0, 1.1]); ylabel('x2(n)');
    subplot(4, 1, 2); stem(nx, p);
    axis([-1, 3*N, 0, 3.3]); ylabel('x1(n)');
    subplot(4, 1, 3); stem(k, yk);    %作图表示主值区每一次卷积的结果
    axis([-1, 3*N, 0, 6.6]); hold on
                                 %在图形窗上保留每一次运行的图形结果
    ylabel('主值区');
    subplot(4, 1, 4); stem(nx, y);
    axis([-1, 3*N, 0, 6.6]); ylabel('卷积结果');
    pause(2);                    %停顿 2 秒
end
```

程序运行结果如图 11-3 所示。

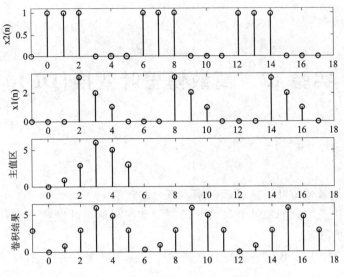

图 11 - 3　用动态图形演示序列卷积和的过程

四、实验任务

(1) 阅读并输入实验原理中介绍的例题程序，观察输出的波形曲线，理解每一条语句的含义。

(2) 已知一个信号序列的主值为 x(n)＝[0，1，2，3，2，1，0]，显示 2 个周期的信号序列波形。要求：

① 用傅里叶级数变换求信号的幅度频谱和相位频谱，用图形表示。

② 求傅里叶级数逆变换的图形，并与原信号图形进行比较。

(3) 已知一个信号序列的主值为 $x(n) = R_2(n)$，$\tilde{x}(n) = \sum\limits_{r=-\infty}^{\infty} x(n+4r)$。要求：

① 显示 $x(n)$ 和 $\tilde{x}(n)$图形。

② 用傅里叶级数变换求 $|\tilde{X}(k)|$、$\arg[\tilde{X}(k)]$，并显示图形。

五、实验预习

(1) 认真阅读实验原理，明确本次实验任务，读懂例题程序，了解实验方法。

(2) 根据实验任务预先编写实验程序。

(3) 预习思考题：离散傅里叶级数(DFS)与连续性周期信号的傅里叶级数有何区别？离散周期序列的频谱有何特点？

六、实验报告

(1) 列写调试通过的实验程序，打印或描绘实验程序产生的曲线图形。

(2) 思考题：

① 回答实验预习思考题。

② 离散序列的周期重复次数对信号的幅度频谱有何影响？

③ 周期序列的卷积和与非周期序列的线性卷积有何区别？

实验 12　离散傅里叶变换(DFT)

一、实验目的

(1) 加深对离散傅里叶变换(DFT)基本概念的理解。

(2) 了解有限长序列傅里叶变换(DFT)与周期序列傅里叶级数(DFS)、离散时间傅里叶变换(DTFT)的联系。

(3) 掌握用 MATLAB 语言进行离散傅里叶变换和逆变换的方法。

二、实验原理

1. 有限长序列的傅里叶变换(DFT)和逆变换(IDFT)

在实际中常常使用有限长序列。如果有限长序列信号为 x(n)，则该序列的离散傅里叶变换对可以表示为

$$X(k) = DFT[x(n)] = \sum_{n=0}^{N-1} x(n) W_N^{nk} \qquad k = 0, 1, \cdots, N-1 \qquad (12-1)$$

$$x(n) = IDFT[X(k)] = \frac{1}{N} \sum_{k=0}^{N-1} X(k) W_N^{-nk} \qquad n = 0, 1, \cdots, N-1 \qquad (12-2)$$

从离散傅里叶变换定义式可以看出，有限长序列在时域上是离散的，在频域上也是离散的。式中，$W_N = e^{-j\frac{2\pi}{N}}$，即仅在单位圆上 N 个等间距的点上取值，这为使用计算机进行处理带来了方便。

由有限长序列的傅里叶变换和逆变换定义可知，DFT 和 DFS 的公式非常相似，因此在程序编写上也基本一致。

例 12-1　已知 x(n)=[0, 1, 2, 3, 4, 5, 6, 7]，求 x(n)的 DFT 和 IDFT。要求：

(1) 画出序列傅里叶变换对应的|X(k)|和 arg[X(k)]图形。

(2) 画出原信号与傅里叶逆变换 IDFT[X(k)]图形进行比较。

解　MATLAB 程序如下：

```
xn=[0, 1, 2, 3, 4, 5, 6, 7];                    %建立信号序列
N=length(xn);
n=0: N-1; k=0: N-1;
Xk=xn * exp(-j * 2 * pi/N).^(n' * k);           %离散傅里叶变换
x=(Xk * exp(j * 2 * pi/N).^(n' * k))/N;         %离散傅里叶逆变换
subplot(2, 2, 1), stem(n, xn);                  %显示原信号序列
title('x(n)');
subplot(2, 2, 2), stem(n, abs(x));              %显示逆变换结果
```

```
title('IDFT|X(k)|');
subplot(2, 2, 3), stem(k, abs(Xk));          %显示|X(k)|
title('|X(k)|');
subplot(2, 2, 4), stem(k, angle(Xk));        %显示 arg|X(k)|
title('arg|X(k)|');
```

运行结果如图 12－1 所示。

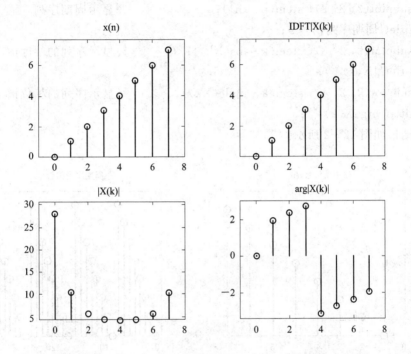

图 12－1　例 12－1 有限长序列的傅里叶变换和逆变换结果

　　从得到的结果可见，与周期序列不同的是，有限长序列本身是仅有 N 点的离散序列，相当于周期序列的主值部分。因此，其频谱也对应序列的主值部分，是含 N 点的离散序列。

2. 有限长序列 DFT 与周期序列 DFS 的联系

　　将周期序列的傅里叶级数变换对(式(11－1)和式(11－2))与有限长序列离散傅里叶变换对(式(12－1)和式(12－2))进行比较，可以看出两者的区别仅仅是将周期序列 $\tilde{x}(n)$ 换成了有限长序列 x(n)。同时，由于式中的 W_N^{nk} 的周期性，因而有限长序列的离散傅里叶变换实际上隐含着周期性。

　　例 12－2　已知周期序列的主值 x(n)＝[0, 1, 2, 3, 4, 5, 6, 7]，求 x(n)周期重复次数为 4 次时的 DFS。要求：

　　(1) 画出原主值和信号周期序列信号。

　　(2) 画出序列傅里叶变换对应的 $|\tilde{X}(k)|$ 和 $\arg[\tilde{X}(k)]$ 的图形。

　　解　MATLAB 程序如下：

```
xn=[0, 1, 2, 3, 4, 5, 6, 7];
```

```
N＝length(xn);
n＝0：4＊N−1;  k＝0：4＊N−1;
xn1＝xn(mod(n, N)＋1);                    %即 xn1＝[xn, xn, xn, xn]
Xk＝xn1＊exp(−j＊2＊pi/N).^(n′＊k);       %离散傅里叶变换
subplot(2, 2, 1), stem(xn);              %显示序列主值
title('原主值信号 x(n)');
subplot(2, 2, 2), stem(n, xn1);          %显示周期序列
title('周期序列信号');
subplot(2, 2, 3), stem(k, abs(Xk));      %显示序列的幅度谱
title('|X(k)|');
subplot(2, 2, 4), stem(k, angle(Xk));    %显示序列的相位谱
title('arg|X(k)|');
```

运行结果如图 12−2 所示。

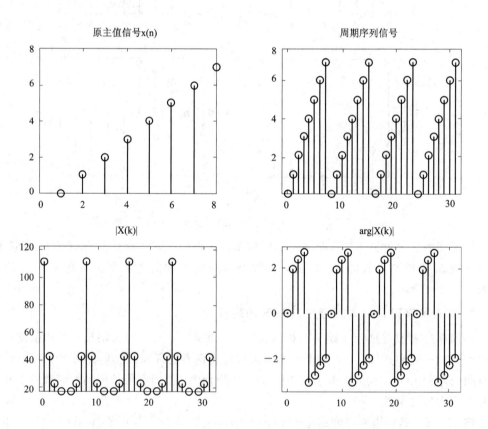

图 12−2 例 12−2 周期序列的傅里叶级数(DFS)结果

由这个周期序列的实验我们可以看出，与例 12−1 相比，有限长序列 x(n)可以看成是周期序列 x̃(n)的一个周期；反之，周期序列 x̃(n)可以看成是有限长序列 x(n)以 N 为周期的周期延拓。频域上的情况也是相同的。从这个意义上说，周期序列只有有限个序列值有意义。

3. 有限长序列 DFT 与离散时间傅里叶变换 DTFT 的联系

离散时间傅里叶变换(DTFT)是指信号在时域上为离散的,而在频域上则是连续的。

如果离散时间非周期信号为 x(n),则它的离散傅里叶变换对(DTFT)表示为

$$DTFT[x(n)] = X(e^{j\omega}) = \sum_{N=-\infty}^{\infty} x(n)e^{-j\omega n}$$

$$IDTFT[X(e^{j\omega})] = x(n) = \frac{1}{2\pi}\int_{-\pi}^{\pi} X(e^{j\omega})e^{j\omega n}\,d\omega$$

其中 $X(e^{j\omega})$ 称为信号序列的频谱。将频谱表示为

$$X(e^{j\omega}) = |X(e^{j\omega})|\,e^{j\varphi(\omega)}$$

$|X(e^{j\omega})|$ 称为序列的幅度谱,$\varphi(\omega) = \arg|X(e^{j\omega})|$ 称为序列的相位谱。

从离散时间傅里叶变换的定义可以看出,信号在时域上是离散的、非周期的,而在频域上则是连续的、周期性的。

与有限长序列相比,$X(e^{j\omega})$ 仅在单位圆上取值,X(k) 是在单位圆上 N 个等间距的点上取值。因此,连续谱 $X(e^{j\omega})$ 可以由离散谱 X(k) 经插值后得到。

为了进一步理解有限长序列的傅里叶变换(DFT)与离散时间傅里叶变换(DTFT)的联系,我们举例说明离散时间傅里叶变换的使用方法和结果。

例 12 - 3　求 x(n)=[0,1,2,3,4,5,6,7],0≤n≤7 的 DTFT,将(−2π,2π)区间分成 500 份。要求:

(1) 画出原信号。

(2) 画出由离散时间傅里叶变换求得的幅度谱 $X(e^{j\omega})$ 和相位谱 $\arg[X(e^{j\omega})]$ 图形。

解　MATLAB 程序如下:

```
xn=[0,1,2,3,4,5,6,7];
N=length(xn);
n=0:N−1;
w=linspace(−2*pi,2*pi,500);          %将[−2π,2π]频率区间分割为 500 份
X=xn*exp(−j*n'*w);                    %离散时间傅里叶变换
subplot(3,1,1),stem(n,xn,'k');
ylabel('x(n)');
subplot(3,1,2),plot(w,abs(X),'k');    %显示序列的幅度谱
axis([−2*pi,2*pi,1.1*min(abs(X)),1.1*max(abs(X))]);
ylabel('幅度谱');
subplot(3,1,3),plot(w,angle(X),'k');  %显示序列的相位谱
axis([−2*pi,2*pi,1.1*min(angle(X)),1.1*max(angle(X))]);
ylabel('相位谱');
```

运行结果如图 12 - 3 所示。

由图 12 - 3 与 DFT 的结果图 12 - 1 相比可以看出,两者有一定的差别。主要原因在于,该例进行 DTFT 时,$X(e^{j\omega})$ 在单位圆上取 250 个点进行分割;而图 12 - 1 进行 DFT 时,X(k) 是在单位圆上 N=8 的等间距点上取值,X(k) 的序列长度与 $X(e^{j\omega})$ 相比不够长。

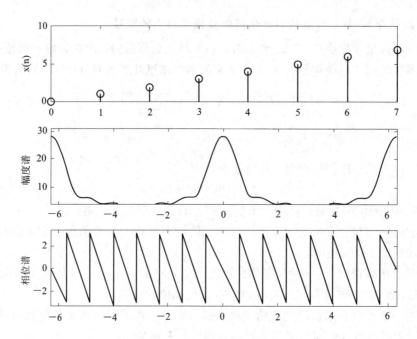

图 12-3 例 12-3 离散时间傅里叶变换(DTFT)的结果

例 12-4 仍然用 x(n)=[0,1,2,3,4,5,6,7],将 x(n) 的有限长序列后面补足至 N=100,求其 DFT,并与例 12-3 进行比较。

解 将例 12-1 程序的前 2 行改为

N=100;

xn=[0,1,2,3,4,5,6,7,zeros(1,N-8)];

则|X(k)|和 arg[X(k)]的图形接近由离散时间傅里叶变换求得的幅度谱 X($e^{j\omega}$) 和相位谱 arg[X($e^{j\omega}$)]的图形,如图 12-4 所示。注意,此图对应[0,2π]区间。

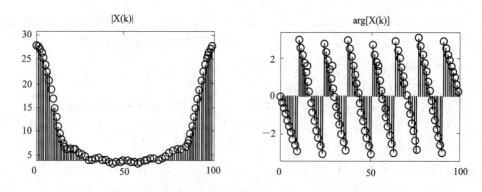

图 12-4 增长有限长序列的长度得到|X(k)|和 arg[X(k)]

三、实验任务

(1) 阅读并输入实验原理中介绍的例题程序,观察输出的图形曲线,理解每一条语句的含义。

(2) 已知有限长序列 x(n)=[7,6,5,4,3,2],求 x(n) 的 DFT 和 IDFT。要求:

　①　画出序列傅里叶变换对应的 $|X(k)|$ 和 $\arg[X(k)]$ 的图形。

　②　画出原信号与傅里叶逆变换 $IDFT[X(k)]$ 的图形进行比较。

　(3)　已知周期序列的主值 $x(n)=[7,6,5,4,3,2]$，求 $x(n)$ 周期重复次数为 3 次时的 DFS 和 IDFS。要求：

　①　画出原信号序列的主值和周期序列的图形。

　②　画出序列傅里叶变换对应的 $|\tilde{X}(k)|$ 和 $\arg[\tilde{X}(k)]$ 的图形。

　(4)　求 $x(n)=[7,6,5,4,3,2]$，$0\leqslant n\leqslant 5$ 的 DTFT，将 $(-2\pi,2\pi)$ 区间分成 500 份。要求：

　①　画出原信号。

　②　画出由离散时间傅里叶变换求得的幅度谱 $X(e^{j\omega})$ 和相位谱 $\arg[X(e^{j\omega})]$ 的图形。

　③　求有限长序列 $x(n)=[7,6,5,4,3,2]$，$N=100$ 时的 DFT，并与 DTFT 的结果进行比较。

四、实验预习

　(1)　认真阅读实验原理，明确本次实验任务，读懂例题程序，了解实验方法。

　(2)　根据实验任务预先编写实验程序。

　(3)　预习思考题：有限长序列的离散傅里叶变换(DFT)与周期序列的傅里叶级数(DFS)有何联系与区别？有限长序列的离散傅里叶变换(DFT)有何特点？

五、实验报告

　(1)　列写调试通过的实验程序，打印或描绘实验程序产生的曲线图形。

　(2)　思考题：

　①　回答实验预习思考题。

　②　有限长序列的离散傅里叶变换(DFT)与离散时间傅里叶变换(DTFT)有何联系与区别？

实验 13 离散傅里叶变换的性质

一、实验目的

(1) 加深对离散傅里叶变换(DFT)基本性质的理解。

(2) 了解有限长序列傅里叶变换(DFT)性质的研究方法。

(3) 掌握用 MATLAB 语言进行离散傅里叶变换性质分析时程序编写的方法。

二、实验原理

1. 线性性质

如果两个有限长序列分别为 $x_1(n)$ 和 $x_2(n)$，长度分别为 N_1 和 N_2，且

$$y(n) = ax_1(n) + bx_2(n) \qquad (a、b 均为常数)$$

则该 $y(n)$ 的 N 点 DFT 为

$$Y(k) = DFT[y(n)] = aX_1(k) + bX_2(k) \qquad 0 \leqslant k \leqslant N-1$$

其中：$N = \max[N_1, N_2]$，$X_1(k)$ 和 $X_2(k)$ 分别为 $x_1(n)$ 和 $x_2(n)$ 的 N 点 DFT。

例 13 - 1 已知 $x_1(n) = [0, 1, 2, 4]$，$x_2(n) = [1, 0, 1, 0, 1]$，求：

(1) $y(n) = 2x_1(n) + 3x_2(n)$，再由 $y(n)$ 的 N 点 DFT 获得 $Y(k)$；

(2) 由 $x_1(n)$、$x_2(n)$ 求 $X_1(k)$、$X_2(k)$，再求 $Y(k) = 2X_1(k) + 3X_2(k)$。

用图形分别表示以上结果，将两种方法求得的 $Y(k)$ 进行比较，由此验证有限长序列傅里叶变换(DFT)的线性性质。

解 MATLAB 程序如下：

```
xn1=[0, 1, 2, 4];                          %建立 xn1 序列
xn2=[1, 0, 1, 0, 1];                       %建立 xn2 序列
N1=length(xn1); N2=length(xn2);
N=max(N1, N2);                             %确定 N
if N1>N2 xn2=[xn2, zeros(1, N1-N2)];      %对长度短的序列补 0
elseif N2>N1 xn1=[xn1, zeros(1, N2-N1)];
end
yn=2 * xn1+3 * xn2;                        %计算 yn
n=0：N-1; k=0：N-1;
Yk1=yn * (exp(-j * 2 * pi/N)).^(n' * k);   %求 yn 的 N 点 DFT
Xk1=xn1 * (exp(-j * 2 * pi/N)).^(n' * k);  %求 xn1 的 N 点 DFT
Xk2=xn2 * (exp(-j * 2 * pi/N)).^(n' * k);  %求 xn2 的 N 点 DFT
Yk2=2 * Xk1+3 * Xk2;                       %由 Xk1、Xk2 求 Yk
```

以上程序作图部分省略。

用两种方法求得的 Y(k)结果一致，如下所示：

Yk =

| 23.0000 | −7.5902+1.5388i | 3.5902−0.3633i |
| 3.5902+0.3633i | −7.5902−1.5388i |

运行结果如图 13-1 所示。

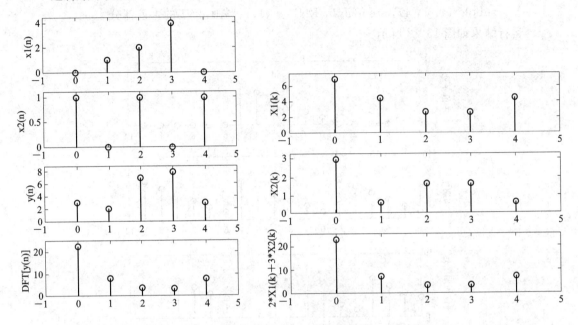

图 13-1　例 13-1 有限长序列的傅里叶变换的线性性质

2. 循环移位性质

如果有限长序列为 x(n)，长度为 N，将 x(n)左移 m 位，则

$$y(n)=x((n+m)_N)R_N(n)$$

x(n)左移 m 位的过程可由以下步骤获得：

(1) 将 x(n)以 N 为周期进行周期延拓，得到 $\tilde{x}(n)=x((n)_N)$；

(2) 将 $\tilde{x}(n)$左移 m 位，得到 $\tilde{x}(n+m)$；

(3) 取 $\tilde{x}(n+m)$的主值序列，得到 x(n)循环移位序列 y(n)。

有限长序列的移位也称为循环移位，原因是将 x(n)左移 m 位时，移出的 m 位又依次从右端进入主值区。下面举例说明。

例 13-2　已知有限长序列 x(n)=[1，2，3，4，5，6]，求 x(n)左移 2 位成为新的向量 y(n)，并画出循环移位的中间过程。

解　MATLAB 程序如下：

```
xn=[1, 2, 3, 4, 5, 6];              %建立 xn 序列
Nx=length(xn); nx=0: Nx-1;
nx1=-Nx: 2 * Nx-1;                   %设立周期延拓的范围
x1=xn(mod(nx1, Nx)+1);              %建立周期延拓序列
```

```
ny1＝nx1－2；y1＝x1；                %将 x1 左移 2 位，得到 y1
RN＝(nx1＞=0)&(nx1<Nx)；            %在 x1 的位置向量 nx1 上设置主值窗
RN1＝(ny1＞=0)&(ny1<Nx)；           %在 y1 的位置向量 ny1 上设置主值窗
subplot(4，1，1)，stem(nx1，RN. * x1)；%画出 x1 的主值部分
subplot(4，1，2)，stem(nx1，x1)；     %画出 x1
subplot(4，1，3)，stem(ny1，y1)；     %画出 y1
subplot(4，1，4)，stem(ny1，RN1. * y1)； %画出 y1 的主值部分
```

运行结果如图 13－2 所示。

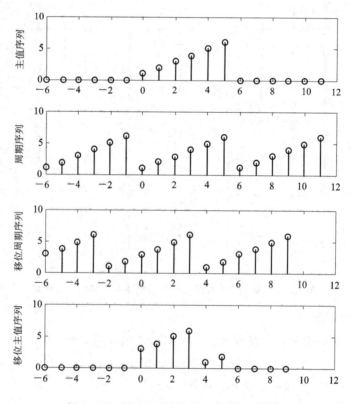

图 13－2　例 13－2 有限长序列的循环移位

3. 循环折叠性质

如果要把有限长 N 点序列 x(n)直接进行折叠，则 x 的下标(-n)将不在 $0 \leqslant n \leqslant N-1$ 区域内。但根据有限长序列傅里叶变换隐含的周期性，可以对变量(-n)进行 N 求余运算。即在 MATLAB 中，序列 x(n)的折叠可以由 y＝x(mod(-nx，N)＋1)得到。

有限长 N 点序列 x(n)的循环折叠序列 y(n)定义为

$$y(n)=x((-n)_N)=\begin{cases} x(0) & n=0 \\ x(N-n) & 1 \leqslant n \leqslant N-1 \end{cases}$$

可以想像成，序列 x(n)以反时针方向等间隔放置在一个圆周上，则 x(-n)是将 x(n)沿着圆周顺时针方向等间隔放置。

循环折叠性质同样适用于频域。经循环折叠后，序列的 DFT 由下式给出：

$$Y(k) = DFT[x((-n)_N)] = X((-k)_N) = X^*((k)_N) = \begin{cases} X(0) & k=0 \\ X(N-k) & 1 \leqslant k \leqslant N-1 \end{cases}$$

就是说，在时域循环折叠后的函数，其对应的 DFT 在频域也作循环折叠，并取 X(k) 的共轭。

例 13-3　求 $x(n) = [1, 2, 3, 4, 5, 6, 7]$，循环长度分别取 N=7，N=10。

(1) 画出 $x(n)$ 的图形；

(2) 画出 $x(-n)$ 的图形。

解　MATLAB 程序如下：

```
x1=[1, 2, 3, 4, 5, 6, 7];                       %建立 x(n)，N=7 序列
N1=length(x1); n1=0: N1-1;
y1=x1(mod(-n1, N1)+1);                          %建立 x(-n)，N=7 序列
N2=10;
x2=[x1, zeros(1, N2-N1)];                       %建立 x(n)，N=10 序列
n2=0: N2-1;
y2=x2(mod(-n2, N2)+1);                          %建立 x(-n)，N=10 序列
subplot(2, 2, 1), stem(n1, x1, 'k');            %画 x(n)，N=7
title('x(n), N=7');
subplot(2, 2, 3), stem(n1, y1, 'k');            %画 x(-n)，N=7
title('x(-n), N=7');
subplot(2, 2, 2), stem(n2, x2, 'k');            %画 x(n)，N=10
title('x(n), N=10');
subplot(2, 2, 4), stem(n2, y2, 'k');            %画 x(-n)，N=10
title('x(-n), N=10');
```

运行结果如图 13-3 所示。

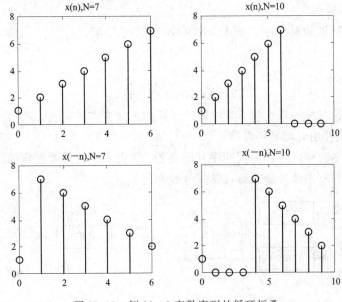

图 13-3　例 13-3 离散序列的循环折叠

例 13 - 4 如例 13 - 3 求 x(n)=[1, 2, 3, 4, 5, 6, 7],循环长度取 N=7。求证:在时域循环折叠后的函数 x(-n),其对应的 DFT 在频域也作循环折叠,并取 X(k)的共轭。

解 MATLAB 程序如下:

```
x1=[1, 2, 3, 4, 5, 6, 7];              %建立 x(n),N=7 序列
N=length(x1);
n=0: N-1; k=0: N-1;
y1=x1(mod(-n, N)+1);                   %建立 x(-n),N=7 序列
Xk=x1*exp(-j*2*pi/N).^(n'*k)          %求 x(n)的 DFT
Yk=y1*exp(-j*2*pi/N).^(n'*k)          %求 x(-n)的 DFT
```

运行结果:

Xk =

28.0000　　　　　-3.5000+7.2678i　-3.5000+2.7912i　-3.5000+0.7989i

-3.5000-0.7989i　-3.5000-2.7912i　-3.5000　-7.2678i

Yk =

28.0000　　　　　-3.5000-7.2678i　-3.5000-2.7912i　-3.5000-0.7989i

-3.5000+0.7989i　-3.5000+2.7912i　-3.5000+7.2678i

4. 时域和频域循环卷积特性

离散傅里叶变换的循环卷积特性也称为圆周卷积,分为时域卷积和频域卷积两类。

1) 时域循环卷积

假定 x(n)、h(n)都是 N 点序列,则时域循环卷积的结果 y(n)也是 N 点序列:

$$y(n)=x(n) Ⓝ h(n)$$

若 x(n)、h(n)和 y(n)的 DFT 分别为 X(k)、H(k)和 Y(k),则

$$Y(k)=X(k)H(k)$$

2) 频域循环卷积

利用时域和频域的对称性,可以得到频域卷积特性。若

$$y(n)=x(n)h(n)$$

则

$$Y(k)=X(k) Ⓝ H(k)$$

下面重点讨论时域循环卷积。时域循环卷积的方法有多种:

方法 1:直接使用时域循环卷积。

由于有限长序列可以看成是周期序列的主值,因此,时域圆周卷积的结果可以由对应的周期序列卷积和取主值部分获得,请参考例 11 - 4。

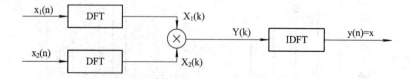

图 13 - 4　用 DFT 实现循环卷积的框图

方法 2：用频域 DFT 相乘再求逆变换。

即先分别求 $x_1(n)$、$x_2(n)$ 的 DFT $X_1(k)$、$X_2(k)$，再求 $Y(k)$ 的 IDFT 获得 $y(n)$。基本思路如图 13-4 所示。

方法 3：用 FFT 和 IFFT 进行循环卷积。

基本思路同方法 2，但直接使用了 MATLAB 提供的 fft 和 ifft 子函数来实现。见后面的快速傅里叶变换实验。

例 13-5 将例 11-4 已知的两个时域周期序列分别取主值，得到 $x_1=[1,1,1,0,0,0]$，$x_2=[0,1,2,3,0,0]$，求时域循环卷积 $y(n)$ 并用图形表示。

解 本例采用方法 2。程序如下（作图程序部分省略）：

```
xn1=[0, 1, 2, 3, 0, 0];            %建立 x1(n)序列
xn2=[1, 1, 1, 0, 0, 0];            %建立 x2(n)序列
N=length(xn1);
n=0: N-1; k=0: N-1;
Xk1=xn1 * (exp(-j * 2 * pi/N)).^(n' * k);    %由 x1(n)的 DFT 求 X1(k)
Xk2=xn2 * (exp(-j * 2 * pi/N)).^(n' * k);    %由 x2(n)的 DFT 求 X2(k)
Yk=Xk1. * Xk2;                     %Y(k)=X1(k)X2(k)
yn=Yk * (exp(j * 2 * pi/N)).^(n' * k)/N;     %由 Y(k)的 IDFT 求 y(n)
yn=abs(yn)    %取模值，消除 DFT 带来的微小复数影响
```

得到：

```
yn =
    0.0000    1.0000    3.0000    6.0000    5.0000    3.0000
```

运行结果如图 13-5 所示。由 $y(n)$ 图形可见，与例 11-4 主值区域的卷积结果相同。

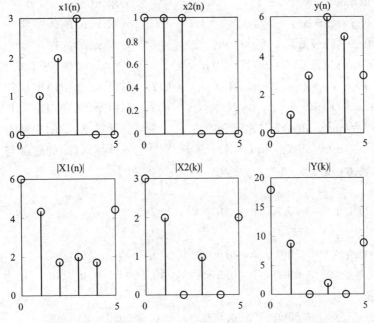

图 13-5 例 13-5 离散序列时域循环卷积的结果

5. 循环对称性

由于序列 x(n)及其离散傅里叶变换 X(k)的定义在主值为 0~N−1 的区间,因此 DFT 的循环对称性对时间序列是指关于 n＝0 和 n＝N/2 的对称性,对频谱序列是关于数字频率为 0 和 π 的对称性。

本实验重点分析实序列的循环对称性。

实序列 x(n)可以分解为循环偶序列 $x_e(n)$ 和循环奇序列 $x_o(n)$:

$$x(n)=x_e(n)+x_o(n) \qquad 0 \leqslant n \leqslant N-1$$

其中:

$$x_e(n)=\frac{1}{2}\big[x(n)+x(-n)\big], \quad x_o(n)=\frac{1}{2}\big[x(n)-x(-n)\big]$$

设 $DFT[x(n)]=X(k)=Re[X(k)]+j*Im[X(k)]$,则有

$$DFT[x_e(n)]=Re[X(k)]$$
$$DFT[x_o(n)]=j*Im[X(k)]$$

即实序列中的偶序列 $x_e(n)$ 对应于 x(n)的离散傅里叶变换 X(k)的实部,而实序列中的奇序列 $x_o(n)$ 对应于 x(n)的离散傅里叶变换 X(k)的虚部。

例 13－6　已知一个定义在主值区间的实序列 x＝[ones(1，5)，zeros(1，5)],试将其分解成为偶对称序列和奇对称序列,并求它们的 DFT,验证离散傅里叶变换的循环对称性。

解　程序如下(作图程序省略):

```
x＝[ones(1，5)，zeros(1，5)]              %建立 x(n)序列
N＝length(x);
n＝0：N−1; k＝0：N−1;
xr＝x(mod(−n，N)+1);                    %求 x(−n)
xe＝0.5*(x+xr)                          %求 x(n)的偶序列
xo＝0.5*(x−xr)                          %求 x(n)的奇序列
X＝x*(exp(−j*2*pi/N)).^(n'*k);          %由 x(n)的 DFT 求 X(k)
Xe＝xe*(exp(−j*2*pi/N)).^(n'*k);        %由 xe(n)的 DFT 求 Xe(k)
Xo＝xo*(exp(−j*2*pi/N)).^(n'*k);        %由 xo(n)的 DFT 求 Xo(k)
error1＝(max(abs(real(X)−Xe)))          %计算 X(k)的实部与 Xe(k)的差值
error2＝(max(abs(j*imag(X)−Xo)))        %计算 X(k)的虚部与 Xo(k)的差值
```

运行结果显示:

```
x =
 1 1 1 1 1 0 0 0 0 0
xe =
   1.0000    0.5000    0.5000    0.5000    0.5000
        0    0.5000    0.5000    0.5000    0.5000
xo =
        0    0.5000    0.5000    0.5000    0.5000
        0   −0.5000   −0.5000   −0.5000   −0.5000
```

error1 ＝ 3.8271e−015

error2 ＝ 3.9721e−015

程序执行结果如图 13-6 所示。

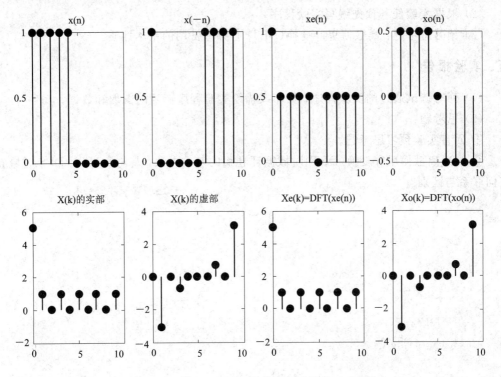

图 13-6　例 13-6 验证离散实序列的循环对称性

由以上输出数据和图形可知：

（1）$x_e(n)$ 具有循环对称性。对称中心在 n＝0 和 n＝5 处。

（2）$x_o(n)$ 具有循环反对称性。对称中心亦在 n＝0 和 n＝5 处。

（3）从图上看，$X_e(k)$ 与 $X(k)$ 的实部相等，$X_o(k)$ 与 $X(k)$ 的虚部相等；从输出数据也可见，error1 和 error2 的差约为 0。即可证明，时域的偶、奇分量的确对应于频域的离散傅里叶变换的实部和虚部。

三、实验任务

（1）阅读并输入实验原理中介绍的例题程序，观察输出的数据和图形，结合基本原理理解每一条语句的含义。

（2）已知有限长序列 x(n)＝[4, 0, 3, 0, 2, 0, 1]，求 x(n)右移 2 位成为新的向量 y(n)，并画出循环移位的中间过程。

（3）已知一个有限长信号序列 x(n)＝[8, 7, 6, 5, 4, 3]，循环长度取 N＝10。求证：在时域循环折叠后的函数 x(−n)，其对应的 DFT 在频域也作循环折叠。

（4）已知两个有限长序列 x_1＝[5, 4, −3, −2]，x_2＝[1, 2, 3, 0]，用 DFT 求时域循环卷积 y(n)并用图形表示。

＊（5）试设计一个验证 DFT 复数序列的循环对称性的程序。

四、实验预习

（1）认真阅读实验原理，明确本次实验任务，读懂例题程序，了解实验方法。

（2）根据实验任务预先编写实验程序。

（3）预习思考题：离散傅里叶变换（DFT）有哪些常用的基本性质？

五、实验报告

（1）列写调试通过的实验程序，打印或描绘实验程序产生的图形和数据。

（2）思考题：

① 回答实验预习思考题。

② 简述离散傅里叶变换（DFT）时域循环卷积的基本方法，其与 DTFT、DFS 时域卷积有何联系与区别？

实验 14　快速傅里叶变换(FFT)

一、实验目的

(1) 加深对快速傅里叶变换(FFT)基本理论的理解。

(2) 了解使用快速傅里叶变换(FFT)计算有限长序列和无限长序列信号频谱的方法。

(3) 掌握用 MATLAB 语言进行快速傅里叶变换时常用的子函数。

二、实验涉及的 MATLAB 子函数

1. fft

功能：一维快速傅里叶变换(FFT)。

调用格式：

y＝fft(x)；利用 FFT 算法计算矢量 x 的离散傅里叶变换，当 x 为矩阵时，y 为矩阵 x 每一列的 FFT。当 x 的长度为 2 的幂次方时，则 fft 函数采用基 2 的 FFT 算法，否则采用稍慢的混合基算法。

y＝fft(x, n)；采用 n 点 FFT。当 x 的长度小于 n 时，fft 函数在 x 的尾部补零，以构成 n 点数据；当 x 的长度大于 n 时，fft 函数会截断序列 x。当 x 为矩阵时，fft 函数按类似的方式处理列长度。

2. ifft

功能：一维快速傅里叶逆变换(IFFT)。

调用格式：

y＝ifft(x)；用于计算矢量 x 的 IFFT。当 x 为矩阵时，计算所得的 y 为矩阵 x 中每一列的 IFFT。

y＝ifft(x, n)；采用 n 点 IFFT。当 length(x)＜n 时，在 x 中补零；当 length(x)＞n 时，将 x 截断，使 length(x)＝n。

3. fftshift

功能：对 fft 的输出进行重新排列，将零频分量移到频谱的中心。

调用格式：

y＝ fftshift(x)；对 fft 的输出进行重新排列，将零频分量移到频谱的中心。

当 x 为向量时，fftshift(x)直接将 x 中的左右两半交换而产生 y。

当 x 为矩阵时，fftshift(x)同时将 x 的左右、上下进行交换而产生 y。

三、实验原理

1. 用 MATLAB 提供的子函数进行快速傅里叶变换

从理论学习可知，DFT 是唯一在时域和频域均为离散序列的变换方法，它适用于有限

长序列。尽管这种变换方法是可以用于数值计算的,但如果只是简单的按照定义进行数据处理,当序列长度很大时,则将占用很大的内存空间,运算时间将很长。

　　快速傅里叶变换是用于 DFT 运算的高效运算方法的统称,FFT 只是其中的一种。FFT 主要有时域抽取算法和频域抽取算法,基本思想是将一个长度为 N 的序列分解成多个短序列,如基 2 算法、基 4 算法等,大大缩短了运算的时间。

　　MATLAB 中提供了进行快速傅里叶变换(FFT)的子函数,用 fft 计算 DFT,用 ifft 计算 IDFT。

　　例 14-1 已知一个长度为 8 点的时域离散信号,n1=0,n2=7,在 n0=4 前为 0,n0 以后为 1。对其进行 FFT 变换,作时域信号及 DFT、IDFT 的图形。

　　解　程序如下:

```
n1=0;n2=7;n0=4;
n=n1:n2;N=length(n);
xn=[(n-n0)>=0];                    %建立时域信号
subplot(2,2,1);stem(n,xn);
title('x(n)');
k=0:N-1;
Xk=fft(xn,N);                      %用 FFT 计算信号的 DFT
subplot(2,1,2);stem(k,abs(Xk));
title('Xk=DFT(x(n))');
xn1=ifft(Xk,N);                    %用 IFFT 计算信号的 IDFT
subplot(2,2,2);stem(n,xn1);
title('x(n)=IDFT(Xk)');
```

运行结果如图 14-1 所示。

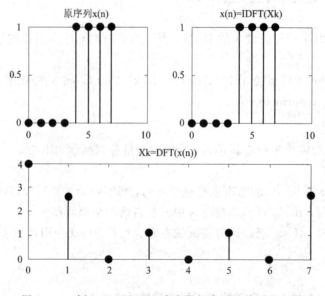

图 14-1　例 14-1 用 FFT 求有限长序列的傅里叶变换

例 14 - 2　将例 13 - 5 已知的两个时域周期序列分别取主值,得到 $x_1 = [1, 1, 1, 0, 0, 0]$, $x_2 = [0, 1, 2, 3, 0, 0]$,求时域循环卷积 $y(n)$ 并用图形表示。

解　本例将例 13 - 5 使用 DFT 处理的计算,改为用 FFT 和 IFFT 进行循环卷积。

程序如下(作图程序部分省略):

```
xn1=[0, 1, 2, 3, 0, 0];              %建立 x1(n)序列
xn2=[1, 1, 1, 0, 0, 0];              %建立 x2(n)序列
N=length(xn1);
n=0: N-1; k=0: N-1;
Xk1=fft(xn1, N);                     %由 x1(n)的 FFT 求 X1(k)
Xk2=fft(xn2, N);                     %由 x2(n)的 FFT 求
Yk=Xk1. * Xk2;                       %Y(k)=X1(k)X2(k)
yn=ifft(Yk, N);                      %由 Y(k)的 IFFT 求 y(n)
yn=abs(yn)
```

运行结果如图 13 - 5 所示,与例 13 - 5 用 DFT 计算的结果一致。

2. 用 FFT 计算有限长序列的频谱

1) 基本概念

一个序号从 n_1 到 n_2 的时域有限长序列 $x(n)$,它的频谱 $X(e^{j\omega})$ 定义为它的离散傅里叶变换,且在奈奎斯特(Nyquist)频率范围内有界并连续。序列的长度为 N,则 $N = n_2 - n_1 + 1$。计算 $x(n)$ 的离散傅里叶变换(DFT)得到的是 $X(e^{j\omega})$ 的 N 个样本点 $X(e^{j\omega_k})$。其中数字频率为

$$\omega_k = k\left(\frac{2\pi}{N}\right) = kd\omega$$

式中:$d\omega$ 为数字频率的分辨率;k 取对应 $-(N-1)/2$ 到 $(N-1)/2$ 区间的整数。

在实际使用中,往往要求计算出信号以模拟频率为横坐标的频谱,此时对应的模拟频率为

$$\Omega_k = \frac{\omega_k}{T_s} = k\left(\frac{2\pi}{NT_s}\right) = k\left(\frac{2\pi}{L}\right) = kD$$

式中:D 为模拟频率的分辨率或频率间隔;T_s 为采样信号的周期,$T_s = 1/F_s$;定义信号时域长度 $L = NT_s$。

在使用 FFT 进行 DFT 的高效运算时,一般不直接用 n 从 n_1 到 n_2 的 $x(n)$,而是取 $\tilde{x}(n)$ 的主值区间($n = 0, 1, \cdots, N-1$)的数据,经 FFT 将产生 N 个数据,定位在 $k = 0, 1, \cdots, N-1$ 的数字频率点上,即对应 $[0, 2\pi]$。如果要显示 $[-\pi, \pi]$ 范围的频谱,则可以使用 fftshift(X)进行位移。

2) 频谱的显示及分辨率问题

例 14 - 3　已知有限长序列 $x(n) = [1, 2, 3, 2, 1]$,其采样频率 $F_s = 10$ Hz。请使用 FFT 计算其频谱。

解　MATLAB 程序如下:

```
Fs=10;
xn=[1, 2, 3, 2, 1]; N=length(xn);
```

```
D＝2＊pi＊Fs/N;                          %计算模拟频率分辨率
k＝floor(−(N−1)/2：(N−1)/2);            %频率显示范围对应[−π，π]
X＝fftshift(fft(xn，N));                %作 FFT 运算且移位 π
subplot(1，2，1);plot(k＊D，abs(X)，'o：');   %横轴化成模拟频率作幅度谱
title('幅度频谱');xlabel('rad/s');
subplot(1，2，2);plot(k＊D，angle(X)，'o：');%横轴化成模拟频率作相位谱
title('相位频谱');xlabel('rad/s');
```

程序运行结果：

absX ＝

    0.3820   2.6180   9.0000   2.6180   0.3820

angleX ＝

    −1.2566   2.5133   0   −2.5133   1.2566

运行结果如图 14−2 所示。

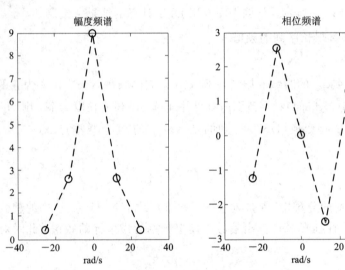

图 14−2 例 14−3 有限长序列的频谱

由图 14−2 可知，当有限长序列的长度 N＝5 时，频谱的频率样本点数也为 5，如图上用"○"表示的点位。频率点之间的间距非常大，即分辨率很低。即使使用了 plot 命令的插值功能，显示出的曲线仍是断断续续的，与真实曲线有较大的误差。

改变分辨率的基本方法是给输入序列补零，即增加频谱的密度。注意，这种方法只是改善了图形的视在分辨率，并不增加频谱的细节信息。

将上述有限长序列 x(n)＝[1，2，3，2，1]末尾补 0 到 N＝1000 点，将程序改为：

```
Fs＝10;N＝1000;
xn＝[1，2，3，2，1];Nx＝length(xn);
xn＝[1，2，3，2，1，zeros(1，N−Nx−1)];
D＝2＊pi＊Fs/N;                          %计算模拟频率分辨率
k＝floor(−(N−1)/2：(N−1)/2);            %频率显示范围对应[−π，π]
X＝fftshift(fft(xn，N));                %作 FFT 运算且移位 π
```

subplot(1, 2, 1); plot(k * D, abs(X));　　　%横轴化成模拟频率作幅度谱

title('幅度频谱'); xlabel('rad/s');

subplot(1, 2, 2); plot(k * D, angle(X));　　%横轴化成模拟频率作相位谱

title('相位频谱'); xlabel('rad/s');

此时程序执行的结果如图 14-3 所示。由图可以看出，图形的分辨率提高，曲线几乎是连续的频谱了。

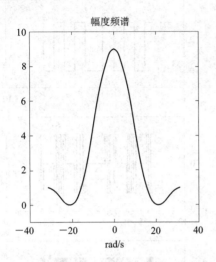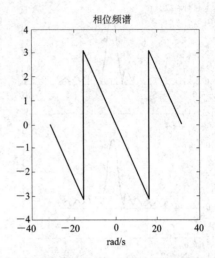

图 14-3　将例 14-2 有限长序列末尾补 0 到 N=1000 时的频谱

3) 实偶序列如何补 0

例 14-4　已知一个矩形窗函数序列为

$$x(n) = \begin{cases} 1 & |n| \leqslant 5 \\ 0 & |n| > 5 \end{cases}$$

采样周期 $T_s = 0.5$ s，要求用 FFT 求其频谱。

解　由于该序列是一个实的偶序列，因而补 0 时需要仔细分析。假定按 N=32 补 0，则主值区域在 n=0~31，FFT 的输入应为

Xn=[ones(1, 6), zeros(1, N-11), ones(1, 5)]

即原来 n=[-5：-1]的前五个点移到 n=[27：31]中去了。

下面考虑分别用 N=32、64、512，观察不同 N 值代入对频谱的影响。

程序如下：

Ts=0.5; C=[32, 64, 512];　　　　　　　　　　%输入不同的 N 值

for r=0：2；

　　N=C(r+1)；

　　xn=[ones(1, 6), zeros(1, N-11), ones(1, 5)]; %建立 x(n)

　　D=2 * pi/(N * Ts)；

　　k=floor(-(N-1)/2：(N-1)/2)；

　　X=fftshift(fft(xn, N))；

　　subplot(3, 2, 2 * r+1); plot(k * D, abs(X));　　　%幅度频谱

subplot(3，2，2 * r+2)；stairs(k * D，angle(X))；　％相位频谱

　　end

注意：此处相位频谱使用了 stairs，因为该相位频谱变化率比较陡峭。

程序执行结果如图 14-4 所示。

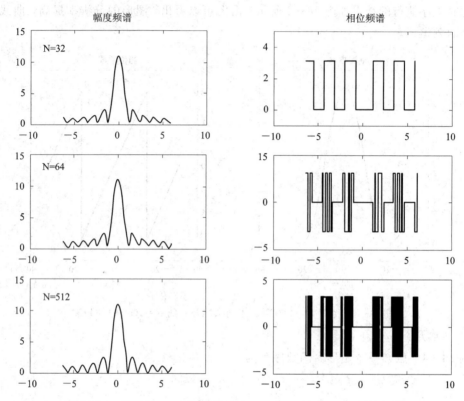

图 14-4　将例 14-4 有限长序列补 0 到 N＝32、64、512 时的频谱

如果将 x(n)的输入写成

　　　　xn＝[ones(1，11)，zeros(1，N－11)]；％建立 x(n-5)

相当于起点不是取自 n＝0 而是 n＝-5，计算的是 x(n-5)的频谱。幅度频谱不受影响，相位频谱引入一个线性相位-5ω，如图 14-5 所示。

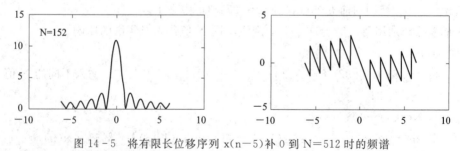

图 14-5　将有限长位移序列 x(n-5)补 0 到 N＝512 时的频谱

3. 用 FFT 计算无限长序列的频谱

用 FFT 进行无限长序列的频谱计算，首先要将无限长序列截断成一个有限长序列。序列长度的取值对频谱有较大的影响，带来的问题是引起频谱的泄漏和波动。

例 14 - 5　已知一个无限长序列为

$$x(n) = \begin{cases} e^{-0.5n} & n \geq 0 \\ 0 & n < 0 \end{cases}$$

采样频率 $F_s = 20$ Hz，要求用 FFT 求其频谱。

解　MATLAB 程序如下：

```
Fs=20; C=[8, 16, 128];                %输入不同的 N 值
for r=0: 2;
    N=C(r+1);
    n=0: N-1;
    xn=exp(-0.5*n);                    %建立 x(n)
    D=2*pi*Fs/N;
    k=floor(-(N-1)/2: (N-1)/2);
    X=fftshift(fft(xn, N));
    subplot(3, 2, 2*r+1); plot(k*D, abs(X));
    axis([-80, 80, 0, 3]);
    subplot(3, 2, 2*r+2); stairs(k*D, angle(X));
    axis([-80, 80, -1, 1]);
end
```

运行结果如图 14 - 6 所示。

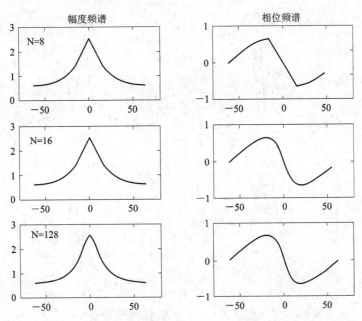

图 14 - 6　将无限长序列截断为 N=8, 16, 128 时的频谱

由图 14 - 6 可见，N 值取得越大，即序列保留得越长，曲线精度越高。

例 14 - 6　用 FFT 计算下列连续时间信号的频谱，并观察选择不同的 T_s 和 N 值对频谱特性的影响。

$$x_a(t) = e^{-0.01t}(\sin 2t + \sin 2.1t + \sin 2.2t) \qquad t \geq 0$$

解   该题选择了三个非常接近的正弦信号，为了将各频率成分区分出来，在满足奈奎斯特定理的条件下确定采样周期，选择三组数据，分别是 $T_s=0.5$ s、0.25 s 和 0.125 s；再确定 N 值，分别选择 N＝256 和 2048。观察不同 T_s 和 N 的组合对频谱的影响。

程序如下：

```
T0=[0.5，0.25，0.125，0.125]；          %输入不同的 Ts 值
N0=[256，256，256，2048]；             %输入不同的 N 值
for r=1：4；
    Ts=T0(r)；N=N0(r)；                 %赋 Ts 和 N 值
    n=0：N−1；
    D=2*pi/(Ts*N)；                    %计算模拟频率分辨率
    xa=exp(−0.01*n*Ts).*(sin(2*n*Ts)+sin(2.1*n*Ts)+sin(2.2*
        n*Ts))；
    k=floor(−(N−1)/2：(N−1)/2)；
    Xa=Ts*fftshift(fft(xa，N))；
    [r，Xa(1)]                         %输出 Xa(1)的数值，供误差计算用
    subplot(2，2，r)；plot(k*D，abs(Xa)，′k′)；
    axis([1，3，1.1*min(abs(Xa))，1.1*max(abs(Xa))])；
end
```

运行结果如图 14−7 所示。

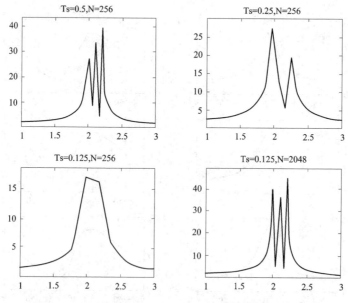

图 14−7   用 FFT 计算三个很靠近的谐波分量的频谱图

由图 14−7 可以得出以下结论：

(1) N 同样取 256(如前三个图形)，当 T_s 越大时，时域信号的长度 L＝NT_s 保留得越长，则分辨率越高，频谱特性误差越小；反之，则分辨率越低，频谱特性误差越大，甚至丢失某些信号分量。

　　(2) T_s 相同(如后两个图形),当 N 越大时,在[0,2π]范围内等间隔抽样点数越多,且时域信号的长度 $L=NT_s$ 保留得越长,则分辨率越高,频谱特性误差越小;反之,当 N 越小时,在[0,2π]范围内等间隔抽样点数越少,则有可能漏掉某些重要的信号分量,称为栅栏效应。

四、实验任务

　　(1) 阅读并输入实验原理中介绍的例题程序,观察输出的数据和图形,结合基本原理理解每一条语句的含义。

　　(2) 已知有限长序列 $x(n)=[1,0.5,0,0.5,1,1,0.5,0]$,要求:

　　① 用 FFT 算法求该时域序列的 DFT、IDFT 的图形;

　　② 假定采样频率 $F_s=20$ Hz,序列长度 N 分别取 8、32 和 64,使用 FFT 来计算其幅度频谱和相位频谱。

　　(3) 已知一个无限长序列 $x(n)=0.5^n(n\geqslant0)$,采样周期 $T_s=0.2$ s,要求序列长度 N 分别取 8、32 和 64,用 FFT 求其频谱。

五、实验预习

　　(1) 认真阅读实验原理,明确本次实验任务,读懂例题程序,了解实验方法。

　　(2) 根据实验任务预先输入和运行例题程序,编写实验程序。

　　(3) 预习思考题:快速傅里叶变换(FFT)与离散傅里叶变换(DFT)有何联系?简述使用快速傅里叶变换(FFT)的必要性。

六、实验报告

　　(1) 列写调试通过的实验程序,打印或描绘实验程序产生的图形和数据。

　　(2) 思考题:

　　① 回答实验预习思考题。

　　② 使用 MATLAB 语言提供的快速傅里叶变换(FFT)有关子函数,进行有限长和无限长序列频谱分析时,需注意哪些问题?

实验 15　时域抽样与信号的重建

一、实验目的

（1）了解用 MATLAB 语言进行时域抽样与信号重建的方法。
（2）进一步加深对时域信号抽样与恢复的基本原理的理解。
（3）观察信号抽样与恢复的图形，掌握采样频率的确定方法和内插公式的编程方法。

二、实验原理

离散时间信号大多由连续时间信号（模拟信号）抽样获得。在模拟信号进行数字化处理的过程中，主要经过 A/D 转换、数字信号处理、D/A 转换和低通滤波等过程，如图 15-1 所示。其中，A/D 转换器的作用是将模拟信号进行抽样、量化、编码，变成数字信号。经过处理后的数字信号则由 D/A 转换器重新恢复成模拟信号。

图 15-1　对模拟信号进行数字化处理的过程

如果 A/D 转换电路输出的信号频谱已经发生了混叠现象，则信号再经过后面的数字信号处理电路和 D/A 转换电路就没有实际使用的意义了。因此，信号进行 A/D 转换时，采样频率的确定是非常重要的。

图 15-2 表示了一个连续时间信号 $x_a(t)$、对应的抽样后获得的信号 $\hat{x}_a(t)$ 以及对应的频谱。在信号进行处理的过程中，要使有限带宽信号 $x_a(t)$ 被抽样后能够不失真地还原出原模拟信号，抽样信号 $p(t)$ 的周期 T_s 及抽样频率 F_s 的取值必须符合奈奎斯特（Nyquist）定理。假定 $x_a(t)$ 的最高频率为 f_m，则应有 $F_s \geqslant 2f_m$，即 $\Omega_s \geqslant 2\Omega_m$。

从图 15-2 中我们可以看出，由于 F_s 的取值符合大于两倍的信号最高频率 f_m，因此只要经过一个低通滤波器，抽样信号 $\hat{x}_a(t)$ 就能不失真地还原出原模拟信号。反之，如果 F_s 的取值小于两倍的信号最高频率 f_m，则频谱 $|\hat{X}_a(\omega)|$ 将发生混叠，抽样信号 $\hat{x}_a(t)$ 将无法不失真地还原出原模拟信号。

下面，我们用 MATLAB 程序来仿真演示信号从抽样到恢复的全过程。

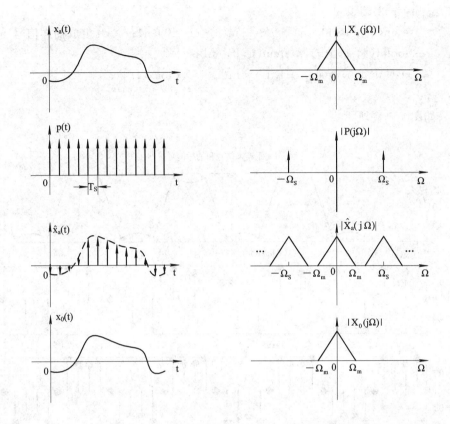

图 15 - 2 连续时间信号的抽样及其对应的频谱

1. 对连续信号进行采样

在实际使用中，绝大多数信号都不是严格意义上的带限信号。为了研究问题的方便，我们选择两个正弦频率叠加的信号作为研究对象。

例 15 - 1 已知一个连续时间信号 $f(t) = \sin(2\pi f_0 t) + \dfrac{1}{3}\sin(6\pi f_0 t)$，$f_0 = 1$ Hz，取最高有限带宽频率 $f_m = 5f_0$。分别显示原连续时间信号波形和 $F_s > 2f_m$、$F_s = 2f_m$、$F_s < 2f_m$ 三种情况下抽样信号的波形。

解 分别取 $F_s = f_m$、$F_s = 2f_m$ 和 $F_s = 3f_m$ 来研究问题。MATLAB 程序如下：

```
dt=0.1; f0=1; T0=1/f0;
fm=5*f0; Tm=1/fm;
t=-2: dt: 2;
f=sin(2*pi*f0*t)+1/3*sin(6*pi*f0*t);          %建立原连续信号
subplot(4, 1, 1), plot(t, f);
axis([min(t) max(t) 1.1*min(f) 1.1*max(f)]);
title('原连续信号和抽样信号');
for i=1: 3;
    fs=i*fm; Ts=1/fs;                          %确定采样频率和周期
```

```
n=-2：Ts：2；
f=sin(2 * pi * f0 * n)+1/3 * sin(6 * pi * f0 * n);     %生成抽样信号
subplot(4, 1, i+1), stem(n, f, 'filled');
axis([min(n) max(n) 1.1 * min(f) 1.1 * max(f)]);
    end
```

结果如图 15-3 所示。

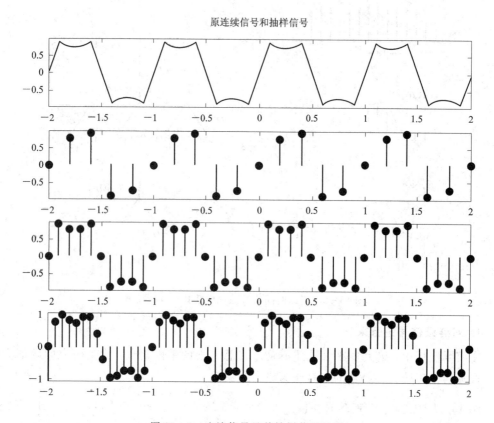

图 15-3 连续信号及其抽样信号波形

2. 连续信号和抽样信号的频谱

根据理论分析已知，信号的频谱图可以很直观地反映出抽样信号能否恢复还原模拟信号波形。因此，我们对上述三种情况下的时域信号波形求振幅频谱，来进一步分析和证明时域抽样定理。

例 15-2 求解例 15-1 中原连续信号波形和 $F_s < 2f_m$、$F_s = 2f_m$、$F_s > 2f_m$ 三种情况下的抽样信号波形所对应的幅度谱。

解 图 15-4 依次表示原连续信号和 $F_s < 2f_m$、$F_s = 2f_m$、$F_s > 2f_m$ 抽样信号的频谱，与图 15-3 上各时域信号一一对应。由图可见，当满足 $F_s \geq 2f_m$ 条件时，抽样信号的频谱没有混叠现象；当不满足 $F_s \geq 2f_m$ 条件时，抽样信号的频谱发生了混叠，即图 15-4 第 2 行 $F_s < 2f_m$ 的频谱图，在 $f_m = 5f_0$ 的范围内，频谱出现了镜像对称的部分。

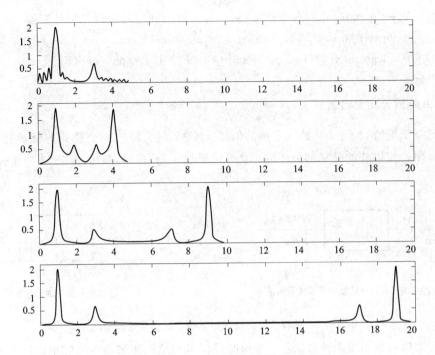

图 15-4　连续信号及其抽样信号的振幅频谱

抽样信号波形所对应的幅度谱 MATLAB 程序如下：

```
dt=0.1; f0=1; T0=1/f0;              %输入基波的频率、计算周期
t=−2：dt：2;
N=length(t);                        %求时间轴上采样点数
f=sin(2 * pi * f0 * t)+1/3 * sin(6 * pi * f0 * t);    %建立原连续信号
fm=5 * f0; Tm=1/fm;                 %最高频率取基波的 5 倍频
wm=2 * pi * fm;
k=0：N−1;
w1=k * wm/N;                        %在频率轴上生成 N 个采样频率点
F1=f * exp(−j * t′ * w1) * dt;      %对原信号进行傅里叶变换
subplot(4，1，1)，plot(w1/(2 * pi)，abs(F1));
axis([0 max(4 * fm) 1.1 * min(abs(F1)) 1.1 * max(abs(F1))]);
%生成 fs<2fm，fs=2fm，fs>2fm 三种抽样信号的振幅频谱
for i=1：3;
    if i<=2 c=0，else c=1，end
    fs=(i+c) * fm; Ts=1/fs;         %确定采样频率和周期
    n=−2：Ts：2;
    f=sin(2 * pi * f0 * n)+1/3 * sin(6 * pi * f0 * n);   %生成抽样信号
    N=length(n);                    %求时间轴上采样点数
    wm=2 * pi * fs;
    k=0：N−1;
    w=k * wm/N;
```

```
F=f * exp(−j * n' * w) * Ts;          %对抽样信号进行傅里叶变换
subplot(4, 1, i+1), plot(w/(2 * pi), abs(F));
axis([0 max(4 * fm) 1.1 * min(abs(F)) 1.1 * max(abs(F))]);
end
```

3. 由内插公式重建信号

满足奈奎斯特(Nyquist)抽样定理的信号 $\hat{x}_a(t)$，只要经过一个理想的低通滤波器，将原信号有限带宽以外的频率部分滤除，就可以重建 $x_a(t)$ 信号，如图 15 − 5(a)所示。

(a) 抽样信号通过低通滤波器重建示意图   (b) 理想低通滤波器频率特性

图 15 − 5   抽样信号经过理想低通滤波器重建 $x_a(t)$ 信号

信号重建一般采用两种方法：一是用时域信号与理想滤波器系统的单位冲激响应进行卷积积分来求解；二是设计实际的模拟低通滤波器对信号进行滤波。我们首先来讨论第一种方法。

理想低通滤波器的频域特性为一矩形，如图 15 − 5(b)所示，其单位冲激响应为

$$h(t) = \frac{1}{2\pi}\int_{-\infty}^{\infty} H(j\Omega)e^{j\Omega t}\, d\Omega = \frac{\sin(\pi t/T)}{\pi t/T}$$

信号 $\hat{x}_a(t)$ 通过滤波器输出，其结果应为 $\hat{x}_a(t)$ 与 $h(t)$ 的卷积积分：

$$y_a(t) = x_a(t) = \hat{x}_a(t) * h(t) = \int_{-\infty}^{\infty} \hat{x}_a(\tau)h(t-\tau)\, d\tau$$

$$= \sum_{n=-\infty}^{\infty} x_a(nT) \frac{\sin[\pi(t-nT)/T]}{\pi(t-nT)/T} \qquad (15-1)$$

式(15−1)称为内插公式。由式可见，$x_a(t)$ 信号可以由其抽样值 $x_a(nT)$ 及内插函数重构。MATLAB 中提供了 sinc 函数，可以很方便地使用内插公式。

例 15 − 3   用时域卷积推出的内插公式重建例 15 − 1 给定的信号。

解   MATLAB 程序如下：

```
f0=1; T0=1/f0; dt=0.01;                        %输入基波的频率、周期
fm=5 * f0; Tm=1/fm;                            %最高频率为基波的 5 倍频
t=0: dt: 3 * T0;
x=sin(2 * pi * f0 * t)+1/3 * sin(6 * pi * f0 * t);    %建立原连续信号
subplot(4, 1, 1), plot(t, x);
axis([min(t) max(t) 1.1 * min(x) 1.1 * max(x)]);
title('用时域卷积重建抽样信号');
for i=1: 3;
```

```
fs＝i * fm；Ts＝1/fs；                           %确定采样频率和周期
n＝0：(3 * T0)/Ts                              %生成 n 序列
t1＝0：Ts：3 * T0；                            %生成 t 序列
x1＝sin(2 * pi * n * f0/fs)＋1/3 * sin(6 * pi * n * f0/fs)；   %生成抽样信号
T_N＝ones(length(n), 1) * t1－n′ * Ts * ones(1, length(t1))；
                                              %生成 t－nT 矩阵
xa＝x1 * sinc(fs * pi * T_N)；                  %内插公式
subplot(4, 1, i＋1), plot(t1, xa)；
axis([min(t1) max(t1) 1.1 * min(xa) 1.1 * max(xa)])；
end
```

原信号与重建信号的结果如图 15－6 所示。

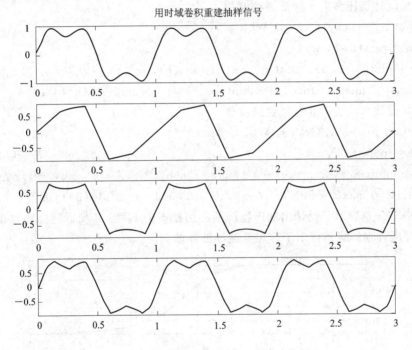

图 15－6　用时域卷积内插公式重建信号

＊4. 由模拟滤波器重建信号

图 15－5(a)所示电路中的滤波器也可以选择实际设计的模拟滤波器(参考实验 22)。此时须注意的问题是，实际设计的模拟滤波器一般与理想滤波器的幅频特性有一定的差别，设计时应尽量选择幅频响应接近理想曲线的实际滤波器。

例 15－4　由例 15－2 原信号频谱图可见，$x_a(t)$信号的基波频率为 $f_0＝1$ Hz，有限带宽取 $f_m＝5$ Hz，假定模拟低通滤波器的 3 dB 截止频率 $f_c＝f_m$，电路阶数 N＝6，通带波动 $R_p≤1$ dB，阻带衰减 $A_s≥20$ dB。试用图形表示理想的低通滤波器和实际模拟低通滤波器的幅频响应曲线。

解　分别设计巴特沃斯和切比雪夫Ⅰ型、切比雪夫Ⅱ型低通滤波器并描绘曲线，进行比较。

MATLAB 程序如下:

```
fm=5；N=6；rp=1；as=20；
Wp=2 * pi * fm；                        %计算截止角频率
dw=(2 * Wp)/399；                       %确定频率轴上采样点间的间隔
w=0：dw：2 * Wp；                        %在频率轴上生成采样序列
h0=[ones(1, 201), zeros(1, 199)]；      %建立理想低通滤波频响特性
%设计巴特沃斯低通滤波器
[b, a]=butter(N, Wp, 's')；
h=freqs(b, a, w)；
subplot(3, 1, 1), plot(w/(2 * pi), abs(h), w/(2 * pi), abs(h0))；grid
axis([0 max(2 * fm) 1.1 * min(abs(h)) 1.1 * max(abs(h))])；
%设计切比雪夫Ⅰ型低通滤波器
[b, a]=cheby1(N, rp, Wp, 's')；
h=freqs(b, a, w)；
subplot(3, 1, 2), plot(w/(2 * pi), abs(h), w/(2 * pi), abs(h0))；grid
axis([0 max(2 * fm) 1.1 * min(abs(h)) 1.1 * max(abs(h))])；
%设计切比雪夫Ⅱ型低通滤波器
[b, a]=cheby2(N, as, Wp, 's')；
h=freqs(b, a, w)；
subplot(3, 1, 3), plot(w/(2 * pi), abs(h), w/(2 * pi), abs(h0))；grid
axis([0 max(2 * fm) 1.1 * min(abs(h)) 1.1 * max(abs(h))])；
```

图 15-7 分别表示了设计出的巴特沃斯和切比雪夫Ⅰ型、Ⅱ型低通滤波器的幅频响应曲线，同时用较细的线条标出了理想低通滤波器曲线。

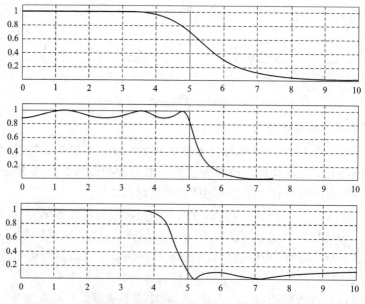

图 15-7 巴特沃斯和切比雪夫Ⅰ型、Ⅱ型低通滤波器的幅频响应

由曲线观察可见,切比雪夫 I 型的幅频曲线与理想滤波器曲线最为接近。

例 15-5 选定使用切比雪夫 I 型滤波器对 $F_s < 2f_m$、$F_s = 2f_m$、$F_s > 2f_m$ 抽样信号进行滤波,重建 $x_a(t)$ 信号,由此验证奈奎斯特定理。

解 用切比雪夫 I 型低通滤波器滤波,MATLAB 程序如下:

```
f0=1;T0=1/f0;                              %输入基波的频率、周期
fm=5*f0;Tm=1/fm;                           %最高频率为基波的 5 倍频
t=-2:0.1:2;
f=sin(2*pi*f0*t)+1/3*sin(6*pi*f0*t);       %建立原连续信号
subplot(4,1,1),plot(t,f);grid
title('原信号与重建的信号');
axis([min(t) max(t) 1.1*min(f) 1.1*max(f)]);
%对 fs<2fm.fs=2fm.fs>2fm 三种抽样信号进行滤波
N=6;rp=1;as=20;
for i=1:3;
    fs=i*fm;Ts=1/fs;                       %确定采样频率和周期
    n=-2:Ts:2;
    f=sin(2*pi*f0*n)+1/3*sin(6*pi*f0*n);   %生成抽样信号
    %设计低通滤波器
    Wp=2*pi*fm;
    [b,a]=cheby1(N,rp,Wp,'s');             %切比雪夫 I 型
    %[b,a]=butter(N,Wp,'s');               %巴特沃斯型
    %[b,a]=cheby2(N,as,Wp,'s');            %切比雪夫 II 型
    y=lsim(b,a,f,n);
    subplot(4,1,i+1),plot(n,y);grid
    axis([min(n) max(n) 1.1*min(y) 1.1*max(y)]);
end
```

程序运行的结果与图 15-6 内插重建的信号基本相同,不再给出。

三、实验任务

(1) 阅读并输入实验原理中介绍的例题程序,观察输出的波形曲线,理解每一条语句的含义。

(2) 已知一个连续时间信号 $f(t) = sinc(t)$,取最高有限带宽频率 $f_m = 1\ Hz$。

① 分别显示原连续时间信号波形和 $F_s = f_m$、$F_s = 2f_m$、$F_s = 3f_m$ 三种情况下抽样信号的波形;

② 求解原连续信号波形和抽样信号所对应的幅度谱;

③ 用时域卷积的方法(内插公式)重建信号;

*④ 用模拟低通滤波器重建信号。

四、实验预习

(1) 认真阅读实验原理,明确本次实验任务,读懂各函数和例题程序,了解实验方法。

（2）根据实验任务预先编写实验程序。

（3）预习思考题：什么是内插公式？在 MATLAB 中内插公式可以用什么函数来编写程序？

五、实验报告

（1）列写调试通过的实验程序，打印或描绘实验程序产生的曲线图形。

（2）思考题：

① 回答实验预习思考题。

② 通过本实验，你能使用哪些方法进行信号的重建？使用时需注意什么问题？

实验 16　频域抽样与恢复

一、实验目的

（1）加深对离散序列频域抽样定理的理解。

（2）理解从频域抽样序列恢复离散时域信号的条件和方法。

（3）了解由频谱通过 IFFT 计算连续时间信号的方法。

（4）掌握用 MATLAB 语言进行频域抽样与恢复时程序的编写方法。

二、实验原理

1. 频域抽样定理

从理论学习可知，在单位圆上对任意序列的 z 变换等间隔采样 N 点得到：

$$X(k) = X(z) \mid_{z=e^{j\frac{2\pi}{N}k}} = \sum_{n=-\infty}^{\infty} x(n)e^{j\frac{2\pi}{N}nk}, \qquad k = 0, 1, \cdots, N-1$$

该式实现了序列在频域的抽样。

那么，由频域的抽样得到的（频谱）序列能否不失真地恢复成原时域信号呢？

由理论学习又知，频域抽样定理由下列公式表述：

$$\tilde{x}(n) = \sum_{r=-\infty}^{\infty} x(n+rN)$$

表明对一个频谱采样后经 IDFT 生成的周期序列 $\tilde{x}(n)$ 是原非周期序列 x(n) 的周期延拓序列，其时域周期等于频域抽样点数 N。

假定有限长序列 x(n) 的长度为 M，频域抽样点数为 N，则原时域信号不失真地由频域抽样恢复的条件如下：

（1）如果 x(n) 不是有限长序列，则必然造成混叠现象，产生误差。

（2）如果 x(n) 是有限长序列，且频域抽样点数 N 小于序列长度 M（即 N<M），则 x(n) 以 N 为周期进行延拓也将造成混叠，从 $\tilde{x}(n)$ 中不能无失真地恢复出原信号 x(n)。

（3）如果 x(n) 是有限长序列，且频域抽样点数 N 大于或等于序列长度 M（即 N≥M），则从 $\tilde{x}(n)$ 中能无失真地恢复出原信号 x(n)，即

$$x_N(n) = \tilde{x}_N(n)R_N(n) = \sum_{r=-\infty}^{\infty} x(n+rN)R_N(n) = x(n)$$

2. 从频谱恢复离散时间序列

例 16-1　已知一个时间序列的频谱为

$$X(e^{j\omega}) = \sum_{n=-\infty}^{\infty} x(n)e^{-j\omega n} = 3 + 2e^{-j\omega} + e^{-j2\omega} + 2e^{-j3\omega} + 3e^{-j4\omega}$$

用 IFFT 计算并求出其时间序列 x(n)，用图形显示时间序列。

解　该题使用了数字频率，没有给出采样周期 T_s 的数值，则默认 $T_s = 1$。另外，从

$X(e^{j\omega})$的解析式可以直接看出时域序列 x(n)＝[3，2，1，2，3]。但为说明问题，仍编写程序如下：

```
Ts＝1；N0＝[3，5，10]；              ％给出 3 种频谱序列长度 N
for r＝1：3；
    N＝N0(r)；                      ％取 N 值
    D＝2＊pi/(Ts＊N)；              ％求出模拟频率分辨率
    kn＝floor(－(N－1)/2：－1/2)；  ％建立负频率段向量
    kp＝floor(0：(N－1)/2)；        ％建立正频率段向量
    w＝[kp，kn]＊D；   ％将负频率段移到正频率的右端，形成新的频率排序
    X＝3＋2＊exp(－j＊w)＋exp(－j＊2＊w)＋2＊exp(－j＊3＊w)＋3＊exp(－j
      ＊4＊w)；
    n＝0：N－1；
    x＝ifft(X，N)              ％对循环对称的 X 求 IFFT，得到循环对称的 x
    subplot(1，3，r)；stem(n＊Ts，abs(x))；
end
```

运行结果如图 16－1 所示。

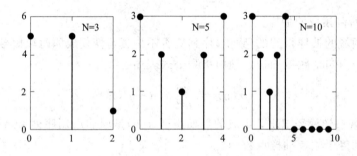

图 16－1 观察频率样点数 N 对时间混叠的影响

注意：程序中数字频率的排序进行了处理，这是因为 $X(e^{j\omega})$ 的排列顺序是从 0 开始，而不是从 －(N－1)/2 开始。

程序运行后将显示数据：

(N＝3 时：) x ＝ 5.0000   5.0000   1.0000

(N＝5 时：) x ＝ 3.0000   2.0000   1.0000   2.0000   3.0000

(N＝10 时：) x ＝ 3.0000   2.0000   1.0000   2.0000   3.0000   0.0000

　　　　　　　　0.0000   0.0000   0.0000   0.0000

由 $X(e^{j\omega})$ 频谱表达式可知，有限长时间序列 x(n) 的长度 M＝5，现分别取频域抽样点数为 N＝3、5、10，由图 16－1 显示的结果可以验证：

① 当 N＝5 和 N＝10 时，N≥M，能够不失真地恢复出原信号 x(n)；

② 当 N＝3 时，N<M，时间序列有泄漏，形成了混叠，不能无失真地恢复出原信号 x(n)。混叠的原因是上一周期的后 2 点与本周期的前 2 点发生重叠，如下所示：

$$
\begin{array}{|c c c c c|c c c c c|c c c c c|}
\hline
3 & 2 & 1 & 2 & 3 & & & & & & & & & & \\
  & 3 & 2 & 1 & 2 & 3 & & & & & & & & & \\
  &   & 3 & 2 & 1 & 2 & 3 & & & & & & & & \\
  &   &   & 3 & 2 & 1 & 2 & 3 & & & & & & & \\
  &   &   &   & 3 & 2 & 1 & 2 & 3 & & & & & & \\
\hline
\end{array}
$$

因此显示 $x_N(n)=[5,5,1]$。

例 16 - 2　已知一个频率范围在 $[-62.8，62.8]$ rad/s 间的频谱：

$$X(j\Omega)=\frac{\sin 0.275\Omega}{\sin 0.025\Omega}$$

用 IFFT 计算并求出其时间序列 x(n)，用图形显示时间序列。

解　本题给出了模拟频率 Ω，其中 $\Omega_m=62.8$，需将其归一化为数字频率。根据奈奎斯特定理可知，$\dfrac{1}{T_s}=F_s \geqslant \dfrac{2\Omega_m}{2\pi}$，可以推导出 $T_s \leqslant \dfrac{\pi}{\Omega_m}$，取 $T_s=0.05$ s，即采样频率 F_s 为 20 Hz 或 40π。

程序如下：

```
wm=62.8; Ts=pi/wm;              %计算采样周期(Ω用字母 w 替代)
N0=[8, 20];                     %给出 2 种频谱序列长度 N
for r=1:2;
    N=N0(r);                    %取 N 值
    D=2*pi/(Ts*N);             %求出模拟频率分辨率
    k=[0: N-1]+eps;            %建立频率向量。为避开 0 为分母的样点，
                                   加微小的偏移量
    Omg=k*D;                   %建立模拟频率向量
    X=sin(0.275*Omg)./sin(0.025*Omg);   %频谱表达式
    n=0: N-1;
    x=abs(ifft(X, N))          %对 X 求 IFFT, 得到 x(n)
    subplot(1, 2, r); stem(n*Ts, x);
end
```

运行结果如图 16 - 2 所示。

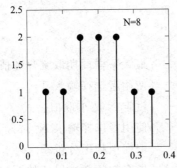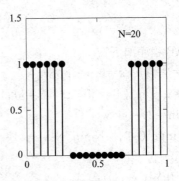

图 16 - 2　观察频率样点数 N 对时间混叠的影响

由 N＝20 的结果可知，时间序列 x(n)是一个矩形窗。根据 DFT 的循环位移性质可知，非零数据存在于 n＝－5：5 的区域，有限长序列的长度为 11。而 N＝8 小于有限长序列的长度，其结果发生了混叠，不能无失真地恢复出原信号 x(n)。

3. 从频谱恢复连续时间信号

实际使用中，离散信号往往来源于对连续信号的采样，因此，这里要讨论从频谱如何计算连续时间信号。

从本质上讲，计算机处理的都是离散信号。当使用计算机处理连续信号时，实际上是用采样周期极小的序列信号来近似为连续信号。因此在处理时，原来对于离散序列处理的一切理论依然有效。

（1）选择一个符合奈奎斯特定理的很小的采样周期 T，将主要的模拟频谱限制在奈奎斯特频率范围内，

$$X_a(\Omega)=0 \quad 当 |\Omega|\geqslant\pi/T$$

（2）在$[-\pi/T，\pi/T]$的频率区间取 N 个频点 Ω_k，求出对应的数字频谱：

$$X(\Omega_k)=\frac{X_a(\Omega_k)}{T}$$

（3）对 $X(\Omega_k)$ 做 IDFT，求 $x_a(t)$。假定没有发生时间混叠，则

$$x_a(t)|_{t=nT}\approx x(n)=IDFT\left[\frac{X_a(\Omega_k)}{T}\right]$$

（4）作图。用 plot 自动进行插值，获得连续信号。

例 16－2　已知如图 15－5 所示的理想低通滤波器，模拟频率 Ω_c＝3，在 $|\Omega|\leqslant\Omega_c$ 范围内幅度为 1，$|\Omega|>\Omega_c$ 时幅度为 0。要求计算连续脉冲响应 $x_a(t)$。

解　由奈奎斯特定理可知采样频率 $\Omega_s\geqslant2\Omega_c$，即采样周期 $T_s\leqslant\frac{\pi}{\Omega_c}$ 时，就不会发生混叠。选得再小一些可以增加样点数，因此可以选 $T_s=\frac{0.1\pi}{\Omega_c}=0.1047$ s。

同时，为使时间信号尽量接近连续信号，需提高 N 点的个数。可以由模拟频率的分辨率公式(参考实验 14 有关定义)推导：

$$D=\frac{2\pi}{NT_s}\leqslant0.1\cdot\Omega_c$$

使频率分辨率小于有效带宽的 1/10，得到：

$$N\geqslant\frac{20\pi}{\Omega_cT_s}$$

MATLAB 程序如下：

```
wc＝3；Tmax＝0.1 * pi/wc          %最大采样周期取临界数值的 1/10
Ts＝input('(Ts<Tmax)Ts＝')；      %使用者选择输入 Ts
Nmin＝20 * pi/wc/Ts               %设定 N 最小取值公式
N＝input('(N>Nmin)N＝')；         %使用者选择输入 N
D＝2 * pi/(Ts * N)；              %求模拟频率分辨率
M＝floor(wc/D)；                  %求有效频率边界值的下标(取整数)
Xa＝[ones(1,M+1),zeros(1,N-2*M-1),ones(1,M)]；输入给定的频谱
```

n＝－(N－1)/2：(N－1)/2；   %建立时间向量

%由序列频谱 X_a/T 求 IFFT 并位移，获得关于 0 轴对称的时间序列 $x_a(n)$

xa＝abs(fftshift(ifft(Xa/Ts, N)));

plot(n∗Ts, xa);   %由 plot 绘图，实现插值，得到连续信号 $x_a(t)$

程序执行过程中，在 MATLAB 命令窗将给出提示，并要求输入 T_s 和 N 值，再给出结果。图 16-3 是分别输入 $T_s＝0.1$ s，N＝300 和 $T_s＝0.1$ s，N＝1000 两组数据的运行结果。

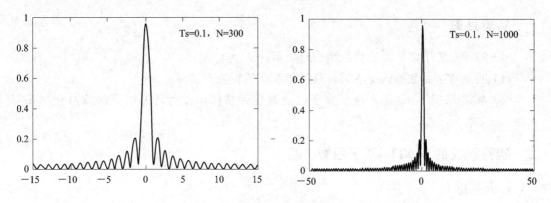

图 16-3   用频谱恢复连续时间脉冲 $x_a(t)$

三、实验任务

（1）阅读并输入实验原理中介绍的例题程序，观察输出的数据和图形，结合基本原理理解每一条语句的含义。

（2）已知一个时间序列的频谱为

$$X(e^{j\omega})＝2+4e^{-j\omega}+6e^{-j2\omega}+4e^{-j3\omega}+2e^{-j4\omega}$$

分别取频域抽样点数 N 为 3、5 和 10，用 IFFT 计算并求出其时间序列 x(n)，用图形显示各时间序列。由此讨论原时域信号不失真地由频域抽样恢复的条件。

（3）已知一个频率范围在 $[-6.28，6.28]$ rad/s 间的频谱，在模拟频率 $|\Omega_c|＝3.14$ 处幅度为 1，其它范围幅度均为 0。要求计算其连续信号 $x_a(t)$，并用图形显示信号曲线。

四、实验预习

（1）认真阅读实验原理，明确本次实验任务，读懂例题程序，了解实验方法。

（2）根据实验任务预先编写实验程序。

（3）预习思考题：从频域抽样序列不失真地恢复离散时域信号的条件是什么？

五、实验报告

（1）列写调试通过的实验程序，打印或描绘实验程序产生的图形和数据。

（2）思考题：

① 回答实验预习思考题。

② 试归纳用 IFFT 数值计算方法从频谱恢复离散时间序列的方法和步骤。

③ 从频谱恢复连续时间信号与恢复离散时间序列有何不同？有哪些特点？

实验 17　数字滤波器的结构

一、实验目的

(1) 加深对数字滤波器分类与结构的了解。

(2) 明确数字滤波器的基本结构及其相互间的转换方法。

(3) 掌握 MATLAB 语言进行数字滤波器各种结构相互间转换的子函数及程序编写方法。

二、实验涉及的 MATLAB 子函数

1. tf2latc

功能：将数字滤波器由直接型转换为格型结构。

调用格式：

K＝tf2latc(b, 1)；将全零点 FIR 系统由直接型转换为格型结构。

K＝tf2latc(1, a)；将全极点 IIR 系统由直接型转换为格型结构。

[K, C]＝tf2latc(b, a)；将零极点 IIR 系统由直接型转换为格型结构。

2. latc2tf

功能：将数字滤波器由格型结构转换为直接型。

调用格式：

num＝latc2tf(K)；将全零点 FIR 系统由格型结构转换为系统函数(直接型)。

[num, den]＝latc2tf(K, 'iir')；将全极点 IIR 系统由格型结构转换为系统函数(直接型)。

[num, den]＝latc2tf(K, C)；将零极点 IIR 系统由格型结构转换为系统函数(直接型)。

三、实验原理

1. 数字滤波器的分类

离散 LSI 系统对信号的响应过程实际上就是对信号进行滤波的过程。因此，离散 LSI 系统又称为数字滤波器。

数字滤波器从滤波功能上可以分为低通、高通、带通、带阻以及全通滤波器；根据系统的单位冲激响应的特性，又可以分为有限长单位冲激响应滤波器(FIR)和无限长单位冲激响应滤波器(IIR)。

一个离散 LSI 系统可以用系统函数来表示：

$$H(z) = \frac{Y(z)}{X(z)} = \frac{b(z)}{a(z)} = \frac{\sum\limits_{m=0}^{M} b_m z^{-m}}{1 + \sum\limits_{k=1}^{N} a_k z^{-k}} = \frac{b_0 + b_1 z^{-1} + b_2 z^{-2} + \cdots + b_m z^{-m}}{1 + a_1 z^{-1} + a_2 z^{-2} + \cdots + a_k z^{-k}}$$

也可以用差分方程来表示:

$$y(n) + \sum\limits_{k=1}^{N} a_k y(n-k) = \sum\limits_{m=0}^{M} b_m x(n-m)$$

以上两个公式中,当 a_k 至少有一个不为 0 时,则在有限 z 平面上存在极点,表达的是一个 IIR 数字滤波器;当 a_k 全都为 0 时,系统不存在极点,表达的是一个 FIR 数字滤波器。FIR 数字滤波器可以看成是 IIR 数字滤波器的 a_k 全都为 0 时的一个特例。

IIR 数字滤波器的基本结构分为直接 I 型、直接 II 型、级联型和并联型。

FIR 数字滤波器的基本结构分为横截型(又称直接型或卷积型)、级联型、线性相位型及频率采样型等。本实验对线性相位型及频率采样型不做讨论,见实验 23 和实验 25。

另外,滤波器的一种新型结构——格型结构也逐步投入应用,具有全零点 FIR 系统格型结构、全极点 IIR 系统格型结构以及全零极点 IIR 系统格型结构。

2. IIR 数字滤波器的基本结构与实现

1) 直接型与级联型、并联型间的转换

例 17 - 1　已知一个系统的传递函数为

$$H(z) = \frac{8 - 4z^{-1} + 11z^{-2} - 2z^{-3}}{1 - 1.25z^{-1} + 0.75z^{-2} - 0.125z^{-3}}$$

将其从直接型(其信号流图如图 17 - 1 所示)转换为级联型和并联型。

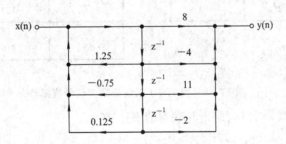

图 17 - 1　例 17 - 1 系统直接型信号流图

解　从直接型转换为级联型,就是将系统传递函数(tf)模型转换为二次分式(sos)模型;从直接型转换为并联型,就是将系统的传递函数(tf)模型转换为极点留数(rpk)模型(在实验 8 中曾经进行过详细介绍)。

程序如下:

```
b=[8, -4, 11, -2];              %输入系统函数 b 参数
a=[1, -1.25, 0.75, -0.125];     %输入系统函数 a 参数
[sos, g]=tf2sos(b, a)           %由直接型转换为级联型
[r, p, k]=residuez(b, a)        %由直接型转换为并联型
```

运行结果:

sos =

$$1.0000 \quad -0.1900 \quad\quad 0 \quad 1.0000 \quad -0.2500 \quad\quad 0$$
$$1.0000 \quad -0.3100 \quad 1.3161 \quad 1.0000 \quad -1.0000 \quad 0.5000$$

g =

  8

r =

  $-8.0000-12.0000i$

  $-8.0000+12.0000i$

   8.0000

p =

  $0.5000+0.5000i$

  $0.5000-0.5000i$

  0.2500

k =

  16

由 sos 和 g 的数据，可以列写出级联型的表达式：

$$H(z)=8 \cdot \frac{1-0.19z^{-1}}{1-0.25z^{-1}} \cdot \frac{1-0.31z^{-1}+1.3161z^{-2}}{1-z^{-1}+0.5z^{-2}}$$

信号流图如图 17-2 所示。

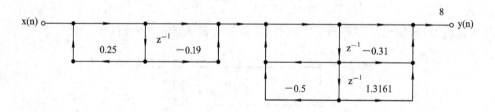

图 17-2　例 17-1 系统级联型信号流图

由 r、p、k 的数据，可以列写出并联型的表达式：

$$H(z)=\frac{-8-12i}{1-(0.5+0.5i)z^{-1}}+\frac{-8+12i}{1-(0.5-0.5i)z^{-1}}+\frac{8}{1-0.25z^{-1}}+16$$

上式中出现了复系数，可采用二阶分割将共轭极点组成分母上的实系数二阶环节。这里，使用参考文献[1]中自编的子函数 dir2par.m，可以实现滤波器结构从直接型向并联型的转换，且用实系数二阶环节表示。注意，在使用 dir2par.m 子函数时，需要调用另一个自编子函数 cplxcomp.m，以进行复共轭对的正确排序，保证系统函数二阶环节的分子、分母一定是实数。由于这两个子函数均不是 MATLAB 工具箱的库函数，因此使用前必须将其存入自己的 M 文件子目录中，以备调用。子函数 dir2par.m 和 cplxcomp.m 的清单见附录 3。

将例 17-1 从直接型转换为并联型的程序改写为：

```
b=[8, -4, 11, -2];              %输入系统函数 b 参数
a=[1, -1.25, 0.75, -0.125];     %输入系统函数 a 参数
```

[C, B, A]=dir2par(b, a)   ％由直接型转换为并联型

运行结果：

C =

    16

B =

    −16.0000   20.0000

      8.0000   0

A =

    1.0000   −1.0000   0.5000

    1.0000   −0.2500   0

由 A、B、C 的数据，可以列写出并联型的表达式：

$$H(z)=16+\frac{-16+20z^{-1}}{1-z^{-1}+0.5z^{-2}}+\frac{8}{1-0.25z^{-1}}$$

信号流图如图 17-3 所示。

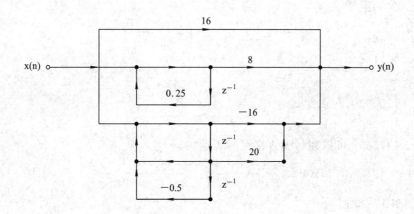

图 17-3 例 17-1 系统并联型信号流图

例 17-2 已知一个系统的级联型系数公式为

$$H(z)=0.5\cdot\frac{1+0.9z^{-1}}{1-0.25z^{-1}}\cdot\frac{1-3z^{-1}+2z^{-2}}{1+z^{-1}+0.5z^{-2}}$$

将其从级联型(信号流图如图 17-4 所示)转换为直接型和并联型结构。

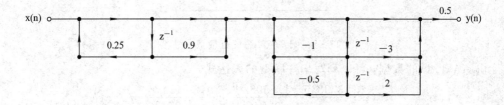

图 17-4 例 17-2 系统级联型信号流图

　　解　从级联型转换为直接型，就是将二次分式(sos)模型转换为系统传递函数(tf)模型；再使用 dir2par.m 和 cplxcomp.m 子函数，将直接型转换为并联型。

程序如下：

$$\text{sos} = \begin{bmatrix} 1 & 0.9 & 0 & 1 & -0.25 & 0 \\ 1 & -3 & 2 & 1 & 1 & 0.5 \end{bmatrix};$$

　　g $=0.5$；

　　[b, a] $=$ sos2tf(sos, g)　　　%由级联型转换为直接型

　　[C, B, A] $=$ dir2par(b, a)　　　%由直接型转换为并联型

运行结果：

b $=$

　　0.5000　　-1.0500　　-0.3500　　　0.9000

a $=$

　　1.0000　　　0.7500　　　0.2500　　　-0.1250

C $=$

　　-7.2000

B $=$

　　3.9846　　1.6308

　　3.7154　　　　0

A $=$

　　1.0000　　　1.0000　　0.5000

　　1.0000　　-0.2500　　　　0

由 b、a 的数据，可以列写出直接型的表达式：

$$H(z) = \frac{0.5 - 1.05z^{-1} - 0.35z^{-2} + 0.9z^{-3}}{1 + 0.75z^{-1} + 0.25z^{-2} - 0.125z^{-3}}$$

信号流图如图 17-5 所示。

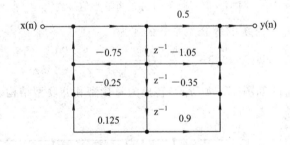

图 17-5　例 17-2 系统直接型信号流图

由 A、B、C 的数据，可以列写出并联型的表达式：

$$H(z) = \frac{3.9846 + 1.6308z^{-1}}{1 + z^{-1} + 0.5z^{-2}} + \frac{3.7154}{1 - 0.25z^{-1}} - 7.2$$

信号流图如图 17-6 所示。

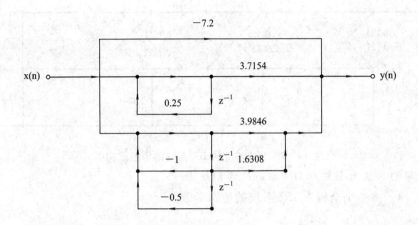

图 17 - 6 例 17 - 2 系统并联型信号流图

2）直接型转换为全零极点 IIR 系统的格型结构

例 17 - 3 将例 17 - 1 给定的系统传递函数

$$H(z) = \frac{8 - 4z^{-1} + 11z^{-2} - 2z^{-3}}{1 - 1.25z^{-1} + 0.75z^{-2} - 0.125z^{-3}}$$

从直接型转换为格型结构。

解 程序如下：

```
b=[8, -4, 11, -2];                    %输入系统函数 b 参数
a=[1, -1.25, 0.75, -0.125];          %输入系统函数 a 参数
[K, C]=tf2latc(b, a)                  %由直接型转换为格型
[b, a]=latc2tf(K, C)                  %由格型还原为直接型
```

运行结果：

```
K =
    -0.7327
     0.6032
    -0.1250
C =
     8.1064
     7.4841
     8.5000
    -2.0000
b =
    8.0000   -4.0000   11.0000   -2.0000
a =
    1.0000   -1.2500    0.7500   -0.1250
```

由 K、C 参数可以画出格型结构图，如图 17 - 7 所示。由 b、a 参数可以验证 latc2tf 和 tf2latc 互为逆过程，且运算结果正确。

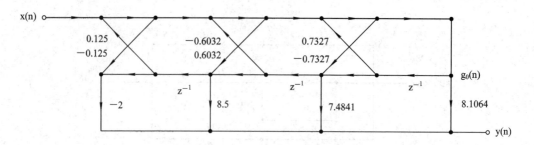

图 17 - 7　例 17 - 3 的 IIR 系统的格型结构图

3) 直接型转换为全极点 IIR 系统的格型结构

例 17 - 4　将一个全极点 IIR 系统的传递函数

$$H(z) = \frac{1}{1 - 1.25z^{-1} + 0.75z^{-2} - 0.125z^{-3}}$$

从直接型转换为格型结构。

解　程序如下：

```
b=[1];                      ％输入系统函数 b 参数
a=[1, -1.25, 0.75, -0.125];  ％输入系统函数 a 参数
K=tf2latc(b, a)             ％由直接型转换为格型
[b, a]=latc2tf(K, 'iir')    ％由格型转换为直接型
```

运行结果：

```
K =
    -0.7327
     0.6032
    -0.1250
a =
    1.0000    -1.2500    0.7500    -0.1250
b = 1    0    0    0
```

由 b、a 参数可以验证运算结果正确。

格型结构如图 17 - 8 所示。

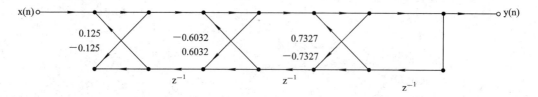

图 17 - 8　例 17 - 4 全极点 IIR 系统的格型结构图

3. FIR 数字滤波器的基本结构与实现

1) 横截型与级联型间的转换

例 17 - 5　已知一个 FIR 系统的传递函数为

$$H(z) = 2 + 0.9z^{-1} + 1.55z^{-2} + 2.375z^{-3}$$

将其从横截型(信号流图如图 17-9 所示)转换为级联型形式。

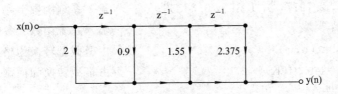

图 17-9　例 17-5 系统横截型信号流图

解　从横截型转换为级联型,就是将系统传递函数(tf)模型转换为二次分式(sos)模型。程序如下:

$b=[2, 0.9, 1.55, 2.375];$　　　%输入系统函数 b 参数
$a=[1];$　　　%输入系统函数 a 参数
$[sos, g]=tf2sos(b, a)$　　　%由直接型转换为级联型
$[b, a]=sos2tf(sos, g)$　　　%由级联型还原为直接型

程序运行结果:

sos =
　　1.0000　　0.9500　　　　0　1.0000　　　0　　　0
　　1.0000　　−0.5000　　1.2500　1.0000　　　0　　　0
g =
　　2
b =
　　2.0000　　0.9000　　1.5500　　2.3750
a =
　　1　0　0　0

由 sos 和 g 的数据,可以列写出级联形式的表达式:

$$H(z)=2(1+0.95z^{-1})(1-0.5z^{-1}+1.25z^{-2})$$

信号流图如图 17-10 所示。

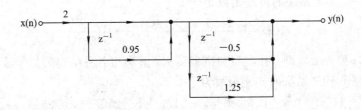

图 17-10　例 17-5 系统级联型信号流图

由 b、a 参数可以验证 tf2sos 和 sos2tf 互为逆过程,且运算结果正确。

2)横截型转换为全零点 FIR 系统的格型结构

例 17-6　已知一个 FIR 系统的传递函数为

$$H(z)=1+2.7917z^{-1}+2z^{-2}+1.375z^{-3}+0.3333z^{-4}$$

将其从横截型转换为全零点 FIR 系统的格型结构。

解 程序如下：

```
b=[ 1，2.7917，2，1.375，0.3333]；   %输入系统函数 b 参数
a=[1]；                            %输入系统函数 a 参数
K=tf2latc(b，a)                    %由横截型转换为格型
[b，a]=latc2tf(K)                  %由格型转换为横截型
```

程序运行结果：

```
K =
    2.0004
    0.2498
    0.5001
    0.3333
b =
    1.0000    2.7917    2.0000    1.3750    0.3333
a = 1
```

由 K 参数可以画出格型结构图，如图 17-11 所示。由 b、a 参数可以验证 latc2tf 和 tf2latc 互为逆过程。

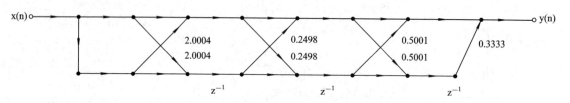

图 17-11   例 17-6 全零点 FIR 系统的格型结构图

四、实验任务

(1) 阅读并输入实验原理中介绍的例题程序，观察输出的数据和图形，结合基本原理理解每一条语句的含义。

(2) 已知一个 IIR 系统的传递函数为

$$H(z)=\frac{0.1-0.4z^{-1}+0.4z^{-2}-0.1z^{-3}}{1+0.3z^{-1}+0.55z^{-2}+0.2z^{-3}}$$

将其从直接型转换为级联型、并联型和格型结构，并画出各种结构的信号流图。

(3) 已知一个 FIR 系统的传递函数为

$$H(z)=0.2+0.885z^{-1}+0.212z^{-2}+0.212z^{-3}+0.885z^{-4}$$

将其从横截型转换为级联型和格型结构，并画出各种结构的信号流图。

五、实验预习

(1) 认真阅读实验原理，明确本次实验任务，读懂例题程序，了解实验方法。

(2) 根据实验任务预先编写实验程序。

(3) 预习思考题：什么是数字滤波器？数字滤波器是如何分类的？

六、实验报告

（1）列写调试通过的实验程序，并描绘由实验程序确定的数字滤波器结构信号流图。

（2）思考题：

① 回答实验预习思考题。

② 试归纳各类数字滤波器的基本结构。

实验 18　模拟原型滤波器的设计

一、实验目的

(1) 加深对模拟滤波器基本类型、特点和主要设计指标的了解。

(2) 掌握模拟低通滤波器原型的设计方法。

(3) 学习 MATLAB 语言有关模拟原型滤波器设计的子函数的使用方法。

二、实验涉及的 MATLAB 子函数

1. buttord

功能：确定巴特沃斯(Butterworth)滤波器的阶数和 3 dB 截止频率。

调用格式：

[n，wn]＝buttord(wp，ws，Rp，As)；计算巴特沃斯数字滤波器的阶数和 3dB 截止频率。其中，0≤ wp(或 ws) ≤1，其值为 1 时表示 $0.5F_s$。Rp 为通带最大衰减指标，As 为阻带最小衰减指标。

[n，wn]＝buttord(wp，ws，Rp，As，'s')；计算巴特沃斯模拟滤波器的阶数和 3dB 截止频率。wp、ws 可以是实际的频率值或角频率值，wn 将取相同的量纲。Rp 为通带最大衰减指标，As 为阻带最小衰减指标。

当 wp＞ws 时，为高通滤波器；当 wp、ws 为二元向量时，为带通或带阻滤波器，此时 wn 也为二元向量。

2. cheb1ord

功能：确定切比雪夫(Chebyshev) Ⅰ 型滤波器的阶数和通带截止频率。

调用格式：

[n，wn]＝cheb1ord(wp，ws，Rp，As)；计算切比雪夫 Ⅰ 型数字滤波器的阶数和通带截止频率。其中，0≤wp(或 ws)≤1，其值为 1 时表示 $0.5F_s$。Rp 为通带最大衰减指标，As 为阻带最小衰减指标。

[n，wn]＝cheb1ord(wp，ws，Rp，As，'s')；计算切比雪夫 Ⅰ 型模拟滤波器的阶数和通带截止频率。wp、ws 可以是实际的频率值或角频率值，wn 将取相同的量纲。Rp 为通带最大衰减指标，As 为阻带最小衰减指标。

当 wp＞ws 时，为高通滤波器；当 wp、ws 为二元向量时，则为带通或带阻滤波器，此时 wn 也为二元向量。

3. cheb2ord

功能：确定切比雪夫(Chebyshev) Ⅱ 型滤波器的阶数和阻带截止频率。

调用格式：

[n，wn]＝cheb2ord(wp，ws，Rp，As)；计算切比雪夫 Ⅱ 型数字滤波器的阶数和阻带

截止频率。其中，$0 \leqslant wp$（或 ws）$\leqslant 1$，其值为 1 时表示 $0.5F_s$。Rp 为通带最大衰减指标，As 为阻带最小衰减指标。

　　$[n, wn] = cheb2ord(wp, ws, Rp, As, 's')$；计算切比雪夫 Ⅱ 型模拟滤波器的阶数和阻带截止频率。wp、ws 可以是实际的频率值或角频率值，wn 将取相同的量纲。Rp 为通带最大衰减指标，As 为阻带最小衰减指标。

　　当 wp>ws 时，为高通滤波器；当 wp、ws 为二元向量时，为带通或带阻滤波器，此时 wn 也为二元向量。

4. ellipord

　　功能：确定椭圆（Ellipse）滤波器的阶数和通带截止频率。

　　调用格式：

　　$[n, wn] = ellipord(wp, ws, Rp, As)$；计算椭圆数字滤波器的阶数和通带截止频率。其中，$0 \leqslant wp$（或 ws）$\leqslant 1$，其值为 1 时表示 $0.5F_s$。Rp 为通带最大衰减指标，As 为阻带最小衰减指标。

　　$[n, wn] = ellipord(wp, ws, Rp, As, 's')$；计算椭圆模拟滤波器的阶数和通带截止频率。wp、ws 可以是实际的频率值或角频率值，wn 将取相同的量纲。Rp 为通带最大衰减指标，As 为阻带最小衰减指标。

　　当 wp>ws 时，为高通滤波器；当 wp、ws 为二元向量时，为带通或带阻滤波器，此时 wn 也为二元向量。

5. buttap

　　功能：巴特沃斯（Butterworth）模拟低通滤波器原型。

　　调用格式：

　　$[z, p, k] = buttap(n)$；设计巴特沃斯模拟低通滤波器原型，其传递函数为

$$H_a(s) = \frac{k}{(s-p(1))(s-p(2))\cdots(s-p(n))}$$

此时 z 为空阵。巴特沃斯滤波器由通带内最平坦、总体上单调的幅度特性来表征。

6. cheb1ap

　　功能：切比雪夫（Chebyshev）Ⅰ 型模拟低通滤波器原型。

　　调用格式：

　　$[z, p, k] = cheb1ap(n, Rp)$；设计切比雪夫 Ⅰ 型模拟低通滤波器原型，其通带内的波纹系数为 Rp 分贝，传递函数为

$$H_a(s) = \frac{k}{(s-p(1))(s-p(2))\cdots(s-p(n))}$$

此时 z 为空阵。切比雪夫 Ⅰ 型滤波器为通带内等波纹、阻带内单调的滤波器，其极点均匀分布在左半平面的椭圆上。

7. cheb2ap

　　功能：切比雪夫（Chebyshev）Ⅱ 型模拟低通滤波器原型。

　　调用格式：

　　$[z, p, k] = cheb2ap(n, As)$；设计切比雪夫 Ⅱ 型模拟低通滤波器原型，其阻带内的波

纹系数小于 As 分贝，传递函数为

$$H_a(s)=k\frac{(s-z(1))(s-z(2))\cdots(s-z(n))}{(s-p(1))(s-p(2))\cdots(s-p(n))}$$

切比雪夫 Ⅱ 型滤波器为通带内单调、阻带内等波纹的滤波器，其极点位置为 cheb1ap 极点位置的倒数。

8. ellipap

功能：椭圆(Ellipse)模拟低通滤波器原型。

调用格式：

[z，p，k]＝ellipap(n，Rp，As)；设计椭圆模拟低通滤波器原型，其通带内的波纹系数为 Rp 分贝，阻带内的波纹系数小于通带的 As 分贝。传递函数为

$$H_a(s)=k\frac{(s-z(1))(s-z(2))\cdots(s-z(n))}{(s-p(1))(s-p(2))\cdots(s-p(n))}$$

椭圆滤波器是通带和阻带内均为等波纹的滤波器，它具有比巴特沃斯和切比雪夫更陡的下降斜率，但会损失通带和阻带的波纹指标。

9. poly

功能：求某向量指定根所对应的特征多项式。

调用格式：

P＝poly(λ)；求向量 λ 的特征多项式，产生多项式系数向量。

例如：降幂多项式 $P(x)=a_1 x^n+a_2 x^{n-1}+\cdots+a_n x+a_{n+1}$，其系数行向量表达式为

$$P=[a_1 \quad a_2 \quad \cdots \quad a_n \quad a_{n+1}]$$

若要表示 $(x-\lambda_1)(x-\lambda_2)\cdots(x-\lambda_n)=a_1 x^n+a_2 x^{n-1}+\cdots+a_n x+a_{n+1}$，可建立 $\lambda=[\lambda_1 \quad \lambda_2 \quad \cdots \quad \lambda_n]$，再利用指令：P＝poly($\lambda$)。多项式 P 是一个特征多项式，$\lambda$ 的元素被认为是多项式 P 的根。

10. poly2str

功能：以习惯方式显示多项式。

调用格式：

Pa＝poly2str(a，′s′)；以习惯方式显示 s 的多项式。

例，输入程序：

A＝[1 2 3；4 5 6；7 8 9]；

PA＝poly(A)

PPA＝poly2str(PA，′s′)

得到：

PA ＝　　1.0000 －15.0000 －18.0000 －0.0000

PPA ＝　s^3－15 s^2－18 s－1.7111e－014

11. pzmap

功能：显示连续系统的零极点分布图。

调用格式：

pzmap(b，a)；绘制由行向量 b 和 a 构成的系统函数确定的零极点分布图。

pzmap(p，z)；绘制由列向量 z 确定的零点、列向量 p 确定的极点构成的零极点分布图。

三、实验原理

1. 模拟滤波器的基本知识

输入信号和输出信号均为连续时间信号，冲激响应也是连续的滤波器，称为模拟滤波器。

模拟滤波器从功能上可以分为低通、高通、带通、带阻以及全通滤波器。理想的幅度频率特性曲线如图 18－1 所示。

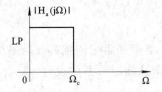
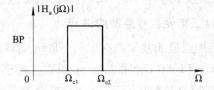

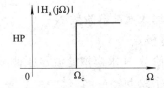
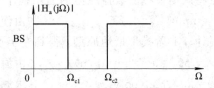

图 18－1　理想模拟滤波器的幅频特性

实际使用中理想滤波器是不可实现的，必须设计一个因果可实现的滤波器去逼近。通常，通带和阻带都允许存在一定的误差容限，即通带不一定是完全水平的，阻带也不一定绝对衰减到 0。在通带和阻带之间允许设置一定宽度的过渡带。

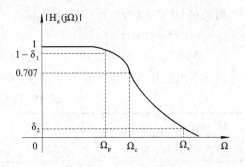

图 18－2　实际低通滤波器幅频特性

以低通滤波器为例。图 18－2 为归一化的低通滤波器的幅频特性曲线。图中，Ω_p 为通带截止频率，Ω_c 为 3 dB 通带截止频率，Ω_s 为阻带截止频率。在 $0 \leqslant \Omega \leqslant \Omega_p$ 的通带范围内，幅度要求在 $(1-\delta_1) < |H_a(j\Omega)| \leqslant 1$ 范围内；在 $\Omega \geqslant \Omega_s$ 的阻带范围内，幅度要求 $|H_a(j\Omega)| \leqslant \delta_2$；从 Ω_p 到 Ω_s 的范围称为过渡带。通带和阻带内的允许衰减一般用 dB 数表示，通带内允许的最大衰减用 a_p（或 R_p）表示，阻带内允许的最小衰减用 a_s（或 A_s）表示。通带与阻带的衰减 a_p 和 a_s 分别定义为：

$$a_p = 10 \lg \frac{|H_a(j0)|^2}{|H_a(j\Omega_p)|^2} = -10 \lg |H_a(j\Omega_p)|^2$$

$$a_s = 10 \lg \frac{|H_a(j0)|^2}{|H_a(j\Omega_s)|^2} = -10 \lg |H_a(j\Omega_s)|^2$$

其中，$|H_a(j0)|$ 已被归一化为 1。当 $|H_a(j\Omega)|$ 下降为 $1/\sqrt{2} = 0.707$ 时，对应的 $a_p = -20 \lg(0.707) = 3$ dB，即 $\Omega = \Omega_c$。其它常用的数据有：当 $a_p = 1$ dB 时，$|H_a(j\Omega)| =$

0.8913；当 $|H_a(j\Omega)| = 0.01$ 时，$a_s = 40$ dB。

典型的模拟滤波器有巴特沃斯(Butterworth)滤波器、切比雪夫(Chebyshev)滤波器、椭圆(Ellipse)滤波器、贝塞尔(Bessel)滤波器等。每种典型滤波器都有其不同的特点。

由于 IIR 数字滤波器是在已知的低通模拟滤波器的基础上设计的，主要包括巴特沃斯低通滤波器、切比雪夫低通滤波器、椭圆低通滤波器，因此，我们把这些模拟低通滤波器称为滤波器原型。

这些不同类型的滤波器用人工运算的过程比较复杂，而使用 MATLAB 语言提供的子函数，则大大简化了复杂的计算过程，能够迅速地获得设计结果。

2. 巴特沃斯滤波器原型的设计

巴特沃斯低通滤波器具有单调下降的幅频特性，通带和阻带幅频都比较平坦。

利用 MATLAB 提供的 buttap 可以进行巴特沃斯滤波器原型的设计，配合 buttord 的使用，可以进行模拟或数字巴特沃斯滤波器的设计。

例 18-1 进行巴特沃斯滤波器原型的设计，获得任意阶数 N 的系统传递函数公式。

解 巴特沃斯模拟滤波器原型的通用程序如下：

```
n=input('N= ');                 %由使用者输入滤波器阶数 N
%计算 n 阶模拟低通原型，得到左半平面零极点
[z0，p0，k0]=buttap(n);          %由滤波器阶数 N 求模拟滤波器原型
b0=k0 * real(poly(z0))           %求滤波器系数 b0
a0=real(poly(p0))               %求滤波器系数 a0
freqs(b0，a0);                   %显示系统的频率特性
```

当程序运行后，要求使用者输入所需要计算的滤波器阶数 N，然后将显示系统的频率特性曲线以及系统传递函数的系数 b 和 a。

如果在 b0 和 a0 两句程序后面增加：

```
Pb=poly2str(b0，'s')             %给出 b0 决定的关于 s 多项式
Pa=poly2str(a0，'s')             %给出 a0 决定的关于 s 多项式
```

则可以计算出巴特沃斯滤波器多项式表，即 Pb=1，Pa 如表 18-1 所列。

表 18-1　多　项　式　表

N	Pa
1	s+1
2	s^2+1.4142 s+1
3	s^3+2 s^2+2 s+1
4	s^4+2.6131 s^3+3.4142 s^2+2.6131 s+1
5	s^5+3.2361 s^4+5.2361 s^3+5.2361 s^2+3.2361 s+1
6	s^6+3.8637 s^5+7.4641 s^4+9.1416 s^3+7.4641 s^2+3.8637 s+1
7	s^7+4.494 s^6+10.0978 s^5+14.5918 s^4+14.5918 s^3+10.0978 s^2+4.494 s+1
8	s^8+5.1258 s^7+13.1371 s^6+21.8462 s^5+25.6884 s^4+21.8462 s^3+13.1371 s^2+5.1258 s+1

由上述程序及其结果可知,只需输入滤波器阶数 N,就可由巴特沃斯滤波器原型的设计子函数 buttap 求出系统的零极点增益系数 z0、p0、k0,由此可以再通过编写程序将其转换成任意系统结构形式。当转换成系统传递函数系数 b 和 a 后,可以获得常用的巴特沃斯滤波器多项式公式。注意:实际使用前,表 18-1 中的 s 应该用 s_0 替换。

当 N=2 时,$H(s) = \dfrac{1}{s_0^2 + 1.4142 s_0 + 1}$

将 N=1~8 的所有幅频特性在同一图形窗上显示出来(如图 18-3 所示),可以看出系统阶数 N 越低,曲线越平缓;系统阶数 N 越高,曲线越陡峭。

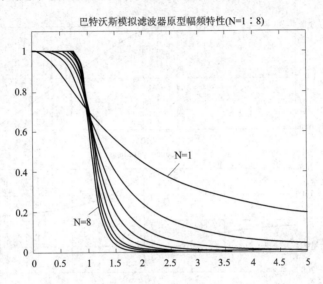

图 18-3 巴特沃斯模拟滤波器原型的幅频特性

例 18-2 通过模拟滤波器原型设计一个巴特沃斯模拟低通滤波器,要求通带截止频率 $f_p = 2$ kHz,通带最大衰减 $R_p \leqslant 1$ dB,阻带截止频率 $f_s = 5$ kHz,阻带最小衰减 $A_s \geqslant 20$ dB。

解 程序如下:

```
fp=2000;Omgp=2*pi*fp;            %输入滤波器的通带截止频率
fs=5000;Omgs=2*pi*fs;            %输入滤波器的阻带截止频率
Rp=1;As=20;                      %输入滤波器的通阻带衰减指标
%计算实际滤波器的阶数和3dB截止频率
[n,Omgc]=buttord(Omgp,Omgs,Rp,As,'s');
%计算n阶模拟低通原型,得到左半平面零极点
[z0,p0,k0]=buttap(n);            %由滤波器阶数n求模拟滤波器原型
b0=k0*real(poly(z0))             %求滤波器系数b0
a0=real(poly(p0))                %求滤波器系数a0
freqs(b0,a0);                    %求系统的频率特性
```

程序运行结果如下:

```
n =               4
Omgc =            1.7689e+004
z0 =              []
```

$$
p0 = \begin{matrix} -0.3827+0.9239i \\ -0.3827-0.9239i \\ -0.9239+0.3827i \\ -0.9239-0.3827i \end{matrix}
$$

k0 =　　　　　　　　1

b0 =　　　　　　　　1

a0 =　　　　　　　1.0000　　2.6131　　3.4142　　2.6131　　1.0000

显示频率特性如图 18-4 所示。

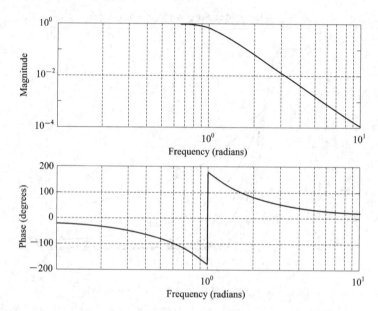

图 18-4　例 18-1 巴特沃斯原型滤波器的幅频特性和相频特性

如果将 freqs(b0, a0)改为:

　　[H, Omg]＝freqs(b0, a0);　　　　　　　%求系统的频率特性

　　subplot(2, 1, 1), plot(Omg * Omgc/(2 * pi), abs(H)), grid

　　axis([0, 6000, 0, 1.1]);

　　subplot(2, 1, 2), plot(Omg * Omgc/(2 * pi), angle(H)), grid

　　axis([0, 6000, -4, 4]);

再增加一段计算通阻带截止频率分贝值的程序:

　　Omgx0＝[Omgp, Omgs]/Omgc;　　　　　%设置频率向量

　　Hx＝freqs(b0, a0, Omgx0);　　　　　　　%计算该两点的频率特性

　　dbHx＝-20 * log10(abs(Hx)/max(abs(H)))　　%化为分贝值

观察系统的极点分布图,加 2 行程序:

　　plot(p0 * Omgc, 'x');　　　　　　　　　%显示系统极点分布图

　　axis square, axis equal, grid on　　　　　%使 X、Y 轴等比例显示

此时将显示 dbHx 数据,且显示横坐标以 Hz 为单位的幅频特性、相频特性和极点分布图,如图 18-5 所示。

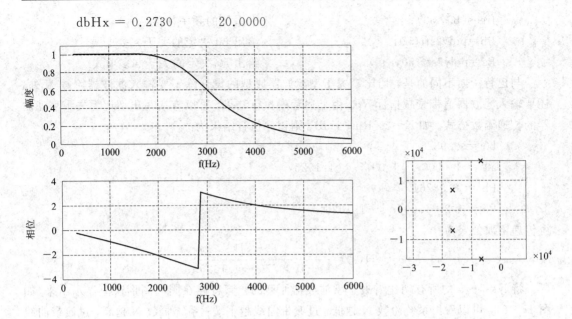

dbHx = 0.2730　　　　20.0000

图 18-5　以 Hz 为横轴的巴特沃斯滤波器的频率特性和极点图

注意,该程序 buttord 输出的频率为 3 dB 截止频率,因此用 Omgc 标注。

由程序运行结果和频率特性曲线可知,该设计结果在通阻带截止频率处能满足 $R_p \leqslant$ 1 dB、$A_s \geqslant 20$ dB 的设计指标要求,通带波动小,R_p 仅 0.273 dB。这个巴特沃斯低通滤波器的传递函数为

$$H_a(s) = \cfrac{1}{\left(\cfrac{s}{17\ 689}\right)^4 + 2.6131\left(\cfrac{s}{17\ 689}\right)^3 + 3.4142\left(\cfrac{s}{17\ 689}\right)^2 + 2.6131\left(\cfrac{s}{17\ 689}\right)^4 + 1}$$

令 $s_0 = \cfrac{s}{17\ 689}$,上式可以表示为

$$H_a(s) = \cfrac{1}{s_0^4 + 2.6131 s_0^3 + 3.4142 s_0^2 + 2.6131 s_0 + 1}$$

3. 切比雪夫 I 型滤波器原型的设计

切比雪夫 I 型滤波器在通带内具有等波动的幅频响应。

利用 MATLAB 提供的 cheb1ap 可以进行切比雪夫 I 型滤波器原型的设计,配合 cheb1ord 的使用,可以进行模拟或数字切比雪夫 I 型滤波器的设计。

例 18-3　进行切比雪夫 I 型滤波器原型的设计,获得任意阶数 N 的系统传递函数公式。

解　切比雪夫 I 型模拟滤波器原型的通用程序如下:

```
n＝input('N＝ ');                    %由使用者输入滤波器阶数 N
Rp＝input('Rp＝ ');                  %由使用者输入滤波器通带衰减指标
[z0, p0, k0]＝cheb1ap(n, Rp);        %计算 n 阶模拟低通原型,得到左半平面零
                                       极点
b0＝k0 * real(poly(z0));             %求滤波器系数 b0
a0＝real(poly(p0));                  %求滤波器系数 a0
```

```
freqs(b0, a0);                    %求系统的频率特性
Pb=poly2str(b0, 's')             %给出 b0 决定的关于 s 多项式
Pa=poly2str(a0, 's')             %给出 a0 决定的关于 s 多项式
```

与巴特沃斯不同的是，切比雪夫 I 型滤波器原型的设计除了要输入滤波器阶数 N 外，还要输入滤波器通带衰减指标 Rp。由上述程序执行结果，可以直接写出切比雪夫 I 型滤波器的传递函数公式。如 N=2，Rp=1 dB，则程序执行结果为

```
b0 = 0.9826
a0 = 1.0000    1.0977    1.1025
Pb = 0.98261
Pa = s^2+1.0977 s+1.1025
```

得传递函数公式为

$$H(s) = \frac{0.982\,61}{s_0^2 + 1.0977 s_0 + 1.1025}$$

将 N=1～5 的所有切比雪夫 I 型滤波器原型的幅频特性在同一图形窗上显示出来(如图 18-6)，可以看出系统阶数 N 越低，过渡带曲线越平缓；系统阶数 N 越高，过渡带曲线越陡峭，在通带区间呈波动状态。

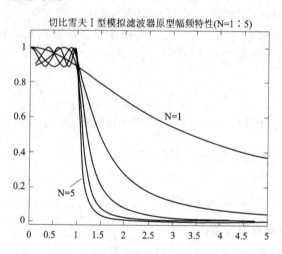

图 18-6 切比雪夫 I 型滤波器原型幅频特性

例 18-4 设计一个切比雪夫 I 型低通滤波器，技术指标要求同例 18-2，即通带 f_p=2 kHz，R_p≤1 dB，阻带 f_s=5 kHz，A_s≥20 dB。

解 程序如下：

```
fp=2000; Omgp=2 * pi * fp         %输入滤波器的通带截止频率
fs=5000; Omgs=2 * pi * fs         %输入滤波器的阻带截止频率
Rp=1; As=20;                      %输入滤波器的通阻带衰减指标
%计算滤波器的阶数和通带截止频率
[n, Omgn]=cheb1ord(Omgp, Omgs, Rp, As, 's')
%计算 n 阶模拟低通原型，得到左半平面零极点
[z0, p0, k0]=cheb1ap(n, Rp)
```

```
b0＝k0 * real(poly(z0))                   %求滤波器系数 b0
a0＝real(poly(p0))                        %求滤波器系数 a0
b1＝[zeros(1, length(a0)－length(b0)), b0]; %将 b0 左端补 0, 使其与 a0 等长
[sos, g]＝tf2sos(b1, a0)                  %由直接型转换为级联型
[H, Omg]＝freqs(b0, a0);                  %求系统的频率特性
dbH＝20 * log10((abs(H)＋eps)/max(abs(H)));       %求分贝值, 加 eps 以避
                                                   开 0 点
subplot(2, 2, 1), plot(Omg * Omgn/(2 * pi), abs(H)), grid
axis([0, 6000, 0, 1.1]);
ylabel('幅度'); xlabel('f(Hz)');
subplot(2, 2, 2), plot(Omg * Omgn/(2 * pi), angle(H)), grid
axis([0, 6000, －4, 4]);
ylabel('相位'); xlabel('f(Hz)');
subplot(2, 2, 3), plot(Omg * Omgn/(2 * pi), dbH), grid
axis([0, 6000, －50, 2]);
ylabel('幅度(dB)'); xlabel('f(Hz)');
subplot(2, 2, 4), plot(p0 * Omgn, 'x')   %显示系统极点分布图
axis square, axis equal, grid on         %使 X, Y 轴等比例显示
Omgx0＝[Omgp, Omgs]/Omgn;                 %设置频率向量
Hx＝freqs(b0, a0, Omgx0);                 %计算该两点的频率特性
dbHx＝－20 * log10(abs(Hx)/max(abs(H)))   %化为分贝值
```

程序运行结果如下:

```
Omgp =     1.2566e＋004
Omgs =     3.1416e＋004
n =        3
Omgn =     1.2566e＋004
z0 =       []
p0 =       －0.2471＋0.9660i
           －0.4942＋0.0000i
           －0.2471－0.9660i
k0 =       0.4913
b0 =       0.4913
a0 =       1.0000    0.9883    1.2384    0.4913
sos =      0         1.0000    0         1.0000    0.4942    0
           0         0         1.0000    1.0000    0.4942    0.9942
g =        0.4913
dbHx =     0.9996    28.9442
```

显示频率特性如图 18 - 7 所示。

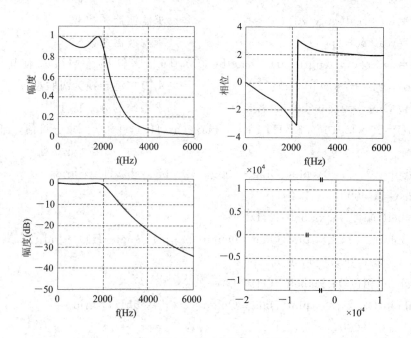

图 18-7　切比雪夫 I 型滤波器的频率特性和极点图

注意：该程序 cheb1ord 输出的频率为通带截止频率，而不是 3 dB 截止频率，因此用 Omgn 标注。由输出数据可见，Omgn＝Omgp＝12 566(rad/s)。

由程序运行结果和频率特性曲线可知，该设计结果在通阻带截止频率处能满足 $R_p \leqslant$ 1 dB、$A_s \geqslant 20$ dB 的设计指标要求，且阻带衰减高，达到 28.9442 dB 以上。该切比雪夫 I 型低通滤波器的传递函数为：

直接型：$H_a(s) = \dfrac{0.4913}{s_0^3 + 0.9883s_0^2 + 1.2384s_0 + 0.4913}$

级联型：$H_a(s) = \dfrac{0.4913s_0}{(s_0^2 + 0.4942s_0)(s_0^2 + 0.4942s_0 + 0.9942)}$

其中 $s_0 = \dfrac{s}{12\ 566}$。

4. 切比雪夫 II 型滤波器原型的设计

切比雪夫 II 型滤波器在阻带内具有等波动的幅频响应。

利用 MATLAB 提供的 cheb2ap 可以进行切比雪夫 II 型滤波器原型的设计，配合 cheb2ord 的使用，可以进行模拟或数字切比雪夫 II 型滤波器的设计。

例 18-5　进行切比雪夫 II 型滤波器原型的设计，获得任意阶数 N 的系统传递函数公式。

解　切比雪夫 II 型模拟滤波器原型的通用程序如下：

```
n＝input('N＝ ');            ％由使用者输入滤波器阶数 N
As＝input('As＝ ');          ％由使用者输入滤波器阻带衰减指标
[z0,p0,k0]＝cheb2ap(n,As);   ％计算 n 阶模拟低通原型，得到左半平面
                              零极点
b0＝k0 * real(poly(z0))      ％求滤波器系数 b0
```

```
a0 = real(poly(p0))              %求滤波器系数 a0
freqs(b0, a0);                   %求系统的频率特性
Pb = poly2str(b0, 's')           %给出 b0 决定的关于 s 多项式
Pa = poly2str(a0, 's')           %给出 a0 决定的关于 s 多项式
```

与巴特沃斯不同的是，切比雪夫Ⅱ型滤波器原型的设计除了要输入滤波器阶数 N 外，还要输入滤波器阻带衰减指标 A$_s$。由上述程序执行结果，可以直接写出切比雪夫Ⅱ型滤波器的传递函数公式。如 N＝2，As＝20dB，则程序执行结果为

```
b0 = 0.1000          0     0.2000
a0 = 1.0000     0.6000     0.2000
Pb = 0.1 s^2+0.2
Pa = s^2+0.6 s+0.2
```

得传递函数公式为

$$H(s)=\frac{0.1s_0^2+0.2}{s_0^2+0.6s_0+0.2}$$

将 N＝1～5 的所有切比雪夫Ⅱ型滤波器原型的幅频特性在同一图形窗上显示出来（如图 18-8 所示），可以看出系统阶数 N 越低，过渡带曲线越平缓；系统阶数 N 越高，过渡带曲线越陡峭，在阻带区间呈波动状态。

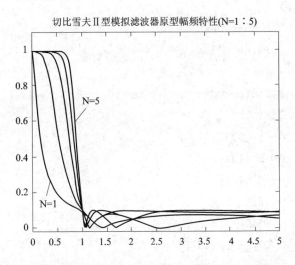

图 18-8 切比雪夫Ⅱ型滤波器原型幅频特性

例 18-6 设计一个切比雪夫Ⅱ型低通滤波器，技术指标要求按例 18-2，为观察切比雪夫Ⅱ型在阻带内的波动，将 A$_s$ 指标提高为 40 dB，即通带 f$_p$＝2 kHz，R$_p$≤1 dB，阻带 f$_s$＝5 kHz，A$_s$≥40 dB。

解 程序如下：

```
fp=2000；Omgp=2 * pi * fp        %输入滤波器的通带截止频率
fs=5000；Omgs=2 * pi * fs        %输入滤波器的阻带截止频率
Rp=1；As=40；                     %输入滤波器的通阻带衰减指标
%计算滤波器的阶数和阻带截止频率
[n, Omgn]=cheb2ord(Omgp, Omgs, Rp, As, 's')
```

```
%计算 n 阶模拟低通原型，得到左半平面零极点
[z0，p0，k0]=cheb2ap(n，As)
b0=k0 * real(poly(z0))                          %求滤波器系数 b0
a0=real(poly(p0))                               %求滤波器系数 a0
b1=[zeros(1，length(a0)−length(b0))，b0]；%将 b0 左端补 0，使其与 a0 等长
[sos，g]=tf2sos(b1，a0)                          %由直接型转换为级联型
[H，Omg]=freqs(b0，a0)；                         %求系统的频率特性
dbH=20 * log10((abs(H)+eps)/max(abs(H)))；      %化为分贝值
subplot(2，2，1)，plot(Omg * Omgn/(2 * pi)，abs(H))，grid
subplot(2，2，2)，plot(Omg * Omgn/(2 * pi)，angle(H))，grid
subplot(2，2，3)，plot(Omg * Omgn/(2 * pi)，dbH)，grid
subplot(2，2，4)，pzmap(b0，a0)；                 %显示系统的零极点分布
axis square，axis equal，grid on                %使 X，Y 轴等比例显示
Omgx0=[Omgp，Omgn，Omgs]/Omgn；                 %设置频率向量
Hx=freqs(b0，a0，Omgx0)；                        %计算该三点的频率特性
dbHx=−20 * log10(abs(Hx)/max(abs(H)))           %化为分贝值
```

程序运行结果如下：

```
Omgp =    1.2566e+004
Omgs =    3.1416e+004
n =       4
Omgn =    2.9387e+004
z0 =      0+1.0824i
          0−1.0824i
          0+2.6131i
          0−2.6131i
p0 =      −0.1712−0.4761i
          −0.5045−0.2408i
          −0.5045+0.2408i
          −0.1712+0.4761i
k0 =      0.0100
b0 =      0.0100        0    0.0800        0    0.0800
a0 =      1.0000   1.3514   0.9139   0.3653   0.0800
sos =     1.0000        0   6.8284   1.0000   0.3423   0.2560
          1.0000        0   1.1716   1.0000   1.0091   0.3125
g =       0.0100
dbHx =    1.0000   40.0000   58.0571
```

显示频率特性如图 18-9 所示。

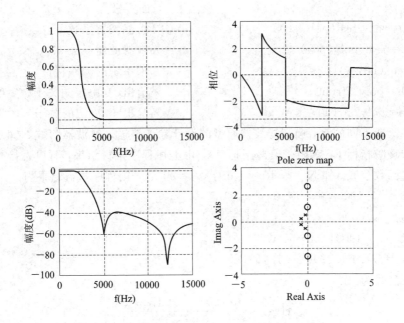

图 18 - 9　切比雪夫 II 型滤波器的频率特性和零极点图

　　注意，该程序 cheb2ord 输出的频率为阻带截止频率，因此用 Omgn 标注。但输出数据 Omgn 与 Omgs 不同，原因在于 Omgn 对应 $A_s = 40$ dB 时的频率，Omgs 则对应 $a_s = 58.071$ dB。

　　由程序运行结果和频率特性曲线可知，该设计结果在通阻带截止频率处能满足 $R_p \leqslant 1$ dB、$A_s \geqslant 40$ dB 的设计指标要求，且阻带衰减高，达到 58.0571 dB 以上。该切比雪夫 II 型低通滤波器的传递函数为：

$$直接型：H_a(s) = \frac{0.01(s_0^4 + 8s_0^2 + 8)}{s_0^4 + 1.3514s_0^3 + 0.9139s_0^2 + 0.3653s_0 + 0.08}$$

$$级联型：H_a(s) = \frac{0.01(s_0^2 + 6.8284)(s_0^2 + 1.1716)}{(s_0^2 + 0.3423s_0 + 0.256)(s_0^2 + 1.0091s_0 + 0.3125)}$$

其中 $s_0 = \dfrac{s}{29\,387}$。

5. 椭圆滤波器原型的设计

椭圆滤波器在通带与阻带内均具有等波动的幅频响应。

利用 MATLAB 提供的 ellipap 可以进行椭圆滤波器原型的设计，配合 ellipord 的使用，可以进行模拟或数字椭圆滤波器的设计。

例 18 - 7　进行椭圆滤波器原型的设计，获得任意阶数 N 的系统传递函数公式。

解　椭圆模拟滤波器原型的通用程序如下：

```
n＝input('N＝ ');                 %由使用者输入滤波器阶数 N
Rp＝input('Rp＝ ');               %由使用者输入滤波器通带衰减指标
As＝input('As＝ ');               %由使用者输入滤波器阻带衰减指标
[z0, p0, k0]＝ellipap(n, Rp, As);  %计算 n 阶模拟低通原型，得到左半平
```

面零极点

b0＝k0 * real(poly(z0))	％求滤波器系数 b0
a0＝real(poly(p0))	％求滤波器系数 a0
freqs(b0，a0)；	％求系统的频率特性
Pb＝poly2str(b0，′s′)	％给出 b0 决定的关于 s 多项式
Pa＝poly2str(a0，′s′)	％给出 a0 决定的关于 s 多项式

与巴特沃斯不同的是，椭圆滤波器原型的设计除了要输入滤波器阶数 N 外，还要输入滤波器通带衰减指标 Rp 和阻带衰减指标 As。由上述程序执行结果，可以直接写出椭圆滤波器的传递函数公式。如 N＝2，Rp＝1 dB，As＝20 dB，则程序执行结果为

b0 ＝ 0.1000   0   1.0277

a0 ＝ 1.0000   1.0296   1.1531

Pb ＝ 0.10001 s^2+1.0277

Pa ＝ s^2+1.0296 s+1.1531

得传递函数公式为

$$H(s)=\frac{0.100\ 01s_0^2+1.0277}{s_0^2+1.0296s_0+1.1531}$$

将 N＝1～5 的所有椭圆滤波器原型的幅频特性在同一图形窗上显示出来（如图18-10所示），可以看出系统阶数 N 越低，过渡带曲线越平缓；系统阶数 N 越高，过渡带曲线越陡峭，在通带和阻带区间均呈波动状态。

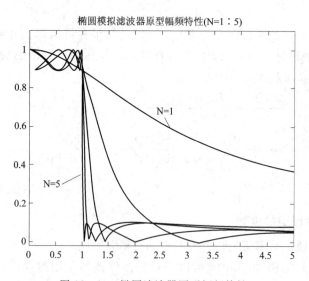

图 18-10　椭圆滤波器原型幅频特性

例 18-8　设计一个椭圆低通滤波器，技术指标要求按例 18-2，为观察椭圆型在通阻带内的波动，将 R_p、A_s 指标改变，即通带 f_p＝2 kHz，R_p≤2 dB，阻带 f_s＝5 kHz，A_s≥50 dB。

解　程序如下：

fp＝2000；Omgp＝2 * pi * fp	％输入滤波器的通带截止频率
fs＝5000；Omgs＝2 * pi * fs	％输入滤波器的阻带截止频率

Rp＝2；As＝50；   ％输入滤波器的通阻带衰减指标

％计算滤波器的阶数和通带截止频率

[n，Omgn]＝ellipord(Omgp，Omgs，Rp，As，'s')

％计算 n 阶模拟低通原型，得到左半平面零极点

[z0，p0，k0]＝ellipap(n，Rp，As)

b0＝k0 * real(poly(z0))   ％求原型滤波器系数 b

a0＝real(poly(p0))   ％求原型滤波器系数 a

b1＝[zeros(1，length(a0)－length(b0))，b0]；％将 b0 左端补 0，使其与 a0 等长

[sos，g]＝tf2sos(b1，a0)   ％由直接型转换为级联型

[H，Omg]＝freqs(b0，a0)；   ％求系统的频率特性

dbH＝20 * log10((abs(H)＋eps)/max(abs(H)))；   ％化为分贝值

subplot(2，2，1)，plot(Omg * Omgn/(2 * pi)，abs(H))，grid

subplot(2，2，2)，plot(Omg * Omgn/(2 * pi)，angle(H))，grid

subplot(2，2，3)，plot(Omg * Omgn/(2 * pi)，dbH)，grid

subplot(2，2，4)，pzmap(b0，a0)；   ％显示系统的零极点分布

axis square，axis equal，grid on

Omgx0＝[Omgp，Omgs]/Omgn；   ％设置频率向量

Hx＝freqs(b0，a0，Omgx0)；   ％计算该两点的频率特性

dbHx＝－20 * log10(abs(Hx)/max(abs(H)))   ％化为分贝值

程序运行结果如下：

Omgp ＝   1.2566e＋004

Omgs ＝   3.1416e＋004

n ＝   4

Omgn ＝   1.2566e＋004

z0 ＝   0－4.2225i

           0＋4.2225i

           0－1.8718i

           0＋1.8718i

p0 ＝   －0.2673－0.4381i

         －0.2673＋0.4381i

         －0.0879－0.9678i

         －0.0879＋0.9678i

k0 ＝   0.0032

b0 ＝   0.0032   0   0.0675   0   0.1976

a0 ＝   1.0000   0.7104   1.3017   0.5512   0.2487

sos ＝   1.0000   0   17.8293   1.0000   0.5347   0.2634

           1.0000   0   3.5037   1.0000   0.1757   0.9444

g ＝   0.0032

dbHx ＝   1.9994   50.2292

显示频率特性如图 18 - 11 所示。

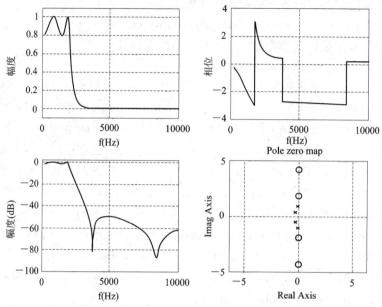

图 18 - 11   椭圆滤波器的频率特性和零极点图

注意,该程序 ellipord 输出的频率为通带截止频率,而不是 3 dB 截止频率,因此用 Omgn 标注。由输出数据可见,Omgn＝Omgp＝12 566(rad/s)。

由程序运行结果和频率特性曲线可知,该设计结果在通阻带截止频率处能满足 $R_p \leqslant$ 2 dB、$A_s \geqslant 50$ dB 的设计指标要求。该系统的传递函数为:

直接型:$H_a(s)=\dfrac{0.0032s_0^4+0.0675s_0^2+0.1976}{s_0^4+0.7104s_0^3+1.3017s_0^2+0.5512s_0+0.2487}$

级联型:$H_a(s)=\dfrac{0.0032(s_0^2+17.8293)(s_0^2+3.5037)}{(s_0^2+0.5347s_0+0.2634)(s_0^2+0.1757s_0+0.9444)}$

其中 $s_0=\dfrac{s}{12\ 566}$。

四、实验任务

(1) 阅读并输入实验原理中介绍的例题程序,观察输出的数据和图形,结合基本原理理解每一条语句的含义。

(2) 设计一个模拟原型低通滤波器,通带截止频率 $f_p＝6$ kHz,通带最大衰减 $R_p \leqslant$ 1 dB,阻带截止频率 $f_s＝15$ kHz,阻带最小衰减 $A_s \geqslant 30$ dB。要求:分别实现符合以上指标的巴特沃斯滤波器、切比雪夫 I 型滤波器、切比雪夫 II 型滤波器和椭圆滤波器,绘制幅频特性和相频特性曲线、零极点分布图,并列写出传递函数表示式。

五、实验预习

(1) 认真阅读实验原理,明确本次实验任务,读懂例题程序,了解实验方法。
(2) 根据实验任务预先编写实验程序。

（3）预习思考题：什么是模拟滤波器？模拟滤波器是如何分类的？什么是模拟原型滤波器？

六、实验报告

（1）列写调试通过的实验程序，打印或描绘实验程序产生的曲线图形。

（2）思考题：

① 回答实验预习思考题。

② 试归纳各类模拟滤波器幅频特性曲线的基本特点。

实验 19　模拟域频率变换法

一、实验目的

（1）加深对模拟域频率变换法的了解。

（2）掌握使用模拟低通滤波器原型进行频率变换及设计低通、高通、带通、带阻滤波器的方法。

（3）了解 MATLAB 有关模拟域频率变换的子函数及其使用方法。

二、实验涉及的 MATLAB 子函数

1. lp2lp

功能：低通到低通模拟滤波器变换。这种变换是使用 butter、cheby1、cheby2、ellip 函数设计数字低通滤波器的一个步骤。

调用格式：

[bt, at]=lp2lp(b, a, W0)；将传递函数表示的截止频率为 1 rad/s 的模拟低通滤波器原型变换成截止频率为 W0 的低通滤波器。

[At, Bt, Ct, Dt]= lp2lp (A, B, C, D, W0)；将连续状态方程表示的低通滤波器原型变换成截止频率为 W0 的低通滤波器。

2. lp2hp

功能：低通到高通模拟滤波器变换。这种变换是使用 butter、cheby1、cheby2、ellip 函数设计数字高通滤波器的一个步骤。

调用格式：

[bt, at]=lp2hp(b, a, W0)；将传递函数表示的截止频率为 1 rad/s 的模拟低通滤波器原型变换成截止频率为 W0 的高通滤波器。

[At, Bt, Ct, Dt]= lp2hp (A, B, C, D, W0)；将连续状态方程表示的低通滤波器原型变换成截止频率为 W0 的高通滤波器。

3. lp2bp

功能：低通到带通模拟滤波器变换。这种变换是使用 butter、cheby1、cheby2、ellip 函数设计数字带通滤波器的一个步骤。

调用格式：

[bt, at]=lp2bp(b, a, W0, BW)；将传递函数表示的截止频率为 1 rad/s 的模拟低通滤波器原型变换成中心频率为 W0、带宽为 BW 的带通滤波器。

[At, Bt, Ct, Dt]= lp2bp(A, B, C, D, W0, BW)；将连续状态方程表示的低通滤波器原型变换成中心频率为 W0、带宽为 BW 的带通滤波器。

如果已知被设计的滤波器低端截止频率为 W1，高端截止频率为 W2，则可以计算出 W0 和 BW：

W0＝sqrt(W1 * W2)；BW＝W2－W1；

4. lp2bs

功能：低通到带阻模拟滤波器变换。这种变换是使用 butter、cheby1、cheby2、ellip 函数设计数字带阻滤波器的一个步骤。

调用格式：

[bt，at]＝lp2bs(b，a，W0，BW)；将传递函数表示的截止频率为 1 rad/s 的模拟低通滤波器原型变换成中心频率为 W0、带宽为 BW 的带阻滤波器。

[At，Bt，Ct，Dt]＝ lp2bs (A，B，C，D，W0，BW)；将连续状态方程表示的低通滤波器原型变换成中心频率为 W0、带宽为 BW 的带阻滤波器。

如果已知被设计的滤波器低端截止频率为 W1，高端截止频率为 W2，则可以计算出 W0 和 BW：

W0＝sqrt(W1 * W2)；BW＝W2－W1；

5. set

功能：设置图形对象属性。（本实验仅介绍设置坐标刻度的功能。）

调用格式：

set(gca，'Xtick'，xs，'Ytick'，ys)；二维坐标刻度设置。

set(gca，'Xtick'，xs，'Ytick'，ys，'Ztick'，zs)；三维坐标刻度设置。

xs，ys，zs 可以是任何合法的实数向量，分别决定了 x，y，z 轴的刻度。

三、实验原理

1. 模拟域频率变换法

IIR 数字滤波器的设计，通常采用模拟域频率变换法和数字域频率变换法来实现。本实验以模拟域频率变换法为主，介绍 MATLAB 语言辅助设计的方法。

模拟域频率变换法的基本设计思想是：先进行频率变换，后进行数字化变换。即在模拟低通滤波器原型设计好以后，通过频率变换，将模拟低通滤波器原型变换成实际的模拟低通、高通、带通、带阻滤波器。再通过相应的变换方法，将模拟滤波器变换成数字滤波器。

依靠 MATLAB 提供的相应子函数，采用模拟域频率变换法进行 IIR 数字滤波器设计的具体步骤如图 19－1 所示。从图中我们可以明确本实验要学习的模拟域频率变换在 IIR 数字滤波器的设计中所处的位置。

2. 由模拟滤波器原型设计模拟低通滤波器

MATLAB 提供的 lp2lp 子函数可用于模拟滤波器原型到实际的模拟低通滤波器的转换。

例 19－1　用频率变换法设计一个巴特沃斯模拟低通滤波器，要求（同例 18－2）：通带截止频率 f_p＝2 kHz，通带最大衰减 R_p≤1 dB，阻带截止频率 f_s＝5 kHz，阻带最小衰减 A_s≥20 dB。

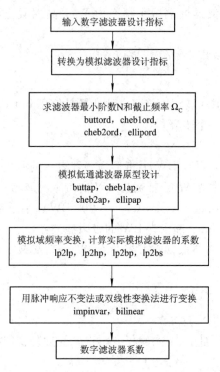

图 19-1　模拟域频率变换法设计 IIR 数字滤波器

解　编写程序如下：

```
fp＝2000；Omgp＝2 * pi * fp;                    %输入实际滤波器的通带截止频率
fs＝5000；Omgs＝2 * pi * fs;                    %输入实际滤波器的阻带截止频率
Rp＝1；As＝20;                                  %输入滤波器的通阻带衰减指标
%计算滤波器的阶数和 3 dB 截止频率
[n, Omgc]＝buttord(Omgp, Omgs, Rp, As, 's')
%计算 n 阶模拟低通原型，得到左半平面零极点
[z0, p0, k0]＝buttap(n);
b0＝k0 * real(poly(z0))                         %求归一化的滤波器系数 b0
a0＝real(poly(p0))                              %求归一化的滤波器系数 a0
[H, Omg0]＝freqs(b0, a0);                       %求归一化的滤波器频率特性
dbH＝20 * log10((abs(H)＋eps)/max(abs(H)));    %幅度化为分贝值
%变换为实际模拟低通滤波器
[ba, aa]＝lp2lp(b0, a0, Omgc);                 %从归一化低通变换到实际低通
[Ha, Omga]＝freqs(ba, aa);                      %求实际系统的频率特性
dbHa＝20 * log10((abs(Ha)＋eps)/max(abs(Ha)));  %幅度化为分贝值
%为作图准备数据
Omg0p＝fp/Omgc;                                 %通带截止频率归一化
Omg0c＝Omgc/2/pi/Omgc;                          %3 dB 截止频率归一化
Omg0s＝fs/Omgc;                                 %阻带截止频率归一化
```

fc＝floor(Omgc/2/pi)；　　　　　　　　　　　　%3 dB 截止频率

%归一化模拟低通原型频率特性作图

subplot(2，2，1)，plot(Omg0/2/pi，dbH)；

axis([0，1，−50，1])；title('归一化模拟低通原型幅度')；

ylabel('dB')；

set(gca，'Xtick'，[0，Omg0p，Omg0c，Omg0s，1])；

set(gca，'Ytick'，[−50，−20，−3，−1])；grid

subplot(2，2，2)，plot(Omg0/2/pi，angle(H)/pi ∗ 180)；

axis([0，1，−200，200])；title('归一化模拟低通原型相位')；

ylabel('\phi')；

set(gca，'Xtick'，[0，Omg0p，Omg0c，Omg0s，1])；

set(gca，'Ytick'，[−180，−120，0，90，180])；grid

%实际模拟低通频率特性作图

subplot(2，2，3)，plot(Omga/2/pi，dbHa)；

axis([0，2 ∗ fs，−50，1])；title('实际模拟低通幅度')；

ylabel('dB')；xlabel('频率(Hz)')；

set(gca，'Xtick'，[0，fp，fc，fs，2 ∗ fs])；

set(gca，'Ytick'，[−50，−20，−3，−1])；grid

subplot(2，2，4)，plot(Omga/2/pi，angle(Ha)/pi ∗ 180)；

axis([0，2 ∗ fs，−200，200])；title('实际模拟低通相位')；

set(gca，'Xtick'，[0，fp，fc，fs，2 ∗ fs])；

set(gca，'Ytick'，[−180，−120，0，90，180])；grid

ylabel('\phi')；xlabel('频率(Hz)')；

　　程序运行后，将显示如图 19－2 所示的频率特性。由归一化低通原型滤波器的频率特性及经频率变换求得的实际滤波器频率特性可以看出，归一化低通原型和实际滤波器频率

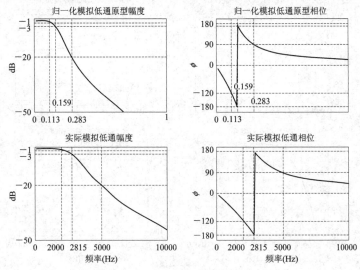

图 19－2　归一化低通原型滤波器和频率变换求得的实际滤波器频率特性

特性是一致的。由频率特性曲线可知，该设计结果在通阻带截止频率处能满足 $R_p \leqslant 1$ dB、$A_s \geqslant 20$ dB 的设计指标要求。

3. 由模拟滤波器原型设计模拟高通滤波器

MATLAB 提供的 lp2hp 子函数可用于模拟滤波器原型到模拟高通滤波器的转换。

例 19-2 用频率变换法设计一个巴特沃斯模拟高通滤波器，要求通带截止频率 $f_p =$ 5 kHz，通带最大衰减 $R_p \leqslant 1$ dB，阻带截止频率 $f_s = 2$ kHz，阻带最小衰减 $A_s \geqslant 20$ dB。

解 程序编写如下：

```
fp=5000; Omgp=2 * pi * fp;              %输入高通滤波器的通带截止频率
fs=2000; Omgs=2 * pi * fs;              %输入高通滤波器的阻带截止频率
Rp=1; As=20;                            %输入滤波器的通阻带衰减指标
%计算滤波器的阶数和 3 dB 截止频率
[n, Omgc]=buttord(Omgp, Omgs, Rp, As, 's')
%计算 n 阶模拟低通原型，得到左半平面零极点
[z0, p0, k0]=buttap(n);
b0=k0 * real(poly(z0))                  %求归一化的滤波器系数 b0
a0=real(poly(p0))                       %求归一化的滤波器系数 a0
[H, Omg0]=freqs(b0, a0);                %求归一化的滤波器频率特性
dbH=20 * log10((abs(H)+eps)/max(abs(H)));   %幅度化为分贝值
%变换为实际模拟高通滤波器
[ba, aa]=lp2hp(b0, a0, Omgc);           %从归一化低通变换到实际高通
[Ha, Omga]=freqs(ba, aa);               %求实际系统的频率特性
dbHa=20 * log10(abs(Ha)/max(abs(Ha)));  %幅度化为分贝值
```

程序作图部分省略，运行后将显示如图 19-3 所示的频率特性。由归一化低通原型滤波器的频率特性及经频率变换得的模拟高通滤波器频率特性可以看出，归一化低通原型

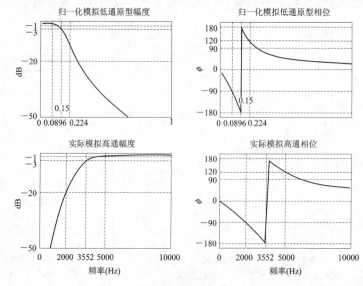

图 19-3 归一化低通滤波器原型和频率变换求得的模拟高通滤波器频率特性

和实际高通滤波器频率特性图形是相反的。由频率特性曲线可知，该设计结果在通阻带截止频率处能满足 $R_p \leqslant 1$ dB、$A_s \geqslant 20$ dB 的设计指标要求。

4. 由模拟滤波器原型设计模拟带通滤波器

由模拟低通滤波器原型设计实际的模拟带通滤波器，需要计算滤波器通带宽度和中心频率，通带宽度 $B = \Omega_{P2} - \Omega_{P1}$，中心频率 $\Omega_0 = \sqrt{\Omega_{P1} \Omega_{P2}}$。MATLAB 提供的 lp2bp 子函数可用于模拟滤波器原型到模拟带通滤波器的转换。

例 19 - 3　用频率变换法设计一个切比雪夫 I 型模拟带通滤波器，要求通带截止频率 $f_{p1} = 3$ kHz，$f_{p2} = 5$ kHz，通带最大衰减 $R_p \leqslant 1$ dB；下阻带截止频率 $f_{s1} = 2$ kHz，上阻带截止频率 $f_{s2} = 6$ kHz，阻带最小衰减 $A_s \geqslant 30$ dB。

解　程序如下：

```
fp1＝3；Op1＝2＊pi＊fp1；            ％输入带通滤波器的通带截止频率
fp2＝5；Op2＝2＊pi＊fp2；Omgp＝[Op1，Op2]；
fs1＝2；Os1＝2＊pi＊fs1；            ％输入带通滤波器的阻带截止频率
fs2＝6；Os2＝2＊pi＊fs2；Omgs＝[Os1，Os2]；
bw＝Op2－Op1；w0＝sqrt(Op1＊Op2)；   ％求通带宽度和中心频率
Rp＝1；As＝30；                     ％输入滤波器的通阻带衰减指标
％计算滤波器的阶数和截止频率
[n，Omgc]＝cheb1ord(Omgp，Omgs，Rp，As，'s')
％计算 n 阶模拟低通原型，得到左半平面零极点
[z0，p0，k0]＝cheb1ap(n，Rp)；
b0＝k0＊real(poly(z0))             ％求归一化的滤波器系数 b0
a0＝real(poly(p0))                ％求归一化的滤波器系数 a0
[H，Omg0]＝freqs(b0，a0)；          ％求归一化的滤波器频率特性
dbH＝20＊log10((abs(H)＋eps)/max(abs(H)))；  ％幅度化为分贝值
％变换为实际模拟带通滤波器
[ba，aa]＝lp2bp(b0，a0，w0，bw)；    ％从归一化低通变换到模拟带通
[Ha，Omga]＝freqs(ba，aa)；         ％求实际带通滤波器的频率特性
dbHa＝20＊log10(abs(Ha)/max(abs(Ha)))；      ％幅度化为分贝值
```

程序作图部分省略，运行后将显示如图 19 - 4 所示的频率特性。由归一化低通原型滤波器的频率特性和经频率变换求得的模拟带通滤波器频率特性可以看出，模拟带通滤波器频率特性是将低通频率特性关于中心频率对称构成。由模拟带通滤波器频率特性曲线可知，该设计结果在通阻带截止频率处能满足 $R_p \leqslant 1$ dB、$A_s \geqslant 30$ dB 的设计指标要求。

5. 由模拟滤波器原型设计模拟带阻滤波器

由模拟低通滤波器原型设计实际的模拟带阻滤波器，需要计算滤波器阻带宽度和中心频率，阻带宽度 $B = \Omega_{P2} - \Omega_{P1}$，中心频率 $\Omega_0 = \sqrt{\Omega_{P1} \Omega_{P2}}$。MATLAB 提供的 lp2bs 子函数可用于模拟滤波器原型到模拟带阻滤波器的转换。

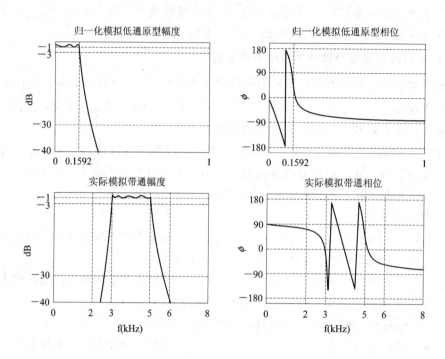

图 19 - 4   归一化低通滤波器原型和频率变换求得的模拟带通滤波器频率特性

例 19 - 4   用频率变换法设计一个椭圆模拟带阻滤波器，要求下通带截止频率 $f_{p1}=2$ kHz，上通带截止频率 $f_{p2}=6$ kHz，通带最大衰减 $R_p \leqslant 1$ dB；阻带下截止频率 $f_{s1}=3$ kHz，阻带上截止频率 $f_{s2}=5$ kHz，阻带最小衰减 $A_s \geqslant 30$ dB。

解   程序如下：

```
fp1=2; Op1=2 * pi * fp1;                %输入带阻滤波器的通带截止频率
fp2=6; Op2=2 * pi * fp2;
fs1=3; Os1=2 * pi * fs1;                %输入带阻滤波器的阻带截止频率
fs2=5; Os2=2 * pi * fs2;
Omgp=[Op1, Op2]; Omgs=[Os1, Os2];
bw=Op2-Op1; w0=sqrt(Op1 * Op2);        %求阻带宽度和中心频率
Rp=1; As=30;                            %输入滤波器的通阻带衰减指标
%计算滤波器的阶数和 3 dB 截止频率
[n, Omgc]=ellipord(Omgp, Omgs, Rp, As, 's')
%计算 n 阶模拟低通原型，得到左半平面零极点
[z0, p0, k0]=ellipap(n, Rp, As);
b0=k0 * real(poly(z0))                  %求归一化的滤波器系数 b0
a0=real(poly(p0))                       %求归一化的滤波器系数 a0
[H, Omg0]=freqs(b0, a0);                %求归一化的滤波器频率特性
dbH=20 * log10((abs(H)+eps)/max(abs(H)));   %幅度化为分贝值
%变换为实际模拟带阻滤波器
[ba, aa]=lp2bs(b0, a0, w0, bw);         %从归一化低通变换到模拟带阻
```

　　　　[Ha，Omga]＝freqs(ba，aa)；　　　　　　　　％求实际带阻滤波器的频率特性
　　　　dbHa＝20＊log10(abs(Ha)/max(abs(Ha)))；％幅度化为分贝值

　　程序作图部分省略，运行后将显示如图 19－5 所示的频率特性，可以看出模拟带阻滤波器频率特性和归一化低通原型滤波器频率特性的关系。由模拟带阻滤波器频率特性曲线可知，该设计结果在通阻带截止频率处基本能满足 $R_p \leqslant 1$ dB、$A_s \geqslant 30$ dB 的设计指标要求。

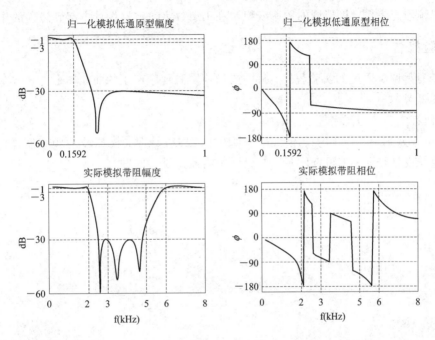

图 19－5　归一化低通滤波器原型和频率变换求得的模拟带阻滤波器频率特性

四、实验任务

　　(1) 阅读并输入实验原理中介绍的例题程序，观察输出的数据和图形，结合基本原理理解每一条语句的含义。

　　(2) 用频率变换法设计一个切比雪夫Ⅱ型模拟低通滤波器，要求通带截止频率 $f_p =$ 3.5 kHz，通带最大衰减 $R_p \leqslant 1$ dB，阻带截止频率 $f_s = 6$ kHz，阻带最小衰减 $A_s \geqslant 40$ dB。绘制归一化的模拟滤波器原型和实际的模拟低通滤波器的频率特性。

　　(3) 用频率变换法设计一个切比雪夫Ⅱ型模拟高通滤波器，要求通带截止频率 $f_p =$ 6 kHz，通带最大衰减 $R_p \leqslant 1$ dB，阻带截止频率 $f_s = 3.5$ kHz，阻带最小衰减 $A_s \geqslant 40$ dB。绘制归一化的模拟滤波器原型和实际的模拟高通滤波器的频率特性。

　　(4) 用频率变换法设计一个椭圆模拟带通滤波器，要求通带截止频率 $f_{p1} = 3.5$ kHz，$f_{p2} = 5.5$ kHz，通带最大衰减 $R_p \leqslant 1$ dB；阻带下截止频率 $f_{s1} = 3$ kHz，阻带上截止频率 $f_{s2} = 6$ kHz，阻带最小衰减 $A_s \geqslant 40$ dB。绘制归一化的模拟滤波器原型和实际的模拟带通滤波器的频率特性。

　　(5) 用频率变换法设计一个切比雪夫Ⅰ型模拟带阻滤波器，要求下通带截止频率 $f_{p1} =$ 3 kHz，上通带截止频率 $f_{p2} = 7$ kHz，通带最大衰减 $R_p \leqslant 1$ dB；阻带下截止频率 $f_{s1} =$

4 kHz，阻带上截止频率 $f_{s2} = 6$ kHz，阻带最小衰减 $A_s \geqslant 35$ dB。绘制归一化的模拟滤波器原型和实际的模拟带阻滤波器的频率特性。

五、实验预习

(1) 认真阅读实验原理，明确本次实验任务，读懂例题程序，了解实验方法。

(2) 根据实验任务预先编写实验程序。

(3) 预习思考题：模拟域的频率变换法在 IIR 数字滤波器设计中起到怎样的作用？

六、实验报告

(1) 列写调试通过的实验程序，打印或描绘实验程序产生的曲线图形。

(2) 思考题：

① 回答实验预习思考题。

② 用 MATLAB 提供的子函数进行 IIR 滤波器设计时，模拟域的频率变换法设计低通、高通与设计带通、带阻有何不同？设计中需注意哪些问题？

实验 20　用脉冲响应不变法设计 IIR 数字滤波器

一、实验目的

(1) 加深对脉冲响应不变法设计 IIR 数字滤波器基本方法的了解。

(2) 掌握使用模拟滤波器原型进行脉冲响应变换的方法。

(3) 了解 MATLAB 有关脉冲响应变换的子函数。

二、实验涉及的 MATLAB 子函数

impinvar

功能：用脉冲响应不变法实现模拟到数字的滤波器变换。

调用格式：

[bd, ad]＝ impinvar(b, a, Fs)；将模拟滤波器系数 b、a 变换成数字的滤波器系数 bd、ad，两者的冲激响应不变。

[bd, ad]＝ impinvar(b, a)；采用 Fs 的缺省值 1 Hz。

三、实验原理

1. 脉冲响应不变法的基本知识

脉冲响应不变法又称为冲激响应不变法，是将系统从 s 平面到 z 平面的一种映射方法，使数字滤波器的单位脉冲响应序列 h(n) 模仿模拟滤波器的冲激响应 $h_a(n)$。其变换关系式为 $z＝e^{sT}$。

由于 e^{sT} 是一个周期函数，因而 s 平面虚轴上每一段 $2\pi/T$ 的线段都映射到 z 平面单位圆上一周。由于重叠映射，因而冲激响应不变法是一种多值映射关系。数字滤波器的频率响应是原模拟滤波器的频率响应的周期延拓（如图 20－1 所示）。只有当模拟滤波器的频率响应是有限带宽的，且频带宽度 $|\Omega| \leqslant \dfrac{\pi}{T} = \dfrac{\Omega_s}{2}$，才能避免数字滤波器的频率响应发生混叠的现象。由于脉冲响应不变法只适用于限带的模拟滤波器，因此，在高频区幅频特性不等于零的高通和带阻滤波器不能采用脉冲响应不变法。

用 MATLAB 冲激响应不变法进行 IIR 数字滤波器设计的步骤如下（参见图 19－1）：

(1) 输入给定的数字滤波器设计指标；

(2) 根据公式 $\Omega＝\omega/T$，将数字滤波器指标转换成模拟滤波器设计指标；

(3) 确定模拟滤波器的最小阶数和截止频率；

(4) 计算模拟低通原型滤波器的系统传递函数；

(5) 利用模拟域频率变换法，求解实际模拟滤波器的系统传递函数；

（6）用脉冲响应不变法将模拟滤波器转换为数字滤波器。

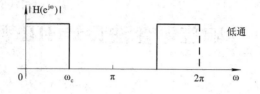

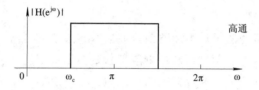

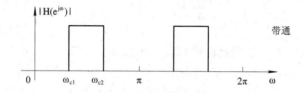

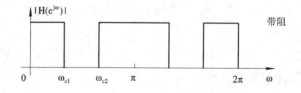

图 20-1 数字滤波器的幅频响应

2. 用脉冲响应不变法设计 IIR 数字低通滤波器

例 20-1 采用脉冲响应不变法设计一个巴特沃斯数字低通滤波器，要求：$\omega_p = 0.25\pi$，$R_p = 1$ dB；$\omega_s = 0.4\pi$，$A_s = 15$ dB，滤波器采样频率 $F_s = 2000$ Hz。

解 编写程序如下：

```
%数字滤波器指标
wp=0.25 * pi;                        %滤波器的通带截止频率
ws=0.4 * pi;                         %滤波器的阻带截止频率
Rp=1；As=15；                         %输入滤波器的通阻带衰减指标
ripple=10^(-Rp/20);                  %计算通带衰减对应的幅度值
Attn=10^(-As/20);                    %计算阻带衰减对应的幅度值
%转换为模拟滤波器指标
Fs=2000；T=1/Fs；
Omgp=wp * Fs；Omgs=ws * Fs；
%模拟原型滤波器计算
```

```
［n，Omgc］＝buttord（Omgp，Omgs，Rp，As，′s′）　％计算阶数 n 和截止频率
［z0，p0，k0］＝buttap（n）；　　　　　　　　％设计归一化的巴特沃斯模拟原型滤波器
ba1＝k0 ∗ real（poly（z0））；　　　　　　％求原型滤波器系数 b
aa1＝real（poly（p0））；　　　　　　　　％求原型滤波器系数 a
［ba，aa］＝lp2lp（ba1，aa1，Omgc）；％变换为模拟低通滤波器
％用脉冲响应不变法计算数字滤波器系数
［bd，ad］＝impinvar（ba，aa，Fs）
［C，B，A］＝dir2par（bd，ad）　　　　　％转换成并联型
％求数字系统的频率特性
［H，w］＝freqz（bd，ad）；
dbH＝20 ∗ log10（（abs（H）＋eps）/max（abs（H）））；　　％化为分贝值
subplot（2，2，1），plot（w/pi，abs（H））；
subplot（2，2，2），plot（w/pi，angle（H）/pi）；
subplot（2，2，3），plot（w/pi，dbH）；
subplot（2，2，4），zplane（bd，ad）；
```

程序结果如下：

```
n ＝　　6
Omgc ＝ 1.8897e＋003
bd ＝－0.0000　　0.0031　0.0419　　0.0569　0.0125　　0.0003
ad ＝　1.0000　－2.5418　3.1813　－2.3124　1.0072　－0.2457　0.0260
C ＝　　［］
B ＝　　2.4935　－0.5514
　　　　－2.8792　　1.1587
　　　　　0.3857　－0.5987
A ＝　　1.0000　－0.7790　0.1612
　　　　1.0000　－0.8049　0.2628
　　　　1.0000　－0.9579　0.6132
```

频率特性如图 20 - 2 所示。

由频率特性曲线可知，该设计结果在通阻带截止频率处能满足 $R_p \leqslant 1\ dB$、$A_s \geqslant 15\ dB$ 的设计指标要求，且系统的极点全部在单位圆内，是一个稳定的系统。这个巴特沃斯数字低通滤波器的传递函数为：

直接型：

$$H(z)=\frac{0.031z^{-1}+0.0419z^{-2}+0.0569z^{-3}+0.0125z^{-4}+0.0003z^{-5}}{1-2.5418z^{-1}+3.1813z^{-2}-2.3124z^{-3}+1.0072z^{-4}-0.2457z^{-5}+0.026z^{-6}}$$

并联型：

$$H(z)=\frac{2.4935-0.5514z^{-1}}{1-0.779z^{-1}+0.1612z^{-2}}+\frac{-2.8792+1.1587z^{-1}}{1-0.8049z^{-1}+0.2628z^{-2}}+\frac{0.3857-0.5987z^{-1}}{1-0.9579z^{-1}+0.6132z^{-2}}$$

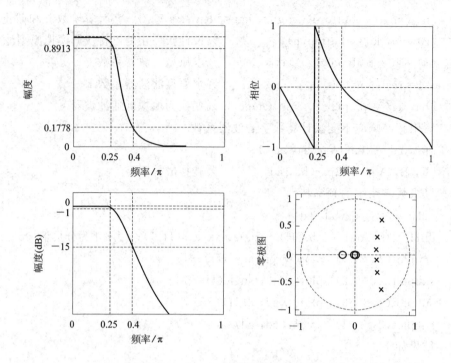

图 20-2   用脉冲响应不变法设计的数字低通滤波器的频率特性和零极图

3. 用脉冲响应不变法设计 IIR 数字带通滤波器

例 20-2   采用脉冲响应不变法设计一个切比雪夫 I 型数字带通滤波器,要求:通带 $\omega_{p1}=0.3\pi$, $\omega_{p2}=0.7\pi$, $R_p=1$ dB;阻带 $\omega_{s1}=0.1\pi$, $\omega_{s2}=0.9\pi$, $A_s=15$ dB,滤波器采样频率 $F_s=2000$ Hz。

解   程序如下:

```
%数字滤波器指标
wp1=0.3*pi;wp2=0.7*pi;                %数字滤波器的通带截止频率
ws1=0.1*pi;ws2=0.9*pi;                %数字滤波器的阻带截止频率
Rp=1;As=15;                           %输入滤波器的通阻带衰减指标
%转换为模拟滤波器指标
Fs=2000;T=1/Fs;
Omgp1=wp1*Fs;Omgp2=wp2*Fs;           %模拟滤波器的通带截止频率
Omgp=[Omgp1,Omgp2];
Omgs1=ws1*Fs;Omgs2=ws2*Fs;           %模拟滤波器的阻带截止频率
Omgs=[Omgs1,Omgs2];
bw=Omgp2-Omgp1;w0=sqrt(Omgp1*Omgp2); %模拟通带带宽和中心
                                      频率
%模拟原型滤波器计算
[n,Omgn]=cheb1ord(Omgp,Omgs,Rp,As,'s')  %计算阶数 n 和截止频率
[z0,p0,k0]=cheb1ap(n,Rp);            %设计归一化的模拟原型滤波器
ba1=k0*real(poly(z0));               %求原型滤波器系数 b
```

aa1＝real(poly(p0))；　　　　　　　　　　　％求原型滤波器系数 a

[ba, aa]＝lp2bp(ba1, aa1, w0, bw)　　　　　％变换为模拟带通滤波器

％用脉冲响应不变法计算数字滤波器系数

[bd, ad]＝impinvar(ba, aa, Fs)

[C, B, A]＝dir2par(bd, ad)　　　　　　　　％将直接型变换为并联型

％求数字系统的频率特性

[H, w]＝freqz(bd, ad)；

dbH＝20 * log10((abs(H)＋eps)/max(abs(H)))；　　％化为分贝值

作图程序部分省略。程序运行结果如下：

n ＝　　　3

Omgn＝　1.0e＋003　*

　　　　　1.8850　　4.3982

bd ＝　　0.0000　　0.1391　　－0.3388　　0.1299　　0.1719　　－0.1075　　0

ad ＝　　1.0000　　－0.4014　　1.0997　　－0.1566　　0.8054　　－0.0994　　0.2888

C ＝　　　0

B ＝　　　－0.4259　　－0.1000

　　　　　0.6210　　－0.1740

　　　　　－0.1951　　0.0871

A ＝　　　1.0000　　0.8994　　0.6495

　　　　　1.0000　　－0.2408　　0.5374

　　　　　1.0000　　－1.0599　　0.8275

频率特性如图 20-3 所示。

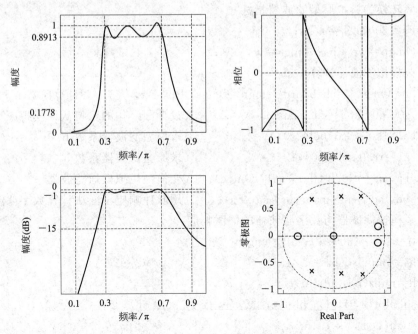

图 20-3　用脉冲响应不变法设计的数字带通滤波器的频率特性和零极图

由频率特性曲线可知，该切比雪夫Ⅰ型数字带通滤波器在通阻带截止频率处能满足 $R_p \leqslant 1$ dB、$A_s \geqslant 15$ dB 的设计指标要求，且系统的极点全部在单位圆内，是一个稳定的系统。系统的传递函数为

直接型：

$$H(z) = \frac{0.1391z^{-1} - 0.3388z^{-2} + 0.1299z^{-3} + 0.1719z^{-4} - 0.1075z^{-5}}{1 - 0.4014z^{-1} + 1.0997z^{-2} - 0.1566z^{-3} + 0.8054z^{-4} - 0.0994z^{-5} + 0.2888z^{-6}}$$

并联型：

$$H(z) = \frac{-0.4259 - 0.1z^{-1}}{1 + 0.8994z^{-1} + 0.6495z^{-2}} + \frac{0.621 - 0.174z^{-1}}{1 - 0.2408z^{-1} + 0.5374z^{-2}} + \frac{-0.1951 + 0.0871z^{-1}}{1 - 1.0599z^{-1} + 0.8275z^{-2}}$$

4. 观察脉冲响应不变现象和混叠现象

由于脉冲响应不变法只适用于限带的模拟滤波器，因此，高频区幅频特性不等于零的高通和带阻滤波器不能采用脉冲响应不变法。下面我们观察各类滤波器的脉冲响应不变现象，以及有无产生混叠现象。

例 20 - 3 采用脉冲响应不变法设计一个切比雪夫Ⅱ型数字低通滤波器，要求：$\omega_p = 0.25\pi$，$R_p = 1$ dB；$\omega_s = 0.4\pi$，$A_s = 40$ dB，滤波器采样频率 $F_s = 2000$ Hz。在同一图形界面上显示原模拟低通滤波器和数字低通滤波器的冲激响应和幅频特性进行比较，观察脉冲不变现象及幅频响应有无混叠现象。

解 程序如下：

```
%数字滤波器指标
wp=0.25 * pi;                    %滤波器的通带截止频率
ws=0.4 * pi;                     %滤波器的阻带截止频率
Rp=1；As=40；                    %输入滤波器的通阻带衰减指标
%转换为模拟原型滤波器指标
Fs=2000；T=1/Fs;
Omgp=wp * Fs；Omgs=ws * Fs;
%模拟滤波器计算
[n, Omgn]=cheb2ord(Omgp, Omgs, Rp, As, 's')   %计算阶数 n 和截止频率
[z0, p0, k0]=cheb2ap(n, As);    %设计归一化的巴特沃斯模拟原型滤波器
ba1=k0 * real(poly(z0));        %求原型滤波器系数 b
aa1=real(poly(p0));             %求原型滤波器系数 a
[ba, aa]=lp2lp(ba1, aa1, Omgc); %变换为模拟低通滤波器
[bd, ad]=impinvar(ba, aa, Fs);  %用脉冲响应不变法计算数字滤波器系数
%模拟滤波器与数字滤波器的冲激响应
t=0: T: (30 * T)；nt=length(t);
ha=impulse(ba, aa, t);
h=impz(bd, ad, nt);
subplot(2, 1, 1), plot(t, ha * T, 'r'), hold on
stem(t, h, 'k')
title('模拟与数字滤波器的冲激响应');
```

%模拟滤波器与数字滤波器的幅频响应
wb＝[0：Fs]＊2＊pi;   %为作图建立频率向量
Ha＝freqs(ba, aa, wb);   %计算模拟频率响应
H＝freqz(bd, ad, wb/Fs);   %计算数字频率响应
subplot(2, 1, 2),
plot(wb/(2＊pi), abs(Ha)/max(abs(Ha)), 'r'), hold on
plot(wb/(2＊pi), abs(H)/max(abs(H)), 'k');

由图 20-4(a)可见，数字低通滤波器的冲激响应是对模拟低通滤波器冲激响应的等间隔采样，即脉冲响应不变的意义。

在图 20-4(b)中实线表现了原模拟低通滤波器的幅频曲线，虚线表现了数字低通滤波器的幅频曲线。图形横轴取 $0 \sim F_s$ 的频率范围，可以看出，数字滤波器幅频特性是对模拟滤波器幅频特性的周期延拓，在 $0 \sim F_s$ 范围内，关于 $F_s/2$ 对称。数字滤波器幅频特性基本满足设计要求。

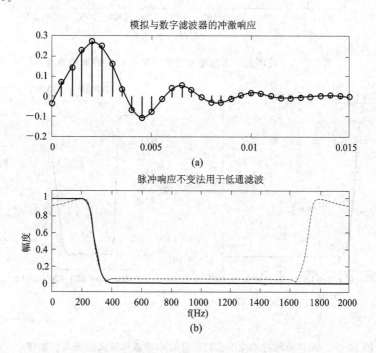

图 20-4 观察设计数字滤波器中的冲激响应不变及混叠现象

例 20-4 将上题设计要求改为采用脉冲响应不变法设计一个切比雪夫 Ⅱ 型数字高通滤波器，要求：$\omega_p = 0.4\pi$，$R_p = 1$ dB；$\omega_s = 0.25\pi$，$A_s = 40$ dB，滤波器采样频率 $F_s = 2000$ Hz。与低通滤波器相比，仅仅将 ω_p 与 ω_s 数据对换。

解 在低通滤波器程序基础上，只需修改一句：

[ba, aa]＝lp2hp(ba1, aa1, Omgc); %变换为模拟高通滤波器

运行结果如图 20-5 所示，高通数字滤波器幅频曲线与模拟滤波器的幅频曲线比较，产生了很大的频响混叠，不能满足设计要求。

同理可证，只要满足限带要求，采用脉冲响应不变法可以用于设计带通滤波器，如图 20-6(a)所示。但用于设计带阻滤波器，则频率特性将产生混叠现象，如图 20-6(b)所示。

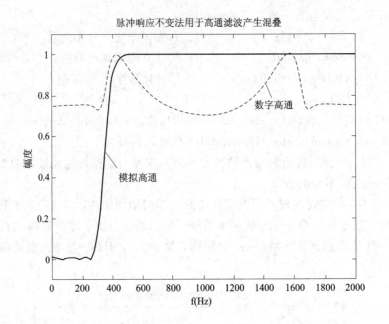

图 20-5 观察数字高通滤波器幅频响应产生的混叠现象

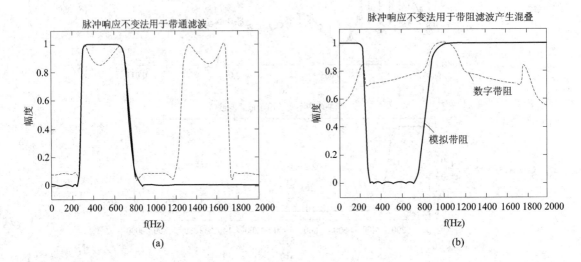

图 20-6 观察用脉冲响应不变法设计数字带通和带阻滤波器的幅频响应

四、实验任务

(1) 阅读并输入实验原理中介绍的例题程序,观察输出的数据和图形,结合基本原理理解每一条语句的含义。

(2) 采用脉冲响应不变法设计一个巴特沃斯数字带通滤波器,要求:通带 $\omega_{p1}=0.3\pi$, $\omega_{p2}=0.7\pi$, $R_p=1$ dB;阻带 $\omega_{s1}=0.1\pi$, $\omega_{s2}=0.9\pi$, $A_s=15$ dB,滤波器采样频率 $F_s=2000$ Hz。试显示数字滤波器的幅频特性和零极点分布图,并写出该系统的传递函数。

(3) 采用脉冲响应不变法设计一个切比雪夫 Ⅱ 型数字带阻滤波器,要求:通带在 $\omega_{p1}\leqslant$ 0.1π、$\omega_{p2}\geqslant0.9\pi$ 范围,$R_p=1$ dB;阻带在 $0.3\pi<\omega_s<0.7\pi$ 范围,$A_s=40$ dB,滤波器采样

频率 $F_s = 2000$ Hz。在同一图形界面上显示原模拟带阻滤波器和数字带阻滤波器的幅频特性，观察频响特性的混叠现象。

五、实验预习

（1）认真阅读实验原理，明确本次实验任务，读懂例题程序，了解实验方法。

（2）根据实验任务预先编写实验程序。

（3）预习思考题：什么是脉冲响应不变法？使用脉冲响应不变法设计数字滤波器有哪些基本步骤？

六、实验报告

（1）列写调试通过的实验程序，打印或描绘实验程序产生的曲线图形。

（2）思考题：

① 回答实验预习思考题。

② 为什么脉冲响应不变法不能用于设计数字高通滤波器和带阻滤波器？数字滤波器的频率响应与模拟滤波器的频率响应有何区别？

实验 21　用双线性变换法设计 IIR 数字滤波器

一、实验目的

(1) 加深对双线性变换法设计 IIR 数字滤波器基本方法的了解。

(2) 掌握用双线性变换法设计数字低通、高通、带通、带阻滤波器的方法。

(3) 了解 MATLAB 有关双线性变换法的子函数。

二、实验涉及的 MATLAB 子函数

bilinear

功能：双线性变换——将 s 域(模拟域)映射到 z 域(数字域)的标准方法，将模拟滤波器变换成离散等效滤波器。

调用格式：

[numd, dend]= bilinear(num, den, Fs)；将模拟域传递函数变换为数字域传递函数，Fs 为取样频率。

[numd, dend]= bilinear(num, den, Fs, Fp)；将模拟域传递函数变换为数字域传递函数，Fs 为取样频率，Fp 为通带截止频率。

[zd, pd, kd]= bilinear(z, p, k, Fs)；将模拟域零极点增益系数变换到数字域，Fs 为取样频率。

[zd, pd, kd]= bilinear(z, p, k, Fs, Fp)；将模拟域零极点增益系数变换到数字域，Fs 为取样频率，Fp 为通带截止频率。

[Ad, Bd, Cd, Dd]= bilinear(A, B, C, D, Fs)；将模拟域状态变量系数变换到数字域，Fs 为取样频率。

三、实验原理

1. 双线性变换法的基本知识

双线性变换法是将整个 s 平面映射到整个 z 平面，其映射关系为

$$s = \frac{2}{T} \frac{1 - z^{-1}}{1 + z^{-1}} \quad \text{或} \quad z = \frac{1 + sT/2}{1 - sT/2}$$

双线性变换法克服了脉冲响应不变法从 s 平面到 z 平面的多值映射的缺点，消除了频谱混叠现象。但其在变换过程中产生了非线性的畸变，在设计 IIR 数字滤波器的过程中需要进行一定的预修正。

用 MATLAB 双线性变换法进行 IIR 数字滤波器设计的步骤(参见图 19-1)与脉冲响应不变法设计的步骤基本相同：

(1) 输入给定的数字滤波器设计指标；

(2) 根据公式 $\Omega = \dfrac{2}{T} \tan\left(\dfrac{\omega}{2}\right)$ 进行预修正，将数字滤波器指标转换成模拟滤波器设计指标；

(3) 确定模拟滤波器的最小阶数和截止频率；

(4) 计算模拟低通原型滤波器的系统传递函数；

(5) 利用模拟域频率变换法，求解实际模拟滤波器的系统传递函数；

(6) 用双线性变换法将模拟滤波器转换为数字滤波器。

2. 用双线性变换法设计 IIR 数字低通滤波器

例 21 - 1　采用双线性变换法设计一个巴特沃斯数字低通滤波器，要求：$\omega_p = 0.25\pi$，$R_p = 1$ dB；$\omega_s = 0.4\pi$，$A_s = 15$ dB，滤波器采样频率 $F_s = 100$ Hz。

解　程序如下：

```
%数字滤波器指标
wp=0.25 * pi;                          %滤波器的通带截止频率
ws=0.4 * pi;                           %滤波器的阻带截止频率
Rp=1; As=15;                           %输入滤波器的通阻带衰减指标
ripple=10^(-Rp/20); Attn=10^(-As/20);
%转换为模拟滤波器指标
Fs=100; T=1/Fs;
Omgp=(2/T) * tan(wp/2);                %原型通带频率预修正
Omgs=(2/T) * tan(ws/2);                %原型阻带频率预修正
%模拟原型滤波器计算
[n, Omgc]=buttord(Omgp, Omgs, Rp, As, 's')   %计算阶数 n 和截止频率
[z0, p0, k0]=buttap(n);                %归一化原型设计
ba=k0 * real(poly(z0));                %求原型滤波器系数 b
aa=real(poly(p0));                     %求原型滤波器系数 a
[ba1, aa1]=lp2lp(ba, aa, Omgc);        %变换为模拟低通滤波器系数 b, a
%注意，以上 4 行求滤波器系数 ba1、aa1 的程序，可由下一条程序替代
%[ba1, aa1]=butter(n, Omgc, 's');      %直接求模拟滤波器系数
%用双线性变换法计算数字滤波器系数
[bd, ad]=bilinear(ba1, aa1, Fs)        %用双线性变换法求数字滤波器系数 b, a
[sos, g]=tf2sos(bd, ad)                %由直接型变换为级联型
%求数字系统的频率特性
[H, w]=freqz(bd, ad);
dbH=20 * log10((abs(H)+eps)/max(abs(H)));      %化为分贝值
subplot(2, 2, 1), plot(w/pi, abs(H));
ylabel('|H|'); title('幅度响应'); axis([0, 1, 0, 1.1]);
set(gca, 'XTickMode', 'manual', 'XTick', [0, 0.25, 0.4, 1]);
set(gca, 'YTickMode', 'manual', 'YTick', [0, Attn, ripple, 1]); grid
```

subplot(2，2，2)，plot(w/pi，angle(H)/pi)；
ylabel('\phi')；title('相位响应')；axis([0，1，−1，1])；
set(gca，'XTickMode'，'manual'，'XTick'，[0，0.25，0.4，1])；
set(gca，'YTickMode'，'manual'，'YTick'，[−1，0，1])；grid
subplot(2，2，3)，plot(w/pi，dbH)；title('幅度响应(dB)')；
ylabel('dB')；xlabel('频率(\pi)')；axis([0，1，−40，5])；
set(gca，'XTickMode'，'manual'，'XTick'，[0，0.25，0.4，1])；
set(gca，'YTickMode'，'manual'，'YTick'，[−50，−15，−1，0])；grid
subplot(2，2，4)，zplane(bd，ad)；
axis([−1.1，1.1，−1.1，1.1])；title('零极图')；

程序运行结果如下：

n ＝   5
Omgc ＝   103.2016
bd ＝   0.0072   0.0362   0.0725   0.0725   0.0362   0.0072
ad ＝   1.0000   −1.9434   1.9680   −1.0702   0.3166   −0.0392
sos ＝   1.0000   1.0036   0   1.0000   −0.3193   0
              1.0000   2.0022   1.0022   1.0000   −0.6984   0.2053
              1.0000   1.9942   0.9942   1.0000   −0.9257   0.5976
g ＝   0.0072

频率特性如图 21−1 所示。

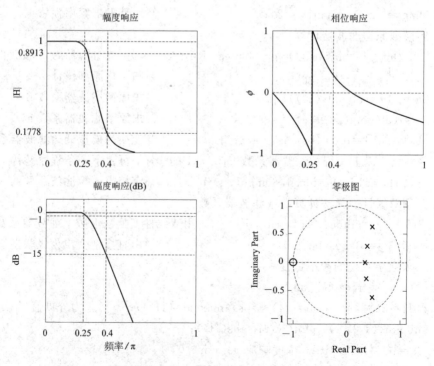

图 21−1　用双线性变换法设计的巴特沃斯数字低通滤波器特性

　　由频率特性曲线可知，该设计结果在通阻带截止频率处能满足 $R_p \leqslant 1$ dB、$A_s \geqslant 15$ dB 的设计指标要求，系统的极点全部在单位圆内，是一个稳定的系统。由 n＝5 可知，设计的巴特沃斯数字低通滤波器是一个 5 阶的系统，原型 $H_a(s)$ 在 $s = -\infty$ 处有 5 个零点，映射到 $z = -1$ 处。这个巴特沃斯数字低通滤波器的级联型传递函数应为

$$H(z) = \frac{0.0072(1+z^{-1})^5}{(1-0.3193z^{-1})(1-0.6984z^{-1}+0.2053z^{-2})(1-0.9257z^{-1}+0.5976z^{-2})}$$

3. 用双线性变换法设计 IIR 数字高通滤波器

　　例 21-2　采用双线性变换法设计一个椭圆数字高通滤波器，要求通带 $f_p = 250$ Hz，$R_p = 1$ dB；阻带 $f_s = 150$ Hz，$A_s = 20$ dB，滤波器采样频率 $F_s = 1000$ Hz。

　　解　程序如下：

```
%数字滤波器指标
fs＝150；fp＝250；Fs＝1000；T＝1/Fs；
wp＝fp/Fs * 2 * pi；                  %数字滤波器的通带截止频率
ws＝fs/Fs * 2 * pi；                  %数字滤波器的阻带截止频率
Rp＝1；As＝20；                       %输入滤波器的通阻带衰减指标
ripple＝10^(－Rp/20)；
Attn＝10^(－As/20)；
%转换为模拟滤波器指标
Omgp＝(2/T) * tan(wp/2)；
Omgs＝(2/T) * tan(ws/2)；
%模拟原型滤波器计算
[n, Omgc]＝ellipord(Omgp, Omgs, Rp, As, 's')    %计算阶数 n 和截止频率
[z0, p0, k0]＝ellipap(n, Rp, As)；               %归一化椭圆原型设计
ba＝k0 * real(poly(z0))；                         %求原型滤波器系数 b
aa＝real(poly(p0))；                              %求原型滤波器系数 a
[ba1, aa1]＝lp2hp(ba, aa, Omgc)；                 %变换为模拟高通滤波器
%用双线性变换法计算数字滤波器系数
[bd, ad]＝bilinear(ba1, aa1, Fs)                 %双线性变换
%求数字系统的频率特性
[H, w]＝freqz(bd, ad)；
dbH＝20 * log10((abs(H)＋eps)/max(abs(H)))；      %化为分贝值
%作图
subplot(2, 2, 1), plot(w/2/pi * Fs, abs(H), 'k')；
ylabel('|H|')； title('幅度响应')； axis([0, Fs/2, 0, 1.1])；
set(gca, 'XTickMode', 'manual', 'XTick', [0, fs, fp, Fs/2])；
set(gca, 'YTickMode', 'manual', 'YTick', [0, Attn, ripple, 1])； grid
subplot(2, 2, 2), plot(w/2/pi * Fs, angle(H)/pi * 180, 'k')；
ylabel('\phi')； title('相位响应')； axis([0, Fs/2, －180, 180])；
set(gca, 'XTickMode', 'manual', 'XTick', [0, fs, fp, Fs/2])；
```

set(gca, 'YTickMode', 'manual', 'YTick', [−180, 0, 180]); grid
subplot(2, 2, 3), plot(w/2/pi * Fs, dbH);
title('幅度响应(dB)'); axis([0, Fs/2, −40, 5]);
ylabel('dB'); xlabel('频率(\pi)');
set(gca, 'XTickMode', 'manual', 'XTick', [0, fs, fp, Fs/2]);
set(gca, 'YTickMode', 'manual', 'YTick', [−50, −20, −1, 0]); grid
subplot(2, 2, 4), zplane(bd, ad);
axis([−1.1, 1.1, −1.1, 1.1]); title('零极图');

程序运行结果如下:

n ＝　　　　3
Omgc ＝　　2.0000e＋003
bd ＝　　　0.2545　　−0.4322　　0.4322　　−0.2545
ad ＝　　　1.0000　　0.1890　　0.7197　　0.1574

频率特性如图 21 − 2 所示。

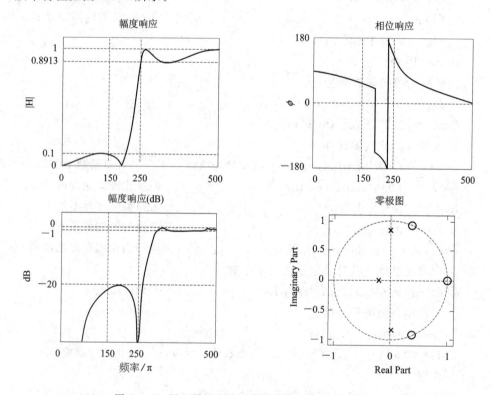

图 21 - 2　用双线性变换法设计椭圆高通数字滤波器

　　由频率特性曲线可知,该设计结果在通阻带截止频率处能满足 $R_p \leqslant 1$ dB、$A_s \geqslant 20$ dB 的设计指标要求。由 n＝3 可知,设计的椭圆数字高通滤波器是一个 3 阶的系统,极点全部 在 Z 平面的单位圆内,是一个稳定的系统。这个高通滤波器的传递函数应为

$$H(z) = \frac{0.2545 - 0.4322z^{-1} + 0.4322z^{-2} - 0.2545z^{-3}}{1 + 0.189z^{-1} + 0.7197z^{-2} + 0.1574z^{-3}}$$

4. 用双线性变换法设计 IIR 数字带通滤波器

例 21 - 3　采用双线性变换法设计一个切比雪夫 I 型数字带通滤波器，要求：通带 ω_{p1} $=0.3\pi$，$\omega_{p2}=0.7\pi$，$R_p=1$ dB；阻带 $\omega_{s1}=0.2\pi$，$\omega_{s2}=0.8\pi$，$A_s=20$ dB，滤波器采样周期 $T_s=0.001$ s。

解　程序如下：

```
%数字滤波器指标
wp1=0.3 * pi；wp2=0.7 * pi；              %数字滤波器的通带截止频率
ws1=0.2 * pi；ws2=0.8 * pi；              %数字滤波器的阻带截止频率
Rp=1；As=20；                            %输入滤波器的通阻带衰减指标
%转换为模拟滤波器指标
T=0.001；Fs=1/T；
Omgp1=(2/T) * tan(wp1/2)；Omgp2=(2/T) * tan(wp2/2)；
Omgp=[Omgp1，Omgp2]；                     %模拟滤波器的通带截止频率
Omgs1=(2/T) * tan(ws1/2)；Omgs2=(2/T) * tan(ws2/2)；
Omgs=[Omgs1，Omgs2]；                     %模拟滤波器的阻带截止频率
bw=Omgp2－Omgp1；w0=sqrt(Omgp1 * Omgp2)；  %模拟通带带宽和中心
                                                   频率
%模拟原型滤波器计算
[n，Omgn]=cheb1ord(Omgp，Omgs，Rp，As，'s')   %计算阶数 n 和截止频率
[z0，p0，k0]=cheb1ap(n，Rp)；              %设计归一化的模拟原型滤波器
ba1=k0 * real(poly(z0))；                 %求原型滤波器系数 b
aa1=real(poly(p0))；                      %求原型滤波器系数 a
[ba，aa]=lp2bp(ba1，aa1，w0，bw)；          %变换为模拟带通滤波器
%用双线性变换法计算数字滤波器系数
[bd，ad]=bilinear(ba，aa，Fs)             %计算数字滤波器系数
%求数字系统的频率特性
[H，w]=freqz(bd，ad)；
dbH=20 * log10((abs(H)＋eps)/max(abs(H)))；%化为分贝值
```

程序运行结果如下：

```
n =      3
Omgn = 10.1905  39.2522
bd =    0.0736  －0.0000  －0.2208  －0.0000  0.2208  0.0000  －0.0736
ad =    1.0000   0.0000   0.9761  －0.0000  0.8568  0.0000   0.2919
```

频率特性及零极点图形如图 21 - 3 所示。

由频率特性曲线可知，该设计结果在通阻带截止频率处能满足 $R_p \leqslant 1$ dB、$A_s \geqslant 20$ dB 的设计指标要求。由 $n=3$ 可知，由 3 阶的模拟低通原型用双线性变换法设计出来的切比雪夫 I 型数字带通滤波器是一个 6 阶的系统，极点全部在 Z 平面的单位圆内，是一个稳定的系统。这个滤波器的传递函数应为

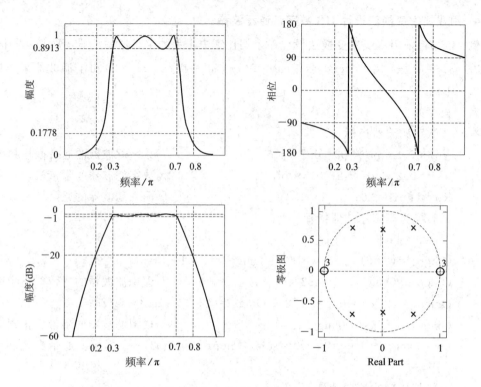

图 21-3　用双线性变换法设计切比雪夫 I 型带通数字滤波器

$$H(z)=\frac{0.0736-0.2208z^{-2}+0.2208z^{-4}-0.0736z^{-6}}{1+0.9761z^{-2}+0.8568z^{-4}+0.2919z^{-6}}$$

注意：在使用[z0，p0，k0]＝cheb1ap(n，Rp)设计模拟低通原型时，需要输入通带衰减 Rp，即切比雪夫 I 型模拟低通原型是以通带衰减 Rp 为主要设计指标的。因此，由模拟低通原型变为数字带通(或带阻)滤波器时，使用 lp2bp(或 lp2bs)语句要求输入模拟通带带宽 W0 和中心频率 BW，应采用通带截止频率来计算，即

　　　　bw＝Omgp2－Omgp1；w0＝sqrt(Omgp1 * Omgp2)；　　%模拟滤波器通带带宽
　　　　　　　　　　　　　　　　　　　　　　　　　　　　　　　和中心频率

如果将例 21-3 改为：采用双线性变换法设计一个切比雪夫 II 型数字带通滤波器，其它条件不变，则需要修改下面几句程序：

　　　　bw＝Omgs2－Omgs1；w0＝sqrt(Omgs1 * Omgs2)；　　%模拟滤波器阻带带宽和
　　　　　　　　　　　　　　　　　　　　　　　　　　　　　　　中心频率

　　　　[n，Omgn]＝cheb2ord(Omgp，Omgs，Rp，As，′s′)　　%计算阶数 n 和截止频率
　　　　[z0，p0，k0]＝cheb2ap(n，As)；　　　　　　%设计归一化的模拟原型滤波器

采用阻带截止频率来计算 W0 和 BW，是因为切比雪夫 II 型模拟低通原型是以阻带衰减 As 为主要设计指标的。程序运行结果如下：

　　　　n ＝　　3
　　　　Omgn ＝ 6.6407　　60.2343
　　　　bd ＝　　　0.2537　　－0.0000　　　－0.4733　　－0.0000　　0.4733　　－0.0000　　－0.2537
　　　　ad ＝　　　1.0000　　　0.0000　　　 0.0008　　　0.0000　　0.4206　　　0.0000　　－0.0343

频率特性及零极点图形如图 21-4 所示。

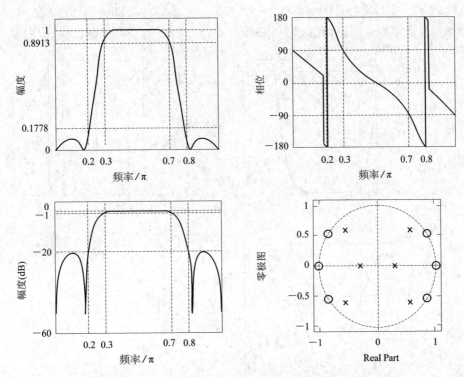

图 21-4　用双线性变换法设计切比雪夫 II 型带通数字滤波器

由程序数据和曲线可知，该设计结果在通阻带截止频率处能满足 $R_p \leqslant 1$ dB、$A_s \geqslant$ 20 dB 的设计指标要求。由 n＝3 可知，由 3 阶的模拟低通原型用双线性变换法设计出来的切比雪夫 II 型数字带通滤波器是一个 6 阶的系统，极点全部在 z 平面的单位圆内，是一个稳定的系统。这个滤波器的传递函数应为

$$H(z) = \frac{0.2537 - 0.4733z^{-2} + 0.4733z^{-4} - 0.2537z^{-6}}{1 + 0.0008z^{-2} + 0.4206z^{-4} - 0.0343z^{-6}}$$

5. 用双线性变换法设计 IIR 数字带阻滤波器

例 21-4　采用双线性变换法设计一个切比雪夫 I 型数字带阻滤波器，要求：下通带 $\omega_{p1} = 0.2\pi$，上通带 $\omega_{p2} = 0.8\pi$，$R_p = 1$ dB；阻带下限 $\omega_{s1} = 0.3\pi$，阻带上限 $\omega_{s2} = 0.7\pi$，$A_s = 20$ dB，滤波器采样频率 $F_s = 1000$ Hz。

解　由题目可知，本例只是将例 21-3 的条件改为相反，即将原带通滤波器通带的频率区域改为带阻滤波器阻带的频率区域，将原带通滤波器阻带的频率区域改为带阻滤波器通带的频率区域。程序只需作 5 句修改：

```
ws1=0.3 * pi; ws2=0.7 * pi;          %数字滤波器的阻带截止频率
wp1=0.2 * pi; wp2=0.8 * pi;          %数字滤波器的通带截止频率
[ba, aa]=lp2bs(ba1, aa1, w0, bw);    %变换为模拟带阻滤波器
```

程序运行结果如下：

```
n =      3
Omgn = 6.4985  61.5532
```

bd =   0.0736   −0.0000   0.2208   0.0000   0.2208   0.0000   0.0736
ad =   1.0000   −0.0000   −0.9761   −0.0000   0.8568   −0.0000   −0.2919

频率特性及零极点图形如图 21-5 所示。

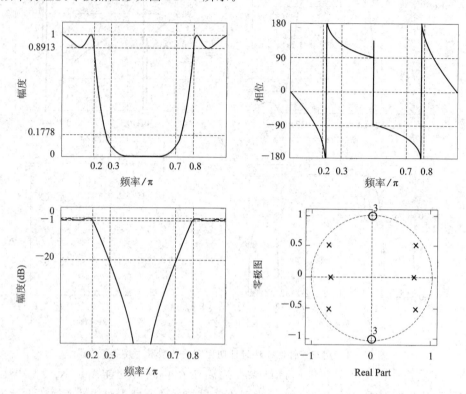

图 21-5 用双线性变换法设计切比雪夫 I 型带阻数字滤波器

由程序数据和曲线可知，该设计结果在通阻带截止频率处能满足 $R_p \leqslant 1$ dB、$A_s \geqslant$ 20 dB 的设计指标要求。由 3 阶的模拟低通原型用双线性变换法设计出来的切比雪夫 I 型数字带阻滤波器是一个 6 阶的系统，极点全部在 z 平面的单位圆内，是一个稳定的系统。这个滤波器的传递函数应为

$$H(z) = \frac{0.0736 + 0.2208z^{-2} + 0.2208z^{-4} + 0.0736z^{-6}}{1 - 0.9761z^{-2} + 0.8568z^{-4} - 0.2919z^{-6}}$$

如果将例 21-4 改为：采用双线性变换法设计一个切比雪夫 II 型数字带阻滤波器，其它条件不变，则在上面程序的基础上与例 21-3 一样，修改下面几句程序：

bw＝Omgs2−Omgs1；w0＝sqrt(Omgs1＊Omgs2)；％模拟滤波器阻带带宽和中
心频率

[n, Omgn]＝cheb2ord(Omgp, Omgs, Rp, As, 's') ％计算阶数 n 和截止频率

[z0, p0, k0]＝cheb2ap(n, As)；   ％设计归一化的模拟原型滤波器

程序运行结果如下：

n =   3

Omgn = 10.0293 39.8833

bd =   0.2537   0.0000   0.4733   −0.0000   0.4733   0.0000   0.2537

ad =   1.0000   −0.0000   −0.0008   −0.0000   0.4206   −0.0000   0.0343

频率特性及零极点图形如图 21-6 所示。

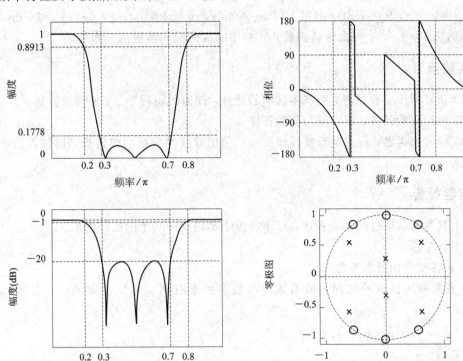

图 21-6　用双线性变换法设计切比雪夫Ⅱ型带阻数字滤波器

由程序数据和曲线可知，该设计结果在通阻带截止频率处能满足 $R_p \leqslant 1$ dB、$A_s \geqslant$ 20 dB 的设计指标要求。由 3 阶的模拟低通原型用双线性变换法设计出来的切比雪夫Ⅱ型数字带阻滤波器是一个 6 阶的系统，极点全部在 z 平面的单位圆内，是一个稳定的系统。这个滤波器的传递函数应为

$$H(z) = \frac{0.2537 + 0.4733z^{-2} + 0.4733z^{-4} + 0.2537z^{-6}}{1 - 0.0008z^{-2} + 0.4206z^{-4} + 0.0343z^{-6}}$$

四、实验任务

（1）阅读并输入实验原理中介绍的例题程序，观察输出的数据和图形，结合基本原理理解每一条语句的含义。

（2）用双线性变换法设计切比雪夫Ⅱ型数字滤波器，列出传递函数并描绘模拟和数字滤波器的幅频响应曲线。

① 设计一个数字低通，要求：通带 $\omega_p = 0.2\pi$，$R_p = 1$ dB；阻带 $\omega_s = 0.35\pi$，$A_s = 15$ dB；滤波器采样频率 $F_s = 10$ Hz。

② 设计一个数字高通，要求：通带 $\omega_p = 0.35\pi$，$R_p = 1$ dB；阻带 $\omega_s = 0.2\pi$，$A_s = 15$ dB，滤波器采样频率 $F_s = 10$ Hz。

（3）采用双线性变换法设计一个切比雪夫Ⅱ型数字带通滤波器，要求：通带 $f_{p1} = 200$ Hz，$f_{p2} = 300$ Hz，$R_p = 1$ dB；阻带 $f_{s1} = 150$ Hz，$f_{s2} = 350$ Hz，$A_s = 20$ dB，滤波器采样频率 $F_s = 1000$ Hz。列出传递函数并作频率响应曲线和零极点分布图。

（4）采用双线性变换法设计一个椭圆数字带阻滤波器，要求：下通带 $\omega_{p1}=0.35\pi$，上通带 $\omega_{p2}=0.65\pi$，$R_p=1$ dB；阻带下限 $\omega_{s1}=0.4\pi$，阻带上限 $\omega_{s2}=0.6\pi$，$A_s=20$ dB，滤波器采样周期 $T=0.1$ s。列出传递函数并作频率响应曲线和零极点分布图。

五、实验预习

（1）认真阅读实验原理，明确本次实验任务，读懂例题程序，了解实验方法。

（2）根据实验任务，预先编写实验程序。

（3）预习思考题：什么是双线性变换法？使用双线性变换法设计数字滤波器有哪些基本步骤？

六、实验报告

（1）列写调试通过的实验程序，打印或描绘实验程序产生的曲线图形。

（2）思考题：

① 回答实验预习思考题。

② 使用双线性变换法时，模拟频率与数字频率有何关系？会带来什么影响？如何解决？

实验 22　IIR 数字滤波器的直接设计

一、实验目的

（1）学习 MATLAB 直接设计 IIR 模拟滤波器和数字滤波器的方法。

（2）了解 MATLAB 有关直接设计 IIR 模拟和数字滤波器的子函数，明确设计模拟滤波器和数字滤波器的区别。

（3）初步了解采样频率的选择与数字滤波器实现的关系。

二、实验涉及的 MATLAB 子函数

1．butter

功能：巴特沃斯（Butterworth）模拟或数字滤波器设计。

调用格式：

[b, a]＝butter(n, wn)；设计截止频率为 wn 的 n 阶巴特沃斯数字滤波器，即

$$H(z) = \frac{B(z)}{A(z)} = \frac{b(1) + b(2)z^{-1} + \cdots + b(n+1)z^{-n}}{1 + a(2)z^{-1} + \cdots + a(n+1)z^{-n}} \qquad (22-1)$$

其中，截止频率是幅度下降到 $1/\sqrt{2}$ 处的频率。wn∈[0, 1]，1 对应 0.5Fs（取样频率）。wn＝[w1, w2]时，产生数字带通滤波器。

[b, a]＝butter(n, wn, ′ftype′)；可设计高通和带阻数字滤波器。ftype＝high 时，设计高通滤波器；ftype＝stop 时，设计带阻滤波器，此时 wn＝[w1, w2]。

[b, a]＝butter(n, wn, ′s′)；设计截止频率为 wn 的 n 阶巴特沃斯模拟低通或带通滤波器，其中 wn＞0。即

$$H(s) = \frac{B(s)}{A(s)} = \frac{b(1)s^n + b(2)s^{n-1} + \cdots + b(n+1)}{s^n + a(2)s^{n-1} + \cdots + a(n+1)} \qquad (22-2)$$

[b, a]＝butter(n, wn, ′ftype′, ′s′)；设计截止频率为 wn 的 n 阶巴特沃斯模拟高通或带阻滤波器。

[z, p, k]＝butter(n, wn)和[z, p, k]＝butter(n, wn, ′ftype′)可得到巴特沃斯滤波器的零极点增益表示。

[A, B, C]＝butter(n, wn) 和[A, B, C]＝butter(n, wn, ′ftype′) 可得到巴特沃斯滤波器的状态空间表示。

2．cheby1

功能：切比雪夫Ⅰ型滤波器设计（通带等波纹）。

调用格式：

[b, a]＝ cheby1(n, Rp, wn)；设计截止频率为 wn 的 n 阶切比雪夫Ⅰ型数字低通和

带通滤波器。

[b, a]= cheby1(n, Rp, wn, ′ftype′);设计截止频率为 wn 的 n 阶切比雪夫 I 型数字高通和带阻滤波器。

[b, a]= cheby1(n, Rp, wn, ′s′);设计切比雪夫 I 型模拟低通和带通滤波器。

[b, a]= cheby1(n, Rp, wn, ′ftype′, ′s′);设计模拟高通和带阻滤波器。

[z, p, k]= cheby1(...);可得到切比雪夫 I 型滤波器的零极点增益表示。

[A, B, C, D]= cheby1(...);可得到切比雪夫 I 型滤波器的状态空间表示。

说明：切比雪夫 I 型滤波器其通带内为等波纹，阻带内为单调。切比雪夫 I 型滤波器的下降斜率比 II 型大，但其代价是在通带内的波纹较大。

与 butter 函数类似，cheby1 函数可设计数字域和模拟域的切比雪夫 I 型滤波器，其通带内的波纹由 Rp(分贝)确定。其它各公式的使用方法与 butter 函数相同，可参考相应公式。

3. cheby2

功能：切比雪夫 II 型滤波器设计(阻带等波纹)。

调用格式：

[b, a]= cheby2(n, As, wn);设计截止频率为 wn 的 n 阶切比雪夫 II 型数字低通和带通滤波器。

[b, a]= cheby2(n, As, wn, ′ftype′);设计截止频率为 wn 的 n 阶切比雪夫 II 型数字高通和带阻滤波器。

[b, a]= cheby2(n, As, wn, ′s′);设计切比雪夫 II 型模拟低通和带通滤波器。

[b, a]= cheby2(n, As, wn, ′ftype′, ′s′);设计模拟高通和带阻滤波器。

[z, p, k]= cheby2(...);可得到切比雪夫 II 型滤波器的零极点增益表示。

[A, B, C, D]= cheby2(...);可得到切比雪夫 II 型滤波器的状态空间表示。

说明：cheby2 函数其通带内为单调，阻带内为等波纹，因此，由 As 确定阻带内的波纹。其它各公式的使用方法与 butter 函数相同，可参考相应公式。

4. ellip

功能：椭圆滤波器设计。

调用格式：

[b, a]= ellip (n, Rp, As, wn);设计截止频率为 wn 的 n 阶椭圆数字低通和带通滤波器。

[b, a]= ellip (n, Rp, As, wn, ′ftype′);设计截止频率为 wn 的 n 阶椭圆数字高通和带阻滤波器。

[b, a]= ellip (n, Rp, As, wn, ′s′);设计椭圆模拟低通和带通滤波器。

[b, a]= ellip (n, Rp, As, wn, ′ftype′, ′s′);设计模拟高通和带阻滤波器。

[z, p, k]= ellip (...);可得到椭圆滤波器的零极点增益表示。

[A, B, C, D]= ellip (...);可得到椭圆滤波器的状态空间表示。

Ellip 函数可得到下降斜度更大的滤波器，但在通带和阻带内均为等波动的。椭圆滤波器能以最低的阶数实现指定的性能。

三、实验原理

1. 用直接法设计模拟和数字滤波器

在前面讨论 IIR 数字滤波器设计的实验中，我们采用先设计模拟低通原型滤波器，再变换成实际模拟滤波器的方法，如图 22-1 所示的方法 1。这个过程一般要使用以下几条程序：

[z0，p0，k0]＝buttap(n);　　　　　　%归一化原型设计

ba＝k0 * real(poly(z0));　　　　　　%求原型滤波器系数 b

aa＝real(poly(p0));　　　　　　　　%求原型滤波器系数 a

[ba1，aa1]＝lp2lp(ba，aa，Omgc);　　%变换为模拟低通滤波器系数 b，a

本实验介绍的设计模拟滤波器的方法——直接法，则采用图 22-1 所示的方法 2。只需用一条程序就可替代上面 4 行程序，即

[ba1，aa1]＝butter(n，wc，′s′);

这条程序执行后，将生成一组实际的模拟滤波器系数。这条程序中的′s′是不能缺少的，如果不加′s′，则设计的结果是数字滤波器，如

[bd，ad]＝butter(n，wn);

这条程序执行后，整个设计已经进行到图 22-1 所示的最后一步。

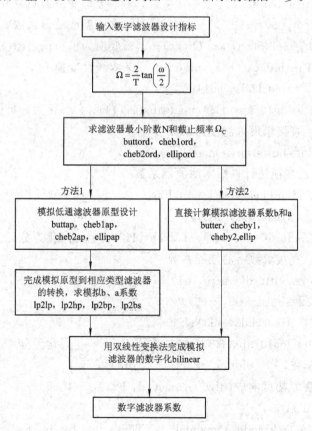

图 22-1　IIR 数字滤波器的设计步骤

下面分别介绍各类实际模拟滤波器和数字滤波器的设计。

2. IIR 数字滤波器设计方法的比较

例 22 - 1   设计一个巴特沃斯数字低通滤波器，要求通带 $f_p = 150$ Hz，$R_p = 3$ dB；阻带 $f_s = 250$ Hz，$A_s = 20$ dB，滤波器采样频率 $F_s = 800$ Hz。

解   用图 22-1 所示的方法 1、方法 2 及数字滤波器直接法求解，程序如下：

```
%数字滤波器指标
fp=150; fs=250; Fs=800; T=1/Fs;
wp=fp/Fs*2*pi;                          %数字滤波器的通带截止频率
ws=fs/Fs*2*pi;                          %数字滤波器的阻带截止频率
Rp=3; As=20;                            %输入滤波器的通阻带衰减指标
%转换为模拟滤波器指标
Omgp=(2/T)*tan(wp/2);
Omgs=(2/T)*tan(ws/2);
[n, Omgc]=buttord(Omgp, Omgs, Rp, As, 's')    %计算阶数 n 和截止频率
%方法 1：模拟原型滤波器计算
[z0, p0, k0]=buttap(n);                 %归一化巴特沃斯原型设计
ba=k0*real(poly(z0));                   %求原型滤波器系数 b
aa=real(poly(p0));                      %求原型滤波器系数 a
[ba1, aa1]=lp2lp(ba, aa, Omgc);         %变换为模拟低通滤波器
[bd1, ad1]=bilinear(ba1, aa1, Fs)       %双线性变换
[H1, w1]=freqz(bd1, ad1);
dbH1=20*log10(abs(H1)/max(abs(H1)));    %化为分贝值
%方法 2：直接求模拟滤波器系数
[ba2, aa2]=butter(n, Omgc, 's');
%用双线性变换法计算数字滤波器系数
[bd2, ad2]=bilinear(ba2, aa2, Fs)       %双线性变换
[H2, w2]=freqz(bd2, ad2);
dbH2=20*log10(abs(H2)/max(abs(H2)));    %化为分贝值
%方法 3：直接求数字滤波器系数
[n3, wc3]=buttord(wp/pi, ws/pi, Rp, As);
[bd3, ad3]=butter(n3, wc3)
[H3, w3]=freqz(bd3, ad3);
dbH3=20*log10(abs(H3)/max(abs(H3)));    %化为分贝值
subplot(3, 2, 1), plot(w1/2/pi*Fs, dbH1, 'k');
title('方法 1 幅度响应(dB)'); axis([0, Fs/2, -40, 5]);
ylabel('dB');
set(gca, 'XTickMode', 'manual', 'XTick', [0, fp, fs, Fs/2]);
set(gca, 'YTickMode', 'manual', 'YTick', [-50, -20, -3, 0]); grid
```

```
subplot(3，2，2)，plot(w1/2/pi * Fs，angle(H1)/pi * 180，'k')；
title('相位响应')；axis([0，Fs/2，-180，180])；
ylabel('\phi')；
set(gca，'XTickMode'，'manual'，'XTick'，[0，fp，fs，Fs/2])；
set(gca，'YTickMode'，'manual'，'YTick'，[-180，0，180])；grid
⋮
```

作图部分只给出了方法 1 的程序，其余两种方法的作图程序基本与方法 1 相同。
程序运行结果如下：

```
n =          3
Omgc =    1.1133e+003
bd1 =     0.0911      0.2734     0.2734       0.0911
ad1 =     1.0000     -0.6526     0.4465      -0.0649
bd2 =     0.0911      0.2734     0.2734       0.0911
ad2 =     1.0000     -0.6526     0.4465      -0.0649
bd3 =     0.0911      0.2734     0.2734       0.0911
ad3 =     1.0000     -0.6526     0.4465      -0.0649
```

频率响应特性曲线如图 22 - 2 所示。

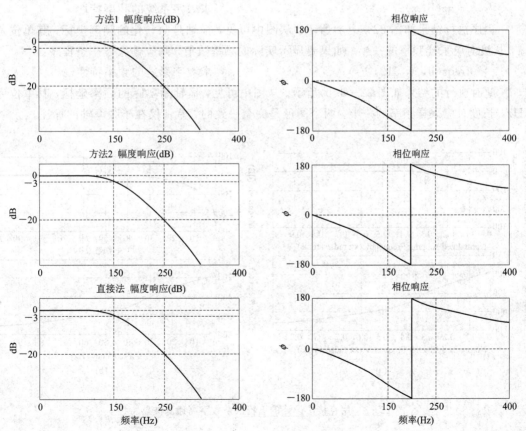

图 22 - 2　三种方法设计的 IIR 数字滤波器的频率响应

由上述三种方法设计数字滤波器的结果看，三组数据和图形完全相同；从程序结构上看，直接法比其它两种方法简单得多。

另外，由于大规模集成电路和计算机技术的迅速发展，模拟滤波器的设计只是为了最终设计数字滤波器进行的前期准备，因此，下面的讨论以数字滤波器的设计为主，不再讨论模拟滤波器的设计。

3. 用 MATLAB 直接法设计 IIR 数字滤波器

例 22 - 2　采用 MATLAB 直接法设计一个巴特沃斯数字高通滤波器，要求：$\omega_p = 0.4\pi$，$R_p = 1$ dB；$\omega_s = 0.25\pi$，$A_s = 20$ dB，滤波器采样频率 $F_s = 200$ Hz。要求描绘其幅频特性和相频特性曲线，列写系统传递函数表达式。

解　程序如下：

```
ws=0.25;                          %数字滤波器的阻带截止频率
wp=0.4;                           %数字滤波器的通带截止频率
Rp=1；As=20;                       %输入滤波器的通阻带衰减指标
Fs=200;
[n,wc]=buttord(wp,ws,Rp,As)       %计算阶数 n 和截止频率
[b,a]=butter(n,wc,'high')         %直接求数字高通滤波器系数
freqz(b,a);                       %求数字系统的频率特性
```

程序执行结果如图 22 - 3(a)所示。从图中可见，横轴是归一化的频率坐标，其单位是 π，长度对应采样频率的一半。如果要显示实际的频率数值，则应输入下一条程序：

```
freqz(b,a,512,Fs);                %求数字系统的频率特性
```

此时执行的结果如图 22 - 3(b)所示。从图中可见，横轴是实际的频率坐标，其单位为 Hz，长度对应采样频率的一半。两个图形是完全一致的，差别仅在于频率轴的标注。

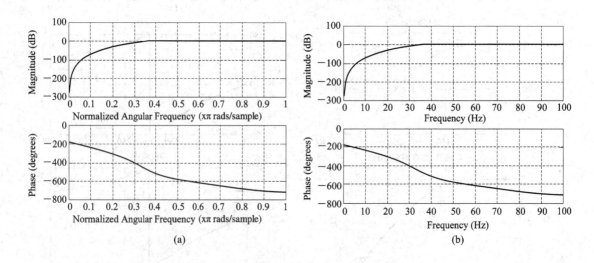

图 22 - 3　用直接法设计的巴特沃斯数字高通滤波器特性

程序执行结果如下：

```
n =   6
wc =  0.3475
b =   0.1049  −0.6291  1.5728  −2.0971  1.5728  −0.6291  0.1049
a =   1.0000  −1.8123  2.0099  −1.2627  0.5030  −0.1116  0.0110
```

该系统的传递函数应为

$$H(z) = \frac{0.1049 - 0.6291z^{-1} + 1.5728z^{-2} - 2.0971z^{-3} + 1.5728z^{-4} - 0.6291z^{-5} + 0.1049z^{-6}}{1 - 1.8123z^{-1} + 2.0099z^{-2} - 1.2627z^{-3} + 0.503z^{-4} - 0.1116z^{-5} + 0.011z^{-6}}$$

例 22-3　采用 MATLAB 直接法设计一个切比雪夫 I 型数字带通滤波器，要求：$\omega_{p1} = 0.25\pi$，$\omega_{p2} = 0.75\pi$，$R_p = 1$ dB；$\omega_{s1} = 0.85\pi$，$\omega_{s1} = 0.15\pi$，$A_s = 20$ dB。请描绘滤波器归一化的绝对和相对幅频特性、相频特性、零极点分布图，列出系统传递函数式。

解　程序如下：

```
ws1=0.15; ws2=0.85;          %数字滤波器的阻带截止频率
ws=[ws1, ws2];
wp1=0.25; wp2=0.75;          %数字滤波器的通带截止频率
wp=[wp1, wp2];
Rp=1; As=20;                 %输入滤波器的通阻带衰减指标
[n, wc]=cheb1ord(wp, ws, Rp, As)   %计算阶数 n 和截止频率
[b, a]=cheby1(n, Rp, wc)     %直接求数字带通滤波器系数
[H, w]=freqz(b, a);          %求数字系统的频率特性
dbH=20 * log10((abs(H)+eps)/max(abs(H)));   %化为分贝值
subplot(2, 2, 1), plot(w/pi, abs(H));
subplot(2, 2, 2), plot(w/pi, angle(H));
subplot(2, 2, 3), plot(w/pi, dbH);
subplot(2, 2, 4), zplane(b, a);
```

程序执行结果为

```
n =   3
wc =  0.2500   0.7500
b =   0.1321  0      −0.3964  0      0.3964  0      −0.1321
a =   1.0000  −0.0000  0.3432  0.0000  0.6044  −0.0000  0.2041
```

特性曲线如图 22-4 所示。

由图 22-4 可以看出，这是一个归一化的频率响应曲线，基本满足通阻带设计指标。该系统是一个 6 阶的切比雪夫 I 型数字带通滤波器，其传递函数为

$$H(z) = \frac{0.1321 - 0.3964z^{-2} + 0.3964z^{-4} - 0.1321z^{-6}}{1 + 0.3432z^{-2} + 0.6044z^{-4} + 0.2041z^{-6}}$$

例 22-4　采用 MATLAB 直接法设计一个切比雪夫 II 型数字带阻滤波器，要求：$f_{p1} = 1.5$ kHz，$f_{p2} = 8.5$ kHz，$R_p = 1$ dB；$f_{s1} = 2.5$ kHz，$f_{s2} = 7.5$ kHz，$A_s = 20$ dB，滤波器采样频率 $F_s = 20$ kHz。请描绘滤波器的绝对和相对幅频特性、相频特性、零极点分布图，列出系统传递函数。

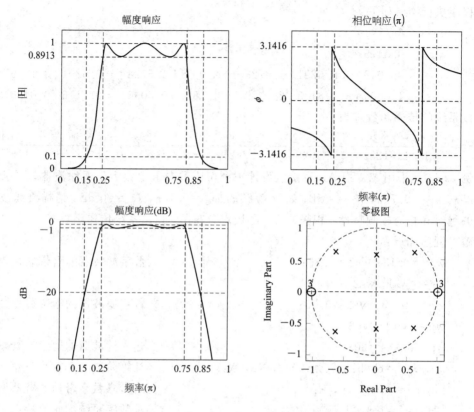

图 22 - 4　用直接法设计的切比雪夫 I 型数字带通滤波器特性

解　该例题给出的条件是实际频率,在编程时,首先要将其化为数字频率,再把其求出的结果化为实际频率进行标注。

Fs＝20;

ws1＝2.5/(Fs/2);ws2＝7.5/(Fs/2);　　　　%数字滤波器的阻带截止频率

ws＝[ws1,ws2];

wp1＝1.5/(Fs/2);wp2＝8.5/(Fs/2);　　　　%数字滤波器的通带截止频率

wp＝[wp1,wp2];

Rp＝1;As＝20;　　　　　　　　　　　　　%输入滤波器的通阻带衰减指标

[n,wc]＝cheb2ord(wp,ws,Rp,As)　　　　　%计算阶数 n 和截止频率

[b,a]＝cheby2(n,As,wc,'stop')　　　　　　%直接求数字带通滤波器系数

[H,w]＝freqz(b,a,512,Fs);　　　　　　　　%求数字系统的频率特性

作图部分的程序省略,程序执行结果为

n ＝　3

wc ＝　0.2401　　0.7599

b ＝　　0.1770　　-0.0000　　　0.2059　　-0.0000　　0.2059　　-0.0000　　　0.1770

a ＝　　1.0000　　-0.0000　　-0.7134　　0.0000　　0.5301　　-0.0000　　-0.0509

特性曲线如图 22 - 5 所示。

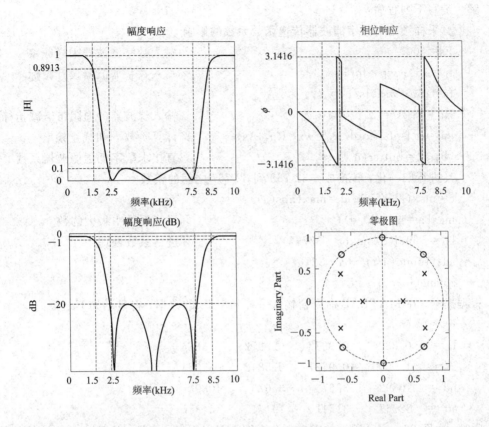

图 22-5 用直接法设计的切比雪夫 II 型数字带阻滤波器特性

由图 22-5 可以看出,这是一个实际的频率响应曲线,横轴上使用实际频率值,以 kHz 为单位,频率响应基本满足通阻带设计指标。该系统是一个 6 阶的切比雪夫 II 型数字带阻滤波器,其传递函数为

$$H(z) = \frac{0.177 + 0.2059z^{-2} + 0.2059z^{-4} + 0.177z^{-6}}{1 - 0.7134z^{-2} + 0.5301z^{-4} - 0.0509z^{-6}}$$

4. 采样频率对数字滤波器传递函数系数的影响

在前面的 IIR 数字滤波器设计中,从设计指标到频率响应曲线、零极点分布图都满足要求,是否实际的系统就一定能实现呢?回答是否定的。原因在于:MATLAB 与 DSP 硬件系统在运算精度、动态范围上是不同的。MATLAB 计算的精度往往高于硬件系统能够达到的精度。在 DSP 上使用 C 或汇编语言进行运算,一般采用单精度的浮点数或定点数。另外,A/D、D/A 转换使用的芯片,其位数通常也比较低。这些都将造成一定的误差。

例如,DSP 采用定点运算,首先需要对 IIR 数字滤波器设计的一组传递函数系数进行归一化处理,然后再转换为一组定点数,即化为一组 -32 768~32 767 之间的整数。下面我们来观察不同采样频率对经处理后的数字滤波器系数的影响。

例 22-5 按与例 22-1 相同的指标,设计一个巴特沃斯数字低通滤波器,要求通带 f_p = 150 Hz,R_p = 3 dB;阻带 f_s = 250 Hz,A_s = 20 dB。改变滤波器采样频率 F_s,观察不同采样频率对经处理后的数字滤波器系数的影响。

解 编写下列程序：

```
%采样频率对数字滤波器传递函数系数的影响
Fs=600;                          %输入数字滤波器采样频率
fp=150;wp=fp/Fs*2;               %输入数字滤波器设计指标
fs=250;ws=fs/Fs*2;
Rp=1;As=20;                      %输入滤波器的通阻带衰减指标
[n,wc]=buttord(wp,ws,Rp,As);     %计算阶数 n 和截止频率
[b,a]=butter(n,wc)               %直接求数字低通滤波器系数
%进行归一化,转换成-32 768 到 32 767 之间的整数
c=max(abs(b));d=max(abs(a));
maxba=max(c,d);                  %寻找系数中最大的数
bd=round(b/maxba*32767)          %进行系数处理
ad=round(a/maxba*32767)
zplane(b,a);
```

根据提示，在 MATLAB 命令窗输入采样频率 F_s 的数据，将显示如下结果：

```
Fs=   600
b =   0.3324    0.9972    0.9972    0.3324
a =   1.0000    0.9687    0.5842    0.1064
bd =  10892    32676    32676    10892
ad =  32767    31741    19141    3488
```

此时，由图 22-6(a)所示的零极点分布图上可以看见，这是一个稳定的系统。当 $F_s=600$ Hz 时，既满足 $F_s \geqslant 2f_s$，又不是远大于 $2f_s$ 时设计出的数字滤波器系数在数量级上比较一致，且没有出现大于 1 的系数，不会由于进行定点数的处理而损失某些数据。

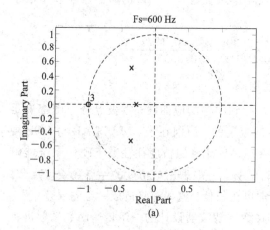 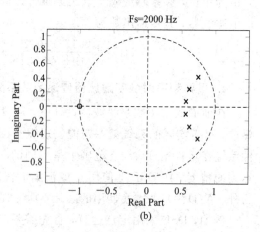

图 22-6 输入不同采样频率时得到的零极点分布图

将 Fs 加大到 2000 Hz，观察下列数据：

```
Fs= 2000
b = 0.0002   0.0010 0.0026   0.0034 0.0026   0.0010 0.0002
a = 1.0000  -3.8778 6.5266  -6.0382 3.2201  -0.9349 0.1151
```

出现系数除 a_0 外绝对值大于 1 的情况。由于 a_0 必须为 1，对应定点处理后为 32767，因此其它绝对值大于 1 的数将区别正、负系数，分别进行归一化处理。得到：

bd ＝　　6　　　　34　　　　85　　　　113　　　　85　　　　34　　　　6
ad ＝32767　　−32768　　32767　　−32768　　32767　　−30632　　3771

此时，由图 22-6(b)所示的零极点分布图上可以看见，这是一个稳定的系统。但由于原绝对值大于 1 的系数被归一，损失了部分信息，因此再把这些数据输入 DSP 等硬件系统进行处理时，这个数字滤波器就会出现很大误差，甚至不能实现。

四、实验任务

（1）阅读并输入实验原理中介绍的例题程序，观察输出的数据和图形，结合基本原理理解每一条语句的含义。

（2）用 MATLAB 直接法设计切比雪夫 Ⅱ 型数字低通滤波器，要求：通带 $\omega_p = 0.2\pi$，$R_p = 1$ dB；阻带 $\omega_s = 0.3\pi$，$A_s = 20$ dB。请描绘滤波器归一化的绝对和相对幅频特性、相频特性、零极点分布图，列出系统传递函数式。

（3）用 MATLAB 直接法设计椭圆型数字高通滤波器，要求：通带 $\omega_p = 0.3\pi$，$R_p = 1$ dB；阻带 $\omega_s = 0.2\pi$，$A_s = 20$ dB。请描绘滤波器的绝对和相对幅频特性、相频特性、零极点分布图，列出系统传递函数式。

（4）用 MATLAB 直接法设计巴特沃斯型数字带通滤波器，要求：$f_{p1} = 3.5$ kHz，$f_{p2} = 6.5$ kHz，$R_p = 3$ dB；$f_{s1} = 2.5$ kHz，$f_{s2} = 7.5$ kHz，$A_s = 15$ dB，滤波器采样频率 $F_s = 20$ kHz。请描绘滤波器绝对和相对幅频特性、相频特性、零极点分布图，列出系统传递函数式。

（5）用 MATLAB 直接法设计切比雪夫 Ⅰ 型数字带阻滤波器，要求：$f_{p1} = 1$ kHz，$f_{p2} = 4.5$ kHz，$R_p = 1$ dB；$f_{s1} = 2$ kHz，$f_{s2} = 3.5$ kHz，$A_s = 20$ dB，滤波器采样频率 $F_s = 10$ kHz。请描绘滤波器绝对和相对幅频特性、相频特性、零极点分布图，列出系统传递函数式。

五、实验预习

（1）认真阅读实验原理，明确本次实验任务，读懂例题程序，了解实验方法。

（2）根据实验任务预先编写实验程序。

（3）预习思考题：使用 MATLAB 直接法设计数字滤波器有哪些基本步骤？

六、实验报告

（1）列写调试通过的实验程序，打印或描绘实验程序产生的曲线图形。

（2）思考题：

① 回答实验预习思考题。

② 使用 buttord 和 butter 子函数在设计模拟滤波器与数字滤波器时有何不同？数字滤波器的 wp、ws 和 wn 的数据在什么范围？如何取值？

实验 23　线性相位 FIR 数字滤波器

一、实验目的

(1) 加深对线性相位 FIR 数字滤波器特性的理解。

(2) 掌握线性相位滤波器符幅特性和零极点分布的研究方法。

(3) 了解用 MATLAB 研究线性相位滤波器特性时程序编写的思路和方法。

二、实验原理

1. 线性相位 FIR 滤波器的特性

与 IIR 滤波器相比，FIR 滤波器在保证幅度特性满足技术要求的同时，很容易做到有严格的线性相位特性。设 FIR 滤波器单位脉冲响应 h(n)长度为 N，其系统函数为

$$H(z) = \sum_{n=0}^{N-1} h(n)z^{-n}$$

当滤波器的系数 N 满足一定的对称条件时，就可以获得线性相位。线性相位 FIR 滤波器共分为四种类型，分别为：

(1) 类型 I，系数对称，即 h(n)=h(N-1-n)，N 为奇数。

(2) 类型 II，系数对称，即 h(n)=h(N-1-n)，N 为偶数。

(3) 类型 III，系数反对称，即 h(n)=-h(N-1-n)，N 为奇数。

(4) 类型 IV，系数反对称，即 h(n)=-h(N-1-n)，N 为偶数。

对于上述四类线性相位 FIR 滤波器，参考文献[1]中提供了一段通用程序，对考虑正负号的幅度频率特性(简称符幅特性)进行求解，程序名为 amplres.m，程序如下：

```
function [A, w, type, tao]=amplres(h)
%给定 FIR 滤波器系数，求滤波器符幅特性
%h=FIR 滤波器的脉冲响应或分子系数向量
%A=滤波器的符幅特性
%w=频率向量，在 0 到 pi 之间分成 500 份，501 个点
%type=线性相位滤波器的类型
%tao=符幅特性的群时延
N=length(h); tao=(N-1)/2;
L=floor((N-1)/2);    %求滤波器的阶次及符幅特性的阶次
```

```
n＝1：L＋1；
w＝[0：500] * 2 * pi/500；                   ％取滤波器频率向量
if all(abs(h(n)−h(N−n+1))<1e−10)    ％判断滤波器系数，若为对称
   A＝2 * h(n) * cos(((N+1)/2−n)′ * w)−mod(N, 2) * h(L+1)；
                                     ％对称条件下计算 A(两种类型)
   ％在 N＝奇数时，h(L+1)多算一倍，要减掉。N 为偶数时，
   ％乘以 mod(N, 2)以取消这项
   type＝2−mod(N, 2)；                ％判断并给出类型
elseif all(abs(h(n)+h(N−n+1))<1e−10)&(h(L+1) * mod(N, 2)＝＝0)
                                     ％系数若为反对称
   ％在 N＝奇数时，h(L+1)为零是奇对称判别条件之一，
   ％N 为偶数时，乘以 mod(N, 2)以取消这项
   A＝2 * h(n) * sin(((N+1)/2−n)′ * w)；％反对称条件下计算 A(两种类型)
   type ＝4−mod(N, 2)；               ％判断并给出类型
else error('错误：这不是线性相位滤波器!')  ％滤波器系数非对称，报告错误
end
```

另外，FIR 滤波器的 H(z)是 z^{-1} 的(N−1)次多项式，它在 z 平面上有(N−1)个零点，原点 z＝0 是(N−1)阶重极点。由于线性相位 FIR 滤波器的极点都在原点处，因此不存在稳定性的问题。但有必要研究零点对滤波器特性的影响。

下面分别研究和分析上述问题。

2. 第一类线性相位滤波器(类型Ⅰ)

例 23-1 已知 FIR 线性相位系统 h＝[3, −1, −5, 4, 6, 4, −5, −1, 3]，要求描绘系统的冲激响应和符幅特性。

解 程序如下：
```
h＝[3, −1, −5, 4, 6, 4, −5, −1, 3]；
M＝length(h)；n＝0：M−1；
[A, w, type, tao]＝amplres(h)；type
subplot(2, 1, 1), stem(n, h)；
ylabel('h(n)')；xlabel('n')；
subplot(2, 1, 2), plot(w/pi, A)；
ylabel('A')；xlabel('\pi')；
```
MATLAB 命令窗显示：
```
type ＝ 1
```
由图 23-1 可见，这是一个第一类线性相位滤波器。滤波器的系数 N 为奇数(该题 N＝9)，且 h(n)＝h(N−1−n)，幅度特性关于 ω＝π 对称，在 ω＝0 和 ω＝π 处可以取任何值；可以用于实现低通、高通、带通、带阻等各种滤波特性。

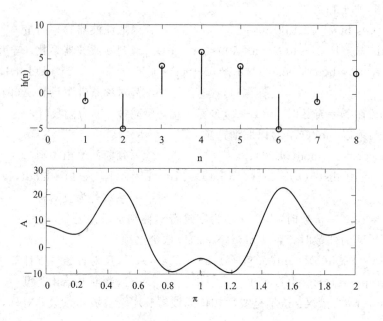

图 23-1 类型 I 滤波器冲激响应和符幅特性

3. 第二类线性相位滤波器(类型 II)

例 23-2 已知 FIR 线性相位系统 h=[3, −1，−5，4，4，−5，−1，3]，要求描绘系统的冲激响应和符幅特性。

解 程序如下：

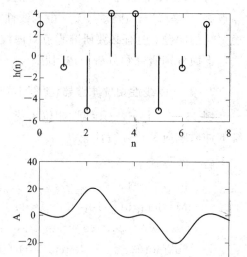

```
h=[3，−1，−5，4，4，−5，−1，3]；
M=length(h)；n=0：M−1；
[A，w，type，tao]=amplres(h)；type
subplot(2，1，1)，stem(n，h)；
ylabel('h(n)')；xlabel('n')；
subplot(2，1，2)，plot(w/pi，A)；
ylabel('A')；xlabel('\pi')；
```

MATLAB命令窗显示：

type = 2

由图 23-2可见，这是一个第二类线性相位

图 23-2 类型 II 滤波器冲激响应和符幅特性

滤波器。滤波器的系数 N 为偶数(该题 N=8)，且 $h(n)=h(N−1−n)$，幅度特性关于 $\omega=\pi$ 反对称，在 $\omega=0$ 处可以取任何值，在 $\omega=\pi$ 处必定为 0；不能用于实现高通和带阻滤波器。

4. 第三类线性相位滤波器(类型 III)

例 23-3 已知 FIR 线性相位系统 h=[3,−1,−5,4,0,−4,5,1,−3]；要求描绘系统的冲激响应和符幅特性。

解 程序如下：

```
h=[3,-1,-5,4,0,-4,5,1,-3];
M=length(h); n=0: M-1;
[A, w, type, tao]=amplres(h); type
subplot(2, 1, 1), stem(n, h);
ylabel('h(n)'); xlabel('n');
subplot(2, 1, 2), plot(w/pi, A);
ylabel('A'); xlabel('\pi');
```

MATLAB 命令窗显示：

    type = 3

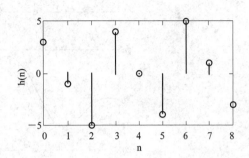

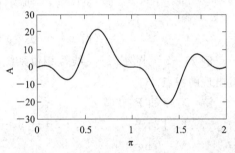

由图 23-3 可见，这是一个第三类线性相位滤波器。滤波器的系数 N 为奇数（该题 N=9），且 $h(n)=-h(N-1-n)$，幅度特性关于 $\omega=\pi$ 反对称，在 $\omega=0$ 和 $\omega=\pi$ 处都必定为 0；只能实现带通滤波器。

5. 第四类线性相位滤波器（类型Ⅳ）

例 23-4 已知 FIR 线性相位系统 $h=[3,-1,-5,4,-4,5,1,-3]$，要求描绘系统的冲激响应和符幅特性。

解 程序如下：

```
h=[3,-1,-5,4,-4,5,1,-3];
M=length(h); n=0: M-1;
[A, w, type, tao]=amplres(h); type
subplot(2, 1, 1), stem(n, h);
ylabel('h(n)'); xlabel('n');
subplot(2, 1, 2), plot(w/pi, A);
ylabel('A'); xlabel('\pi');
```

图 23-3 类型Ⅲ滤波器冲激响应和符幅特性

MATLAB 命令窗显示：

    type = 4

由图 23-4 可见，这是一个第四类线性相位滤波器。滤波器的系数 N 为偶数（该题 N=8），且 $h(n)=-h(N-1-n)$，幅度特性关于 $\omega=\pi$ 对称，在 $\omega=0$ 必定为 0，$\omega=\pi$ 处可以取任何值；不能用于实现低通、带阻滤波器。

6. 线性相位 FIR 数字滤波器零点分布特点

线性相位 FIR 滤波器的零点分为三种情况：

(1) 在 $z_i=1$ 或 $z_i=-1$ 位的零点单独出现；

(2) 实数零点或在单位圆上的复数零点按 z_1 与 $\frac{1}{z_1}$ 成对出现；

(3) 非单位圆上的复数零点，则按 z_1、z_1^*、$\frac{1}{z_1}$、$\left(\frac{1}{z_1}\right)^*$ 四个点同时出现。

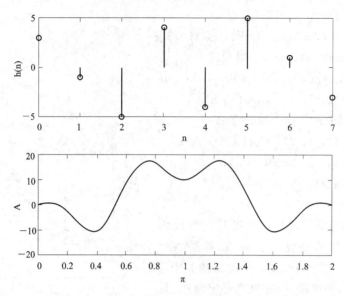

图 23 - 4 类型Ⅳ滤波器冲激响应和符幅特性

例 23 - 5 求例 23 - 1 线性相位系统的零极点分布图，并证明实数零点和复数零点成组出现的特点。

解 程序如下：

```
h=[3,-1,-5,4,6,4,-5,-1,3];
M=length(h);
rz=roots(h)
for i=1:M-1
    r(i)=1/rz(i);
end
r'
zplane(h,1)
```

程序执行结果如表 23 - 1 和图 23 - 5 所示。可以看出，序号为 1、2、6、7 的四个复数为一组；在实轴上的 3、8 两个实数为一组；处于单位圆上的 4、5 为一组。

表 23 - 1 程序执行结果

i	rz	r=1/rz
1	1.1674+0.7868i	0.5891+0.3970i
2	1.1674-0.7868i	0.5891-0.3970i
3	-1.3732	-0.7283
4	-0.5391+0.8423i	-0.5391+0.8423i
5	-0.5391-0.8423i	-0.5391-0.8423i
6	0.5891+0.3970i	1.1674+0.7868i
7	0.5891-0.3970i	1.1674-0.7868i
8	-0.7283	-1.3732

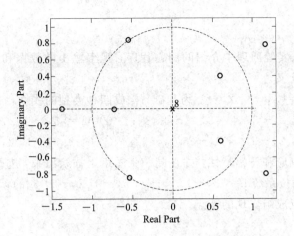

图 23-5 第一类线性相位滤波器零极点分布图

例 23-6 求例 23-2、例 23-3、例 23-4 的线性相位系统的零极点分布图。

解 程序如例 23-5，只需输入不同的 h 值，结果如图 23-6(a)、(b)、(c)所示。

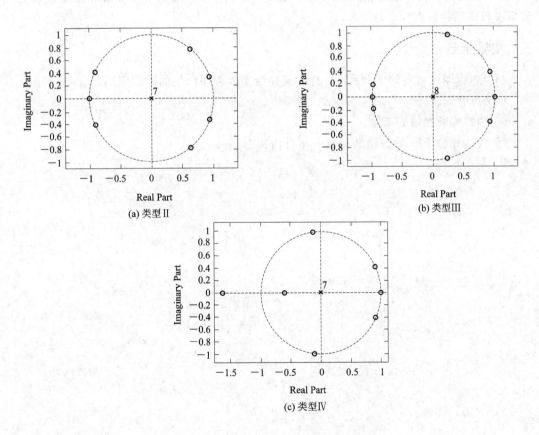

(a) 类型Ⅱ

(b) 类型Ⅲ

(c) 类型Ⅳ

图 23-6 线性相位滤波器零极点分布图

三、实验任务

（1）阅读并输入实验原理中介绍的例题程序，观察输出的数据和图形，结合基本原理理解每一条语句的含义。

（2）由序列 $h0=[3,-1,2,-3]$ 为基础，构成四种类型的线性相位 FIR 滤波器，即

① $h1=[3,-1,2,-3,5,-3,2,-1,3]$;　② $h2=[3,-1,2,-3,-3,2,-1,3]$;

③ $h3=[3,-1,2,-3,0,3,-2,1,-3]$;　④ $h4=[3,-1,2,-3,3,-2,1,-3]$

分别求它们的冲激响应和符幅特性，并在同一张图纸上描绘出来，进行比较。

（3）求解线性相位系统 $h=[3,-1,2,-3,5,-3,2,-1,3]$ 的零极点分布图，并观察实数零点和复数零点成组出现的特点。

四、实验预习

（1）认真阅读实验原理，明确本次实验任务，读懂例题程序，了解实验方法。

（2）根据实验任务预先编写实验程序。

（3）预习思考题：线性相位 FIR 数字滤波器如何分类？各种类型线性相位滤波器的冲激响应和符幅特性有什么特点？

五、实验报告

（1）列写调试通过的实验程序，打印或描绘实验程序产生的曲线图形。

（2）思考题：

① 回答实验预习思考题。

② 线性相位 FIR 滤波器的零点分布有何特点？

实验 24　用窗函数法设计 FIR 数字滤波器

一、实验目的

（1）加深对窗函数法设计 FIR 数字滤波器的基本原理的理解。

（2）学习用 MATLAB 语言的窗函数法编写设计 FIR 数字滤波器的程序。

（3）了解 MATLAB 有关窗函数法设计的常用子函数。

二、实验涉及的 MATLAB 子函数

1. boxcar

功能：矩形窗。

格式：w＝boxcar(n)

说明：boxcar(n)函数可产生一长度为 n 的矩形窗函数。

2. triang

功能：三角窗。

格式：w＝triang(n)

说明：triang(n)函数可得到 n 点的三角窗函数。三角窗系数为：

当 n 为奇数时，

$$w(k)=\begin{cases} \dfrac{2k}{n+1} & 1\leqslant k\leqslant \dfrac{n+1}{2} \\[3mm] \dfrac{2(n-k+1)}{n+1} & \dfrac{n+1}{2}\leqslant k\leqslant n \end{cases}$$

当 n 为偶数时，

$$w(k)=\begin{cases} \dfrac{2k-1}{n} & 1\leqslant k\leqslant \dfrac{n}{2} \\[3mm] \dfrac{2(n-k+1)}{n} & \dfrac{n}{2}\leqslant k\leqslant n \end{cases}$$

3. bartlett

功能：bartlett(巴特利特)窗。

格式：w＝Bartlett(n)

说明：bartlett(n)可得到 n 点的 bartlett 窗函数。bartlett 窗函数系数为

$$w(k)=\begin{cases}\dfrac{2(k-1)}{n-1} & 1\leqslant k\leqslant\dfrac{n+1}{2}\\[2mm]2-\dfrac{2(k-1)}{n-1} & \dfrac{n+1}{2}\leqslant k\leqslant n\end{cases}$$

4. hamming

功能：hamming(哈明)窗。

格式：w＝hamming(n)

说明：hamming(n)可产生 n 点的 hamming 窗。hamming 窗函数系数为

$$w(k+1)=0.54-0.46\cos\left(2\pi\dfrac{k}{n-1}\right)\qquad k=0,1,\cdots,n-1$$

5. hanning

功能：hanning(汉宁)窗。

格式：w＝hanning(n)

说明：hanning(n)可产生 n 点的 hanning 窗。hanning 窗函数系数为

$$w(k)=0.5\left[1-\cos\left(2\pi\dfrac{k}{n+1}\right)\right]\qquad k=1,2,\cdots,n$$

6. blackman

功能：blackman(布莱克曼)窗。

格式：w＝blackman(n)

说明：blackman(n)可产生 n 点的 blackman 窗。blackman 窗函数系数为

$$w(k)=0.42-0.5\cos\left(2\pi\dfrac{k-1}{n-1}\right)+0.08\cos\left(4\pi\dfrac{k-1}{n-1}\right)\qquad k=1,2,\cdots,n$$

与等长度的 hamming 和 hanning 窗相比，blackman 窗的主瓣稍宽，旁瓣稍低。

7. chebwin

功能：chebyshev(切比雪夫)窗。

格式：w＝chebwin(n,r)

说明：chebwin(n,r)可产生 n 点的 chebyshev 窗函数，其傅里叶变换后的旁瓣波纹低于主瓣 r dB。注意：当 n 为偶数时，窗函数的长度为 n+1。

8. kaiser

功能：kaiser(凯塞)窗。

格式：w＝kaiser(n,beta)

说明：kaiser(n,beta)可产生 n 点的 kaiser 窗函数，其中，beta 为影响窗函数旁瓣的 β 参数，其最小的旁瓣抑制 α 与 β 之间的关系为

$$\beta=\begin{cases}0.1102(\alpha-0.87) & \alpha>50\\0.5842(\alpha-21)^{0.4}+0.07886(\alpha-21) & 21\leqslant\alpha\leqslant50\\0 & \alpha<21\end{cases}$$

增加 β 可使主瓣变宽、旁瓣的幅度降低。

9. fir1

功能：基于窗函数的 FIR 数字滤波器设计——标准频率响应，以经典方法实现加窗线

性相位 FIR 滤波器设计，可设计出标准的低通、带通、高通和带阻滤波器。

格式：

※ b＝fir1(n，Wn)；设计截止频率为 Wn 的 hamming(哈明)加窗线性相位滤波器，滤波器系数包含在 b 中。当 $0 \leqslant Wn \leqslant 1$(Wn＝1 相应于 0.5fs)时，可得到 n 阶低通 FIR 滤波器。

当 Wn＝[W1 W2]时，fir1 函数可得到带通滤波器，其通带为 $\omega_1 < \omega < \omega_2$。

※ b＝fir1(n，Wn，'ftype')；可设计高通和带阻滤波器，由 ftype 决定：

· 当 ftype＝high 时，设计高通 FIR 滤波器；

· 当 ftype＝stop 时，设计带阻 FIR 滤波器。

在设计高通和带阻滤波器时，fir1 函数总是使用偶对称 N 为奇数(即第一类线性相位 FIR 滤波器)的结构，因此当输入的阶次为偶数时，fir1 函数会自动加 1。

※ b＝fir1(n，Wn，Window)；利用列矢量 Window 中指定的窗函数进行滤波器设计，Window 长度为 n＋1。如果不指定 Window 参数，则 fir1 函数采用 hamming 窗。

※ b＝fir1(n，Wn，'ftype'，Window)；可利用 ftype 和 Window 参数设计各种加窗的滤波器。

由 fir1 函数设计的 FIR 滤波器的群延迟为 n/2。

三、实验原理

1. 运用窗函数法设计 FIR 数字滤波器

FIR 数字滤波器的系统函数为

$$H(z) = \sum_{n=0}^{N-1} h(n) z^{-n}$$

这个公式也可以看成是离散 LSI 系统的系统函数：

$$H(z) = \frac{Y(z)}{X(z)} = \frac{b(z)}{a(z)} = \frac{\sum\limits_{m=0}^{M} b_m z^{-m}}{1 + \sum\limits_{k=1}^{N} a_k z^{-k}} = \frac{b_0 + b_1 z^{-1} + b_2 z^{-2} + \cdots + b_m z^{-m}}{1 + a_1 z^{-1} + a_2 z^{-2} + \cdots + a_k z^{-k}}$$

分母 a_0 为 1，其余 a_k 全都为 0 时的一个特例。由于极点全部集中在 0 点，稳定和线性相位特性是 FIR 滤波器突出的优点，因此在实际中具有更广泛的使用价值。

FIR 滤波器的设计任务是选择有限长度的 h(n)，使传输函数 $H(e^{j\omega})$ 满足技术要求。主要设计方法有窗函数法、频率采样法和切比雪夫等波纹逼近法等。本实验主要介绍用窗函数法设计 FIR 数字滤波器。

用窗函数法设计 FIR 数字滤波器的基本步骤是：

(1) 根据过渡带和阻带衰减设计指标选择窗函数的类型，估算滤波器的阶数 N。

(2) 由数字滤波器的理想频率响应 $H(e^{j\omega})$ 求出其单位冲激响应 $h_d(n)$。

对于理想的数字低通滤波器频率响应，有下列的子程序可以实现(该程序名为 ideal_lp.m)：

function hd＝ideal_lp(wc，N)

%hd＝点 0 到 N－1 之间的理想脉冲响应

```
%wc＝截止频率(弧度)
%N＝理想滤波器的长度
tao＝(N-1)/2;
n＝[0：(N-1)];
m＝n-tao+eps;        %加一个小数以避免0作除数
hd＝sin(wc＊m)./(pi＊m);
```

其它选频滤波器则可以由低通频响特性合成。如一个通带在 $\omega_{c1}\sim\omega_{c2}$ 之间的带通滤波器,在给定 N 值的条件下,可以用下列程序实现:

```
hd＝ ideal_lp(wc2, N)-ideal_lp(wc1, N);
```

(3) 计算数字滤波器的单位冲激响应 $h(n)=w(n)h_d(n)$。

(4) 检查设计出的滤波器是否满足技术指标。

如果不满足技术指标,则需要重新选择或调整窗函数的类型,估算滤波器的阶数 N。再重复前面的四个步骤,直到满足指标为止。

常用的窗函数有矩形窗、三角形窗、汉宁窗、哈明窗、切比雪夫窗、布莱克曼窗、凯塞窗等,MATLAB 均有相应的子函数可以调用。

另外,MATLAB 信号处理工具箱还提供了 fir1 子函数,可以用于窗函数法设计 FIR 滤波器。

由于第一类线性相位滤波器(类型Ⅰ)能进行低通、高通、带通、带阻滤波器的设计,因此,本实验滤波器多数采用第一类线性相位滤波器。

2. 各种窗函数特性的比较

例 24-1　在同一图形坐标上显示矩形窗、三角形窗、汉宁窗、哈明窗、布莱克曼窗、凯塞窗的特性曲线。

解　程序如下:

```
N＝64; beta＝7.865; n＝1：N;        %输入 N、凯塞窗需要的β值
wbo＝boxcar(N);                    %矩形窗
wtr＝triang(N);                    %三角形窗
whn＝hanning(N);                   %汉宁窗
whm＝hamming(N);                   %哈明窗
wbl＝blackman(N);                  %布莱克曼窗
wka＝kaiser(N, beta);              %凯塞窗
plot(n′, [wbo, wtr, whn, whm, wbl, wka]);   %在同一界面上作图
axis([0, N, 0, 1.1]);
legend('矩形', '三角形', '汉宁', '哈明', '布莱克曼', '凯塞')   %线型标注
```

程序结果如图 24-1 所示,MATLAB 将自动用不同颜色标出各条曲线。因黑白印刷无法分辨,故改用不同线型表示。

为了便于滤波器设计,表 24-1 给出了六种窗函数的特性参数。

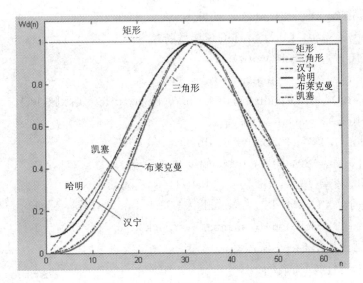

图 24 - 1　常用窗函数形状比较

表 24 - 1　六种窗函数的特性参数表

窗函数	旁瓣峰值/dB	近似过渡带宽	精确过渡带宽	阻带最小衰减/dB
矩形窗	−13	$4\pi/N$	$1.8\pi/N$	21
三角形窗	−25	$8\pi/N$	$6.1\pi/N$	25
汉宁窗	−31	$8\pi/N$	$6.2\pi/N$	44
哈明窗	−41	$8\pi/N$	$6.6\pi/N$	53
布莱克曼窗	−57	$12\pi/N$	$11\pi/N$	74
凯塞窗	−57		$10\pi/N$	80

3. 用窗函数法设计 FIR 数字低通滤波器

例 24 - 2　用矩形窗设计一个 FIR 数字低通滤波器，要求：N＝64，截止频率为 $\omega_c =$ 0.4π，描绘理想和实际滤波器的脉冲响应、窗函数及滤波器的幅频响应曲线。

解　程序如下：

```
wc＝0.4 * pi;                    %输入设计指标
N＝64; n＝0：N−1;
hd＝ideal_lp(wc, N);            %建立理想低通滤波器
windows＝(boxcar(N))′;          %使用矩形窗，并将列向量变为行向量
b＝hd. * windows;               %求 FIR 系统函数系数
[H, w]＝freqz(b, 1);            %求解频率特性
dbH＝20 * log10((abs(H)＋eps)/max(abs(H)));    %化为分贝值
%作图
subplot(2, 2, 1), stem(n, hd);
axis([0, N, 1.1 * min(hd), 1.1 * max(hd)]); title('理想脉冲响应');
xlabel('n'); ylabel('hd(n)');
```

```
subplot(2, 2, 2), stem(n, windows);
axis([0, N, 0, 1.1]); title('窗函数特性');
xlabel('n'); ylabel('wd(n)');
subplot(2, 2, 3), stem(n, b);
axis([0, N, 1.1 * min(b), 1.1 * max(b)]); title('实际脉冲响应');
xlabel('n'); ylabel('h(n)');
subplot(2, 2, 4), plot(w/pi, dbH);
axis([0, 1, -80, 10]); title('幅度频率响应');
xlabel('频率(单位：\pi)'); ylabel('H(e^{j\omega})');
set(gca, 'XTickMode', 'manual', 'XTick', [0, wc/pi, 1]);
set(gca, 'YTickMode', 'manual', 'YTick', [-50, -20, -3, 0]); grid
```

程序运行结果如图 24-2 所示。

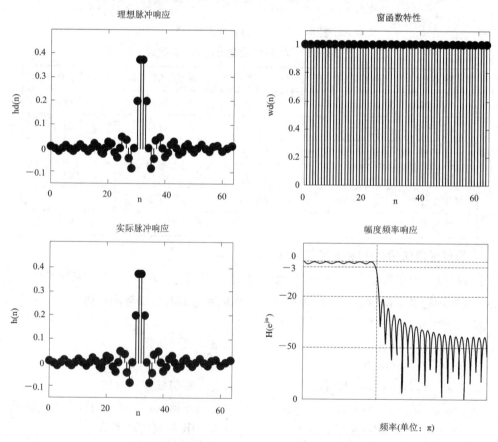

图 24-2　例 24-2 设计的数字低通滤波器特性

例 24-3　选择合适的窗函数设计一个 FIR 数字低通滤波器，要求：通带截止频率为 $\omega_p = 0.3\pi$，$R_p = 0.05$ dB；阻带截止频率为 $\omega_s = 0.45\pi$，$A_s = 50$ dB。描绘该滤波器的脉冲响应、窗函数及滤波器的幅频响应曲线和相频响应曲线。

解　查表 24-1，选择哈明窗。程序如下：

```
wp = 0.3 * pi; ws = 0.45 * pi;                    %输入设计指标
```

deltaw＝ws－wp;   ％计算过渡带的宽度
N0＝ceil(6.6＊pi/deltaw);   ％按表 24-1 所示哈明窗数据,求滤波器长度 N0
N＝N0＋mod(N0＋1, 2) ％为实现 FIR 类型 I 偶对称滤波器,应确保 N 为奇数
windows＝(hamming(N))′;   ％使用哈明窗,并将列向量变为行向量
wc＝(ws＋wp)/2;   ％截止频率取通阻带频率的平均值
hd＝ideal_lp(wc, N);   ％建立理想低通滤波器
b＝hd.＊windows;   ％求 FIR 系统函数系数
[db, mag, pha, grd, w]＝freqz_m(b, 1);   ％求解频率特性
n＝0: N－1;dw＝2＊pi/1000;   ％dw 为频率分辨率,将 0～2π 分为 1000 份
Rp＝－(min(db(1: wp/dw＋1)))   ％检验通带波动
As＝－round(max(db(ws/dw＋1: 501)))％检验最小阻带衰减

作图部分省略。

程序执行结果如下:

N ＝   45

Rp ＝   0.0428

As ＝   50

程序运行结果如图 24-3 所示。

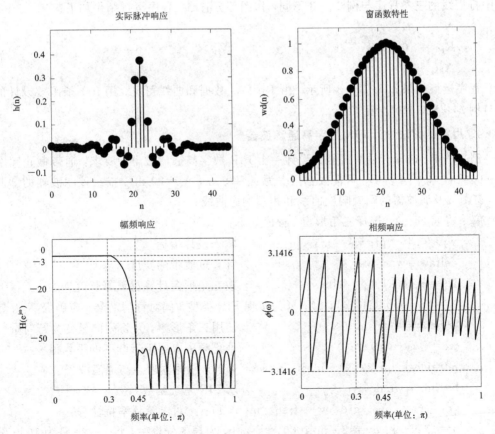

图 24-3 例 24-3 设计的数字低通滤波器特性

由 Rp、As 数据和曲线可见，用哈明窗设计的结果能够满足设计指标要求。由 N 值可知，FIR 数字低通滤波器的阶数一般都比较高，其公式不再用数学表达式列出。

例 24-4 用 MATLAB 信号处理箱提供的 fir1 子函数，设计一个 FIR 数字低通滤波器，要求同例 24-3：通带截止频率为 $\omega_p=0.3\pi$，$R_p=0.05$ dB；阻带截止频率为 $\omega_s=0.45\pi$，$A_s=50$ dB。

解 查表 24-1，选择哈明窗。程序如下：

```
wp=0.3*pi; ws=0.45*pi;        %输入设计指标
deltaw=ws-wp;                  %计算过渡带的宽度
N0=ceil(6.6*pi/deltaw);        %按哈明窗计算滤波器长度 N0
N=N0+mod(N0+1,2);  %为实现 FIR 类型Ⅰ偶对称滤波器，应确保 N 为奇数
windows=hamming(N);            %使用哈明窗，此句可省略
wc=(ws+wp)/2/pi;               %截止频率取归一化通阻带频率的平均值
b=fir1(N-1,wc,windows)  %用 fir1 子函数求系统函数系数，windows 可省略
[db,mag,pha,grd,w]=freqz_m(b,1);   %求解频率特性
n=0:N-1;dw=2*pi/1000;          %dw 为频率分辨率，将 0~2π 分为 1000 份
Rp=-(min(db(1:wp/dw+1)))       %检验通带波动
As=-round(max(db(ws/dw+1:501)))    %检验最小阻带衰减
```

其中打横线的三条程序与例 24-3 不同，作图部分省略。程序运行结果如下：

```
N =    45
Rp =   0.0428
As =   50
```

程序运行结果如图 24-3 所示。由 Rp、As 数据和曲线可见，用 fir1 子函数设计的结果与例 24-3 结果完全相同。

4. 用窗函数法设计 FIR 数字高通滤波器

例 24-5 选择合适的窗函数设计一个 FIR 数字高通滤波器，要求：通带截止频率为 $\omega_p=0.45\pi$，$R_p=0.5$ dB；阻带截止频率为 $\omega_s=0.3\pi$，$A_s=20$ dB。描绘该滤波器的脉冲响应、窗函数及滤波器的幅频响应曲线和相频响应曲线。

解 查表 24-1，选择三角形窗。程序如下：

```
wp=0.45*pi; ws=0.3*pi;        %输入设计指标
deltaw=wp-ws;                  %计算过渡带的宽度
N0=ceil(6.1*pi/deltaw);        %按三角形窗计算滤波器长度 N0
N=N0+mod(N0+1,2);  %为实现 FIR 类型Ⅰ偶对称滤波器，应确保 N 为奇数
windows=(triang(N))';          %使用三角形窗，并将列向量变为行向量
wc=(ws+wp)/2;                  %截止频率取通阻带频率的平均值
hd=ideal_lp(pi,N)-ideal_lp(wc,N);   %建立理想高通滤波器
b=hd.*windows;                 %求 FIR 系统函数系数
[db,mag,pha,grd,w]=freqz_m(b,1);   %求解频率特性
n=0:N-1;dw=2*pi/1000;          %dw 为频率分辨率，将 0~2π 分为 1000 份
Rp=-(min(db(wp/dw+1:501)))     %检验通带波动
```

　　As＝－round(max(db(1：ws/dw＋1)))　％检验最小阻带衰减

作图部分省略。程序运行结果如下：

　　N ＝　　41
　　Rp ＝　0.3625
　　As ＝　　25

　　程序运行结果如图 24-4 所示。由 Rp、As 数据和曲线可见，用三角形窗设计的结果能够满足设计指标要求。

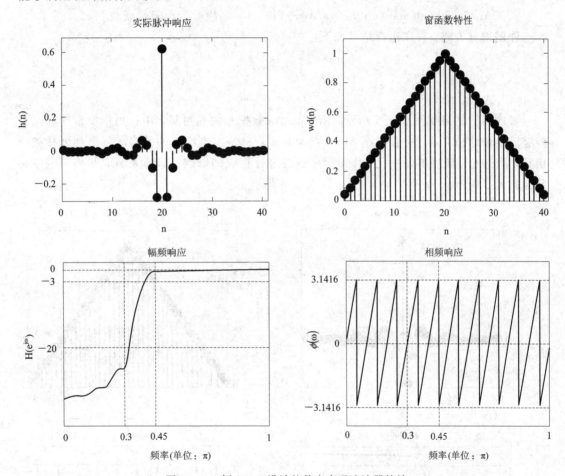

图 24-4　例 24-5 设计的数字高通滤波器特性

　　例 24-6　用 MATLAB 信号处理箱提供的 fir1 子函数，设计一个 FIR 数字高通滤波器，要求：通带截止频率为 $f_p = 450$ Hz，$R_p = 0.5$ dB；阻带截止频率为 $f_s = 300$ Hz，$A_s = 20$ dB；采样频率 $F_s = 2000$ Hz。描绘滤波器的脉冲响应、窗函数及滤波器的幅频响应和相频响应曲线。

　　解　查表 24-1，选择三角形窗。程序如下：

　　fs＝300；fp＝450；Fs＝2000；　　　　　　　％输入设计指标
　　ws＝fs/(Fs/2)＊pi；wp＝fp/(Fs/2)＊pi；　　％计算归一化角频率
　　deltaw＝wp－ws；　　　　　　　　　　　　％计算过渡带的宽度
　　N0＝ceil(6.1＊pi/deltaw)；　　　　　　　　％按三角形窗计算滤波器长度 N0

N＝N0＋mod(N0＋1，2)；％为实现 FIR 类型 I 偶对称滤波器，应确保 N 为奇数
windows＝triang(N)；　　　　　　　　　　％使用三角形窗
wc＝(ws＋wp)/2/pi；　％截止频率取归一化通阻带频率的平均值
b＝fir1(N－1，wc，'high'，windows)；　　　　％用 fir1 子函数求系统函数系数
[db，mag，pha，grd，w]＝freqz_m(b，1)；％求解频率特性
n＝0：N－1；dw＝2 * pi/1000；　％dw 为频率分辨率，将 0～2π 分为 1000 份
Rp＝－(min(db(wp/dw＋1：501)))　　　％检验通带波动
As＝－round(max(db(1：ws/dw＋1)))　　　％检验最小阻带衰减

作图部分省略。程序运行结果如下：

N ＝　　41
Rp ＝　0.3625
As ＝　25

　　程序运行结果如图 24－5 所示。由 Rp、As 数据和曲线可见，用三角形窗设计的结果能够满足设计指标要求，且与例 24－5 结果相同，只是本例给出的是实际频率和采样频率指标，需先进行频率的归一化。作图程序也需进行相应的修改。如幅频响应和相频响应部分作图程序如下：

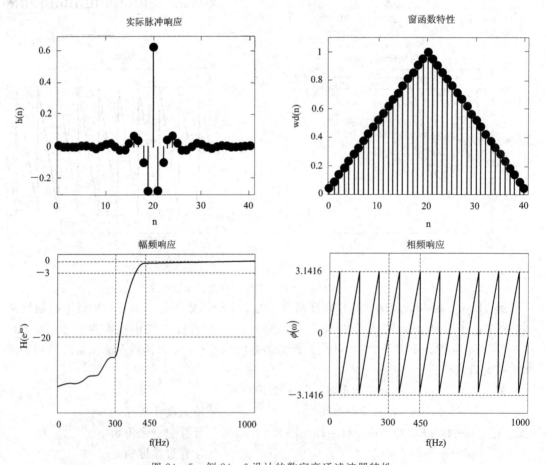

图 24－5　例 24－6 设计的数字高通滤波器特性

```
subplot(2, 2, 3), plot(w/2/pi * Fs, db);
axis([0, Fs/2, −40, 2]); title('幅频响应');
xlabel('f(Hz)'); ylabel('H(e^{j\omega})');
set(gca, 'XTickMode', 'manual', 'XTick', [0, fs, fp, Fs/2]);
set(gca, 'YTickMode', 'manual', 'YTick', [−20, −3, 0]); grid
subplot(2, 2, 4), plot(w/2/pi * Fs, pha);
axis([0, Fs/2, −4, 4]); title('相频响应');
xlabel('f(Hz)'); ylabel('\phi(\omega)');
set(gca, 'XTickMode', 'manual', 'XTick', [0, fs, fp, Fs/2]);
set(gca, 'YTickMode', 'manual', 'YTick', [−pi, 0, pi]); grid
```

5. 用窗函数法设计 FIR 数字带通滤波器

　　例 24 - 7　选择合适的窗函数设计一个 FIR 数字带通滤波器，要求：下阻带截止频率 $\omega_{s1}=0.2\pi$，$A_s=65$ dB；通带低端截止频率 $\omega_{p1}=0.3\pi$，$R_p=0.05$ dB；通带高端截止频率 $\omega_{p2}=0.7\pi$，$R_p=0.05$ dB；上阻带截止频率 $\omega_{s2}=0.8\pi$，$A_s=65$ dB。描绘实际滤波器的脉冲响应、窗函数及滤波器的幅频响应曲线和相频响应曲线。

　　解　查表 24 - 1，选择布莱克曼窗。程序如下：

```
wp1=0.3 * pi; wp2=0.7 * pi;              %输入设计指标
ws1=0.2 * pi; ws2=0.8 * pi;
wp=[wp1, wp2]; ws=[ws1, ws2];
deltaw=wp1−ws1;                          %计算过渡带的宽度
N0=ceil(11 * pi/deltaw);                 %按布莱克曼窗计算滤波器长度 N0
N=N0+mod(N0+1, 2);    %为实现 FIR 类型 I 偶对称滤波器，应确保 N 为奇数
windows=(blackman(N))';     %使用布莱克曼窗，并将列向量变为行向量
wc1=(ws1+wp1)/2; wc2=(ws2+wp2)/2;    %截止频率取通阻带频率的平均值
hd=ideal_lp(wc2, N)−ideal_lp(wc1, N);    %建立理想带通滤波器
b=hd. * windows;                         %求 FIR 系统函数系数
[db, mag, pha, grd, w]=freqz_m(b, 1);    %求解频率特性
n=0: N−1; dw=2 * pi/1000;    %dw 为频率分辨率，将 0~2π 分为 1000 份
Rp=−(min(db(wp1/dw+1: wp2/dw+1)))    %检验通带波动
ws0=[1: ws1/dw+1, ws2/dw+1: 501];    %建立阻带频率样点数组
As=−round(max(db(ws0)))              %检验最小阻带衰减
subplot(2, 2, 1), stem(n, b);            %作图
axis([0, N, 1.1 * min(b), 1.1 * max(b)]);
subplot(2, 2, 2), stem(n, windows);
axis([0, N, 0, 1.1]);
subplot(2, 2, 3), plot(w/pi, db);
axis([0, 1, −150, 10]);
set(gca, 'XTickMode', 'manual', 'XTick', ...
    [0, ws1/pi, wp1/pi, wp2/pi, ws2/pi, 1]);
```

```
set(gca, 'YTickMode', 'manual', 'YTick', ...
    [-100, -65, -20, -3, 0]); grid
subplot(2, 2, 4), plot(w/pi, pha);
axis([0, 1, -4, 4]);
set(gca, 'XTickMode', 'manual', 'XTick', ...
    [0, ws1/pi, wp1/pi, wp2/pi, ws2/pi, 1]);
set(gca, 'YTickMode', 'manual', 'YTick', ...
    [-pi, 0, pi]); grid
```

一条程序过长，需要转到下一行书写时，在中断行用"，..."结尾，下一行继续书写程序，如上面程序中的 set 语句。

程序运行结果如下：

N =   111

Rp = 0.0033

As = 73

程序运行结果如图 24-6 所示。

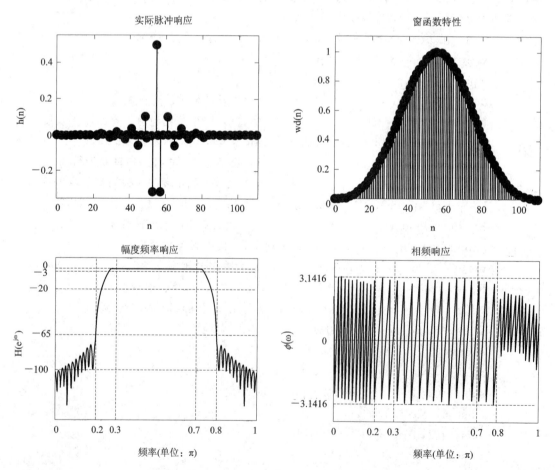

图 24-6 例 24-7 设计的数字带通滤波器特性

　　注意：带通滤波器的设计指标中，两边过渡带的宽度一般应该一致，deltaw 可以由任意一边的带宽来确定。如果两边过渡带的宽度不一致，则应求两个过渡带中小的一个作为设计的依据（带阻滤波器的设计同），此时 deltaw 一句改为

　　　　deltaw＝min((wp1－ws1)，(ws2－wp2))；

　　由 Rp、As 数据和曲线可见，用布莱克曼窗设计的结果不仅满足设计指标要求，且具有很小的通带波动（Rp＝0.0033 dB），很高的阻带衰减值（最小阻带衰减 As＝73 dB），过渡带很窄。

　　例 24 - 8　用 MATLAB 信号处理箱提供的 fir1 子函数设计一个 FIR 数字带通滤波器，要求：下阻带截止频率 f_{s1}＝100 Hz，A_s＝65 dB；通带低端截止频率 f_{p1}＝150 Hz，R_p＝0.05 dB；通带高端截止频率 f_{p2}＝350 Hz，R_p＝0.05 dB；上阻带截止频率 f_{s2}＝400 Hz，A_s＝65 dB；采样频率 F_s＝1000 Hz。描绘实际滤波器的脉冲响应、窗函数及滤波器的幅频响应曲线和相频响应曲线。

　　解　查表 24 - 1，选择布莱克曼窗。程序如下：

```
fp1＝150；fp2＝350；                %输入设计指标
fs1＝100；fs2＝400；Fs＝1000；
ws1＝fs1/(Fs/2) * pi；ws2＝fs2/(Fs/2) * pi；     %计算归一化角频率
wp1＝fp1/(Fs/2) * pi；wp2＝fp2/(Fs/2) * pi；
deltaw＝wp1－ws1；                %计算过渡带的宽度
N0＝ceil(11 * pi/deltaw)；         %按布莱克曼窗计算滤波器长度 N0
N＝N0＋mod(N0＋1，2)            %为实现 FIR 类型Ⅰ偶对称滤波器，应确保 N 为奇数
windows＝blackman(N)；            %使用布莱克曼窗
wc1＝(ws1＋wp1)/2/pi；            %截止频率取归一化通阻带频率的平均值
wc2＝(ws2＋wp2)/2/pi；
b＝fir1(N－1，[wc1，wc2]，windows)；
[db，mag，pha，grd，w]＝freqz_m(b，1)；     %求解频率特性
n＝0：N－1；dw＝2 * pi/1000；       %dw 为频率分辨率，将 0～2π 分为 1000 份
Rp＝－(min(db(wp1/dw＋1：wp2/dw＋1)))  %检验通带波动
ws0＝[1：ws1/dw＋1，ws2/dw＋1：501]；    %建立阻带频率样点数组
As＝－round(max(db(ws0)))          %检验最小阻带衰减
```

　　作图部分省略。程序运行结果如下：

```
N ＝    111
Rp ＝   0.0033
As ＝   73
```

程序运行结果如图 24 - 7 所示。

　　由 Rp、As 数据和曲线可见，用布莱克曼窗设计的结果完全能够满足设计指标要求。图 24 - 6 和图 24 - 7 的区别仅在于频率特性，一个使用了归一化的频率单位，一个使用了实际的频率单位。

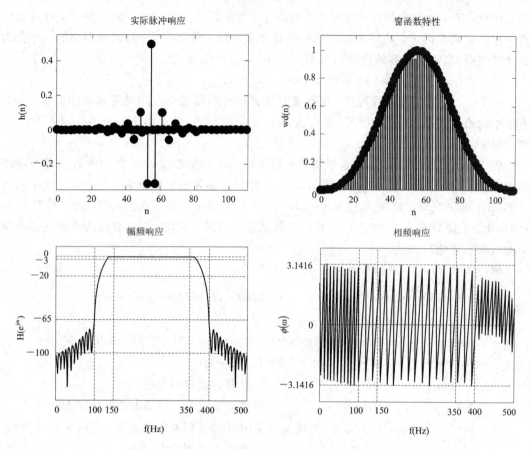

图 24 - 7 例 24 - 8 用 fir1 设计的数字带通滤波器特性

6. 用窗函数法设计 FIR 数字带阻滤波器

例 24 - 9 选择合适的窗函数设计一个 FIR 数字带阻滤波器,要求:下通带截止频率 $\omega_{p1}=0.2\pi$, $R_p=0.1$ dB;阻带低端截止频率 $\omega_{s1}=0.3\pi$, $A_s=40$ dB;阻带高端截止频率 $\omega_{s2}=0.7\pi$, $A_s=40$ dB;上通带截止频率 $\omega_{p2}=0.8\pi$, $R_p=0.1$ dB。描绘实际滤波器的脉冲响应、窗函数及滤波器的幅频响应曲线和相频响应曲线。

解 查表 24 - 1,选择汉宁窗。程序如下:

```
wp1=0.2 * pi; wp2=0.8 * pi;        %输入设计指标
ws1=0.3 * pi; ws2=0.7 * pi;
wp=[wp1, wp2]; ws=[ws1, ws2];
deltaw=ws1-wp1;                    %计算过渡带的宽度
N0=ceil(6.2 * pi/deltaw);          %按汉宁窗计算滤波器长度 N0
N=N0+mod(N0+1, 2)                  %为实现 FIR 类型 I 偶对称滤波器,应确保 N 为奇数
windows=(hanning(N))';             %使用汉宁窗,并将列向量变为行向量
wc1=(ws1+wp1)/2; wc2=(ws2+wp2)/2;  %截止频率取通阻带频率的平均值
hd=ideal_lp(wc1, N)+ideal_lp(pi, N)-ideal_lp(wc2, N);  %建立理想带阻
b=hd. * windows;                   %求 FIR 系统函数系数
[db, mag, pha, grd, w]=freqz_m(b, 1);   %求解频率特性
```

n＝0：N－1；dw＝2 * pi/1000；%dw 为频率分辨率，将 0～2π 分为 1000 份

wp0＝[1：wp1/dw＋1，wp2/dw＋1：501]；　　%建立通带频率样点数组

Rp＝－(min(db(wp0)))　　　　　　　　　%检验通带波动

As＝－round(max(db(ws1/dw＋1：ws2/dw＋1)))　　%检验最小阻带衰减

作图部分省略。程序运行结果如下：

N ＝　　63

Rp ＝　0.0888

As ＝　44

程序运行结果如图 24-8 所示。

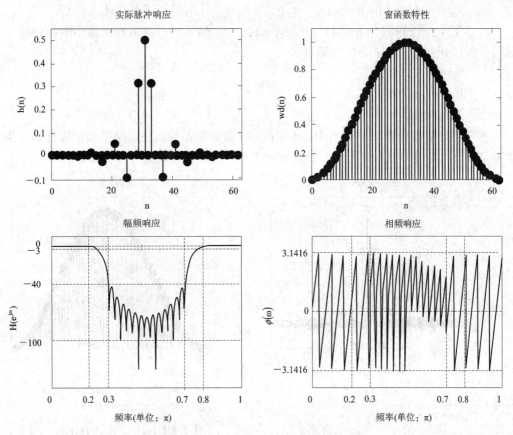

图 24-8　例 24-9 的数字带阻滤波器特性

由 Rp、As 数据和曲线可见，用汉宁窗设计的结果完全能够满足设计指标要求。

例 24-10　用凯塞窗设计一个长度为 75 的 FIR 数字带阻滤波器，要求：下通带截止频率 $\omega_{p1}=0.2\pi$，$R_p=0.1$ dB；阻带低端截止频率 $\omega_{s1}=0.3\pi$，$A_s=60$ dB；阻带高端截止频率 $\omega_{s2}=0.7\pi$，$A_s=60$ dB；上通带截止频率 $\omega_{p2}=0.8\pi$，$R_p=0.1$ dB。描绘实际滤波器的脉冲响应、窗函数及滤波器的幅频响应曲线和相频响应曲线。

解　凯塞窗参数 $\beta=0.112\times(A_s-8.7)$。用 fir1 子函数编写的程序如下：

N＝75；As＝60；　　　　　　　　　　%输入设计指标

wp1＝0.2 * pi；wp2＝0.8 * pi；

```
ws1=0.3 * pi; ws2=0.7 * pi;
beta=0.1102 * (As-8.7)                    %计算 β 值
windows=kaiser(N, beta);                  %使用凯塞窗
wc1=(ws1+wp1)/2/pi;     %截止频率取归一化通阻带频率的平均值
wc2=(ws2+wp2)/2/pi;
b=fir1(N-1, [wc1, wc2], 'stop', windows); %用 fir1 子函数求系统函数系数
[db, mag, pha, grd, w]=freqz_m(b, 1);     %求解频率特性
n=0：N-1; dw=2 * pi/1000;
wp0=[1：wp1/dw+1, wp2/dw+1：501];          %建立通带频率样点数组
Rp=-(min(db(wp0)))                        %检验通带波动
As0=-round(max(db(ws1/dw+1：ws2/dw+1)))   %检验最小阻带衰减
```

作图部分省略。程序运行结果如下：
```
beta = 5.6533
Rp =   0.0159
As0 =  60
```

程序运行结果如图 24-9 所示。由 Rp、As 数据和曲线可见，用凯塞窗设计的结果能够满足设计指标要求。如果不满足设计指标要求，则可适当增加凯塞窗的长度。

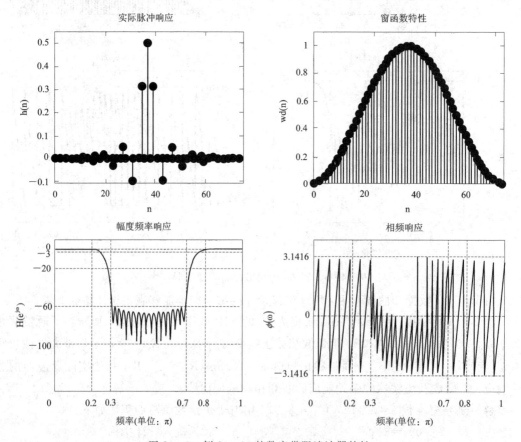

图 24-9 例 24-10 的数字带阻滤波器特性

四、实验任务

（1）阅读并输入实验原理中介绍的例题程序，观察输出的数据和图形，结合基本原理理解每一条语句的含义。

（2）选择合适的窗函数设计 FIR 数字低通滤波器，要求：通带 $\omega_p = 0.2\pi$，$R_p = 0.05$ dB；阻带 $\omega_s = 0.3\pi$，$A_s = 40$ dB。描绘实际滤波器的脉冲响应、窗函数及滤波器的幅频响应曲线和相频响应曲线。

（3）用凯塞窗设计 FIR 数字高通滤波器，要求：通带 $\omega_p = 0.3\pi$，$R_p = 0.1$ dB；阻带 $\omega_s = 0.2\pi$，$A_s = 50$ dB。描绘实际滤波器的脉冲响应、窗函数及滤波器的幅频响应曲线和相频响应曲线。

（4）选择合适的窗函数设计 FIR 数字带通滤波器，要求：$f_{p1} = 3.5$ kHz，$f_{p2} = 6.5$ kHz，$R_p = 0.05$ dB；$f_{s1} = 2.5$ kHz，$f_{s2} = 7.5$ kHz，$A_s = 60$ dB，滤波器采样频率 $F_s = 20$ kHz。描绘实际滤波器的脉冲响应、窗函数及滤波器的幅频响应曲线和相频响应曲线。

（5）选择合适的窗函数设计 FIR 数字带阻滤波器，要求：$f_{p1} = 1$ kHz，$f_{p2} = 4.5$ kHz，$R_p = 0.1$ dB；$f_{s1} = 2$ kHz，$f_{s2} = 3.5$ kHz，$A_s = 40$ dB，滤波器采样频率 $F_s = 10$ kHz。描绘实际滤波器的脉冲响应、窗函数及滤波器的幅频响应曲线和相频响应曲线。

五、实验预习

（1）认真阅读实验原理，明确本次实验任务，读懂例题程序，了解实验方法。

（2）根据实验任务预先编写实验程序。

（3）预习思考题：使用 MATLAB 窗函数法设计 FIR 数字滤波器有哪些基本步骤？

六、实验报告

（1）列写调试通过的实验程序，打印或描绘实验程序产生的曲线图形。

（2）思考题：

① 回答实验预习思考题。

② 使用 MATLAB 窗函数法设计 FIR 数字滤波器的基本方法有哪几种？请列写各种方法的设计低通、高通、带通、带阻的主要程序语句。

实验 25　用频率采样法设计 FIR 数字滤波器

一、实验目的

(1) 加深对频率采样法设计 FIR 数字滤波器的基本原理的理解。

(2) 掌握在频域优化设计 FIR 数字滤波器的方法。

(3) 学习使用 MATLAB 语言提供的 fir2 子函数设计 FIR 数字滤波器。

二、实验涉及的 MATLAB 子函数

fir2

功能：基于频率样本法的 FIR 滤波器设计，用于任意频率响应的加窗数字 FIR 滤波器的设计。

格式：

※b＝fir2(n，f，m)；设计一个 n 阶的 FIR 滤波器，其滤波器的频率特性由矢量 f 和 m 决定。

· f 为频率点矢量，且 f∈[0，1]，当 f＝1 时，相应于 0.5Fs。矢量 f 中按升序排列，且第一个必须为 0，最后一个必须为 1，并允许出现相同的频率值。

· 矢量 m 中包含与 f 相对应的期望滤波器响应幅度。

· 矢量 f 和 m 的长度必须相同。

※b＝fir2(n，f，m，Windows)；可将列矢量 Windows 中指定的窗函数用于滤波器设计，如省略 Windows，则自动选取 Hamming 窗。

三、实验原理

1. 频率采样法的基本原理

设计滤波器时，通常给出的是幅频特性的技术指标要求，可直接在频域进行处理，按照理想的频率特性 $H(e^{j\omega})$，在 $\omega＝0$ 到 2π 之间等间隔采样 N 点，得到：

$$H(k)=H(e^{j\omega})|_{\omega=2k\pi/N} \qquad k=0, 1, 2, \cdots, N-1$$

然后用 H(k) 的傅里叶逆变换作为滤波器的系数：

$$b(n)=h(n)=IDFT[H(k)]$$

构成一个系统传递函数为 $H(z) = \sum_{n=0}^{N-1} h(n)z^{-n}$ 的实际的 FIR 数字滤波器，这种设计方法称为频率采样法。其中 H(z) 与 H(k) 的关系符合内插公式，即

$$H(z) = \frac{1-z^{-N}}{N} \sum_{k=0}^{N-1} \frac{H(k)}{1-e^{j\frac{2\pi}{N}k}z^{-1}}$$

在使用频率采样法设计 FIR 数字滤波器时，应注意下列问题：

（1）根据频域抽样定理，被采样的理想频率特性其采样点数 N 与滤波器的长度 M 应满足 N≥M，否则将造成混叠（见实验 16）。本实验取 N＝M。

（2）为保证滤波器的系数为实序列，作为复数序列的理想频率特性应具有共轭对称性，幅度特性应为偶函数，相位特性应为奇函数。注意，必须在 0～2π 的全频段上才能观察到其对称图形。习惯上，我们一般利用其对称性，只作 0～π 频段上的图形。

（3）理想频率特性的相位特性应该与频率成线性关系，即满足线性相位的条件。

由于第一类线性相位滤波器（类型Ⅰ）能进行低通、高通、带通、带阻滤波器的设计，因此本实验所有滤波器均采用第一类线性相位滤波器，即在时域脉冲响应满足 h(n)＝h(N−n−1)，N 为奇数；此时，如果在频域用 H(k)＝A(k)e$^{jθ(k)}$ 表示对理想频率特性的等间隔采样，则有：

线性相位条件 $\qquad θ(k)=-\dfrac{N-1}{N}kπ$

符幅特性条件 $\qquad A(k)=A(N-k-1)$

同理，对于第二、三、四类线性相位滤波器，读者可以自行找出线性相位条件和符幅特性对称条件，进行滤波器的设计。

2. 频率采样法设计数字滤波器的方法及采样点数对滤波器特性的影响

例 25−1　用频率采样法设计一个 FIR 数字低通滤波器，3 dB 截止频率 $ω_c=0.4π$，采样点数分别取 N＝21 和 N＝61，分别显示其幅频特性和脉冲响应曲线，观察采样点数对滤波器特性的影响。

解　输入 N＝21，若需观察 0～2π 频段上理想的频率特性，则程序如下：

```
N=21; n=0: N−1; wc=0.4 * pi;                    %输入 N、截止频率
N1=fix(wc/(2 * pi/N));      %样点间隔为 2 * pi/N, N1 为 wc 的样点数
N2=N−2 * N1−1;                                  %N2 为阻带样点数
A=[ones(1, N1+1), zeros(1, N2), ones(1, N1)];   %建立符幅特性样本序列
theta=−pi * (N−1)/N * [0: N−1];                 %建立相位特性样本序列
wa=[0: N−1]/N * 2;                              %为作图建立对应的频率向量
subplot(2, 1, 1), plot(wa, A, '. −');
axis([0, 2, −0.1, 1.2]); title('理想幅频响应及样点序列(N=21)');
xlabel('频率(单位: \pi)'); ylabel('H(e^{j\omega})');
subplot(2, 1, 2), plot(wa, theta, '. −');
axis([0, 2, −90, 1]); title('理想相频响应及样点序列(N=21)');
xlabel('频率(单位: \pi)'); ylabel('\phi(\omega)');
```

理想的幅频和相频特性曲线如图 25−1 所示。由图形可见，该滤波器特性符合幅度特性为偶函数，相位特性为奇函数的特点。下面例题的频率特性不再使用全频段，仅在 0～π 频段上显示特性曲线。

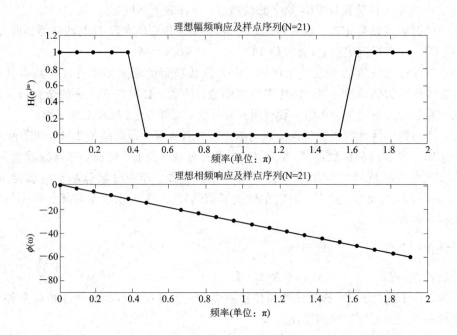

图 25-1　在 0~2π 区间理想的数字低通滤波器幅频特性与相频特性

　　将理想的幅频特性和实际的幅频特性在同一图形中显示,同时显示其脉冲响应曲线,观察采样点数对滤波器特性的影响,此时可将程序改为:

```
N=input('N=');                         %由使用者输入 N
n=0：N−1；wc=0.4 * pi;                 %输入截止频率
N1=fix(wc/(2 * pi/N));      %样点间隔为 2 * pi/N, N1 为 wc 的样点数
N2=N−2 * N1−1;                         %N2 为阻带样点数
A=[ones(1, N1+1), zeros(1, N2), ones(1, N1)];%建立符幅特性样本序列
theta=−pi * (N−1)/N * [0：N−1];       %建立相位特性样本序列
Hk=A. * exp(j * theta);                %建立频率特性样本序列
h=real(ifft(Hk));      %由反变换求脉冲序列,去掉运算误差造成的虚部
[db, mag, pha, grd, w]=freqz_m(h, 1);   %由脉冲序列求得频率特性
dw=2 * pi/1000;      %dw 为频率分辨率,将 0~2π 分 1000 份
Rp=−(min(db(1：fix(wc/dw)+1)))         %检验通带波动
ws=wc+2 * pi/N;      %确定 ws 的位置,比 wc 右移 2 * pi/N
As=−round(max(db(fix(ws/dw)+1：501)))  %检验最小阻带衰减
m=(N−1)/2；wa=[0：m−1]/m;
    %为作图求 0~π 的样点数,建立对应的频率向量
subplot(2, 1, 1), plot(wa, A(1：m), '.−', w/pi, mag);
axis([0, 1, −0.1, 1.2]); title('理想幅频、样点序列及实际滤波器幅频');
xlabel('频率(单位：\pi)'); ylabel('H(e^{j\omega})');
subplot(2, 1, 2), stem(n, h);
```

title('滤波器脉冲响应'); xlabel('n'); ylabel('h(n)');

当 N＝21 时，在 MATLAB 命令窗将得到下列数据：

h = Columns 1 through 7

　　0.0373　−0.0212　−0.0499　−0.0000　0.0594　0.0304　−0.0661

　　Columns 8 through 14

　　−0.0858　0.0701　0.3115　0.4286　0.3115　0.0701　−0.0858

　　Columns 15 through 21

　　−0.0661　0.0304　0.0594　0.0000　−0.0499　−0.0212　0.0373

Rp = 2.4223

As = 17

可以看出，由理想的幅频特性采样 21 点（图 25-2 左上图），得到一个时域满足 h(n) ＝h(N−n−1)，N 为奇数的脉冲响应曲线（图 25-2 左下图）。由脉冲序列再求其实际的幅频特性，得到一个带有波动的幅频响应曲线，叠加在理想的幅频特性上（图 25-2 左上图）。

如果输入 N＝61 时，则有：

Rp = 2.6389

As = 18

此时得到的理想幅频特性、采样序列和实际的幅频特性如图 25-2 右上图。可以看出，N＝61 时实际的幅频特性比 N＝21 时的幅频特性更接近理想幅频特性。图 25-2 右下图是其脉冲响应曲线。

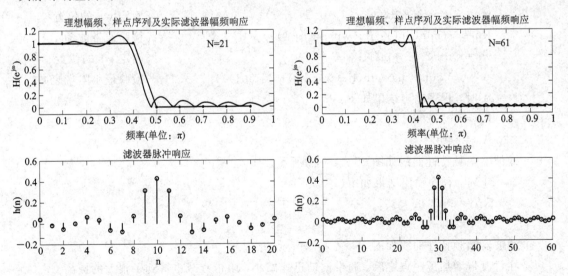

图 25-2 N＝21 和 N＝61 时，数字低通滤波器的幅频特性与脉冲响应

如果将 N＝21 和 N＝61 时的滤波器幅频特性放在同一张图形上显示，则可以得到图 25-3。由图可见，N 越大，过渡带越窄；同时，由于过渡带越窄，间断点因吉布斯效应而产生的通带波动也越剧烈，R_p＝2.6389，大于 N＝21 时 R_p＝2.4223；阻带最小衰减在 N 增大时却没有很明显的提高，A_s 仅从 17 dB 增大到 18 dB。

3. 频率采样法的优化设计

为了提高阻带的衰减，减小通带的波动，可以采取频率采样的优化设计法，即在频响

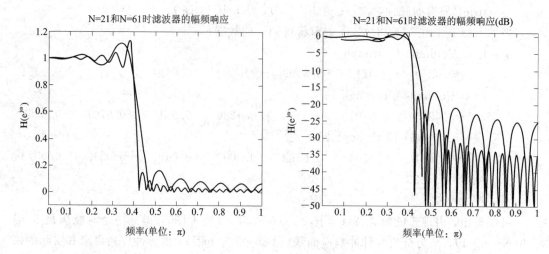

图 25-3　同时显示 N＝21 和 N＝61 时的滤波器幅频特性

间断点区间内插一个或几个过渡采样点。

例 25-2　在例 25-1 给定的设计要求下，在过渡带中增加一个样点 T_1，取值 0.38。要求显示其幅频特性曲线，观察增加过渡带采样点后对滤波器特性的影响。

解　只需在例 25-1 程序的基础上，将建立符幅特性样本序列的一句程序改为

A＝[ones(1，N1)，T1，zeros(1，N2)，T1，ones(1，N1－1)];

并将通带波动、阻带衰减的检验程序改为

wp＝2＊pi/N＊fix(wc/(2＊pi/N)－1);	％确定 wp 的位置
Rp＝－(min(db(1：fix(wp/dw)＋1)))	％检验通带波动
ws＝wp＋2＊2＊pi/N;	％确定 ws 的位置
As＝－round(max(db(fix(ws/dw)＋1：501)))	％检验最小阻带衰减

N＝21 时，程序输出结果如下：

Rp ＝ 0.5897

As ＝ 40

滤波器幅频特性曲线如图 25-4 左图所示。

N＝61 时，程序输出结果如下：

Rp ＝ 0.7011

As ＝ 44

滤波器幅频特性曲线如图 25-4 右图所示。

在过渡带增加了一点之后，通带波动迅速减小，阻带衰减也得到了很大的提高。

例 25-3　在例 25-1 给定的设计要求下，在过渡带中增加两个样点 $T_1＝0.5886$，$T_2＝0.1065$。要求显示其幅频特性曲线，观察增加两个过渡带采样点后对滤波器特性的影响。

解　只需在例 25-2 程序的基础上，将程序增加和改动以下三句：

T1＝0.5886;　T2＝0.1065;

A＝[ones(1，N1)，T1，T2，zeros(1，N2－2)，T2，T1，ones(1，N1－1)];

ws＝wp＋3＊2＊pi/N;　　　　％确定 ws 的位置

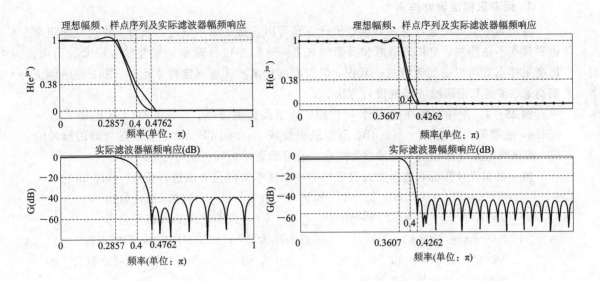

图 25-4 增加一点过渡带采样后的滤波器幅频特性

当 N=21 时，将显示图 25-5 左图，且有以下结果：

　　　　Rp = 0.2866

　　　　As = 61

　　可以看出，当增加了两点过渡带后，通带波动明显下降，阻带衰减明显提高，用较少的采样点数已经能够实现较高的滤波性能指标要求。在此基础上，适当地提高采样点数 N（N=61），则显示如图 25-5 右图，且有以下结果：

　　　　Rp = 0.3184

　　　　As = 66

这样可以减小过渡带的宽度，因此非常适合窄带通滤波器的设计。

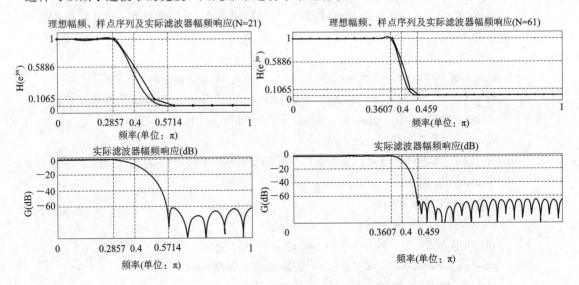

图 25-5 增加两点过渡带采样点后的滤波器幅频特性

4. 频率采样法设计举例

使用频率采样法设计滤波器的最大优点是可以直接从频率域进行设计，缺点是通阻带边界频率不易控制，尤其是带通和带阻滤波器，通阻带边界频率常常会发生较大的偏离。提高采样点数可以适当改善这一状况，但需要进行试凑才能确定样本点。下面分别举例说明高通、带通和带阻滤波器的设计方法。

例 25 - 4　用频率采样法设计一个 FIR 数字高通滤波器，要求：3 dB 截止频率 $\omega_c = 0.55\pi$，通带最大波动 $R_p = 0.5$ dB，阻带最小衰减 $A_s = 60$ dB。描绘实际滤波器的脉冲响应、幅频响应曲线和相频响应曲线，并检验通阻带衰减指标。

解　根据设计指标，选择在过渡带增加两点样本的优化方法进行设计。程序如下：

```
N=29；T1=0.5886；T2=0.1065；                    %输入设计数据
n=0：N-1；wc=0.55 * pi；                        %输入截止频率
N1=fix(wc/(2 * pi/N))；    %样点间隔为 2 * pi/N，N1 为 wc 的样点数
N2=N-2 * N1-1；                                %N2 为通带样点数
%建立符幅特性样本序列
A=[zeros(1, N1-1), T2, T1, ones(1, N2), T1, T2, zeros(1, N1-2)]；
theta=-pi * (N-1)/N * [0：N-1]；              %建立相位特性样本序列
Hk=A. * exp(j * theta)；                        %建立频率特性样本序列
h=real(ifft(Hk))；    %由反变换求脉冲序列，去掉运算误差造成的虚部
[db, mag, pha, grd, w]=freqz_m(h, 1)；          %由脉冲序列求得频率特性
dw=2 * pi/1000；    %dw 为频率分辨率，将 0~2π 分为 1000 份
ws= 2 * pi/N * fix(wc/(2 * pi/N)-2)；            %确定 ws 的位置
As=-round(max(db(1：fix(ws/dw)+1)))             %检验最小阻带衰减
wp=ws+3 * 2 * pi/N；                            %确定 wp 的位置
Rp=-(min(db(fix(wp/dw)+1：501)))                %检验通带波动
m=(N-1)/2；wa=[0：m-1]/m；%为作图求 0~π 的样点数，建立对应的频率
                            向量
%作图
subplot(2, 2, 1), plot(wa, A(1：m), '. -', w/pi, mag)；
axis([0, 1, -0.1, 1.1])；title('理想幅频、样点序列及实际滤波器幅频响应')；
xlabel('频率(单位：\pi)')；ylabel('H(e^{j\omega})')；
set(gca, 'XTickMode', 'manual', 'XTick', [0, ws/pi, wp/pi, 1])；
set(gca, 'YTickMode', 'manual', 'YTick', [0, T2, T1, 1])；grid
subplot(2, 2, 2), stem(n, h)；
title('滤波器脉冲响应')；
xlabel('n')；ylabel('h(n)')；
subplot(2, 2, 3), plot(w/pi, db)；
axis([0, 1, -100, 1.2])；title('实际滤波器幅频响应(dB)')；
xlabel('频率(单位：\pi)')；ylabel('G(dB)')；
set(gca, 'XTickMode', 'manual', 'XTick', [0, ws/pi, wp/pi, 1])；
```

```
    set(gca, 'YTickMode', 'manual', 'YTick', [−55, −20, 0]); grid
    subplot(2, 2, 4), plot(w/pi, pha);
    axis([0, 1, −4, 4]); title('实际滤波器相频响应');
    xlabel('频率(单位: \pi)'); ylabel('\phi(\omega');
    set(gca, 'XTickMode', 'manual', 'XTick', [0, ws/pi, wp/pi, 1]);
    set(gca, 'YTickMode', 'manual', 'YTick', [−pi, 0, pi]); grid
```

当 N=29 时，将显示如图 25-6 所示的结果，且有

As = 60

Rp = 0.3360

满足设计指标要求。

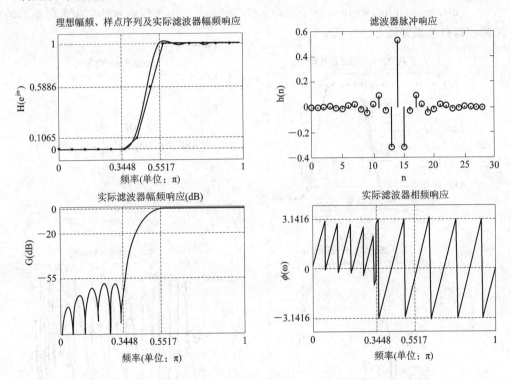

图 25-6　两点过渡带的 FIR 数字高通滤波器特性(R_p=1.5 dB)

例 25-5　用频率采样法设计一个 FIR 数字带通滤波器，要求：下阻带截止频率 ω_{s1} = 0.3π，A_s=35 dB；通带低端截止频率 ω_{p1}=0.45π，R_p=1.5 dB；通带高端截止频率 ω_{p2} = 0.65π，R_p=1.5 dB；上阻带截止频率 ω_{s2}=0.8π，A_s=35 dB。描绘实际滤波器的脉冲响应、幅频响应曲线和相频响应曲线。

解　根据设计指标，选择在过渡带增加两点样本的优化方法进行设计。程序如下(作图部分省略)：

```
    N=41; T1=0.5941; T2=0.109;                    %输入设计数据
    n=0: N−1; ws1=0.3 * pi; ws2=0.8 * pi;          %输入截止频率
    wp1=0.45 * pi; wp2=0.65 * pi;
    N1=round((wp2−wp1)/(2 * pi/N));               %计算通带采样点数
```

```
N1＝N1＋mod(N1＋1, 2);                    ％使其为奇数
N2＝round((N－2＊N1－9)/4);               ％计算阻带采样点数
N2＝N2＋mod(N2＋1, 2);                    ％使其为奇数
N3＝N－2＊N2－2＊N1－8;
％建立符幅特性样本序列
A＝[zeros(1, N2), T2, T1, ones(1, N1), T1, T2, zeros(1, N3), ...
    T2, T1, ones(1, N1), T1, T2, zeros(1, N2)];
theta＝－pi＊(N－1)/N＊[0: N－1];          ％建立相位特性样本序列
Hk＝A. ＊exp(j＊theta);                   ％建立频率特性样本序列
h＝real(ifft(Hk));    ％由反变换求脉冲序列, 去掉运算误差造成的虚部
[db, mag, pha, grd, w]＝freqz_m(h, 1);              ％由脉冲序列求得频率特性
```

程序运行结果如图25－7所示。

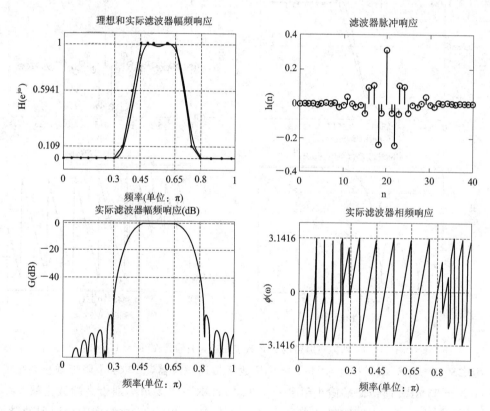

图 25-7　两点过渡带的 FIR 数字带通滤波器特性

例 25-6　用频率采样法设计一个 FIR 数字带阻滤波器, 要求: 下通带截止频率 $\omega_{p1}=0.35\pi$, $R_p=1$ dB; 阻带低端截止频率 $\omega_{s1}=0.5\pi$, $A_s=30$ dB; 阻带高端截止频率 $\omega_{s2}=0.6\pi$, $A_s=30$ dB; 上通带截止频率 $\omega_{p2}=0.75\pi$, $R_p=1$ dB。描绘实际滤波器的脉冲响应、幅频响应曲线和相频响应曲线。

解　根据设计指标, 选择在过渡带增加两点样本的优化方法进行设计。程序如下(作图部分省略):

```
N＝41; T1＝0.5941; T2＝0.109;              ％输入设计数据
```

n=0：N−1；ws1=0.4 * pi；ws2=0.6 * pi；　　%输入截止频率

wp1=0.25 * pi；wp2=0.75 * pi；

N1=fix((ws2−ws1)/(2 * pi/N))；　　　　　%计算阻带采样点数

N1=N1+mod(N1+1, 2)；　　　　　　　　%使其为奇数

N2=round((N−2 * N1−8)/4)；　　　　　%计算通带采样点数

N3=N−2 * N2−2 * N1−8；

%建立符幅特性样本序列

A=[ones(1, N2), T1, T2, zeros(1, N1), T2, T1, ones(1, N3), ...

　　T1, T2, zeros(1, N1), T2, T1, ones(1, N2)]；

theta=−pi * (N−1)/N * [0：N−1]；　　　%建立相位特性样本序列

Hk=A. * exp(j * theta)；　　　　　　　%建立频率特性样本序列

h=real(ifft(Hk))；　　%由反变换求脉冲序列，去掉运算误差造成的虚部

[db, mag, pha, grd, w]=freqz_m(h, 1)；%由脉冲序列求得频率特性

程序运行结果如图 25−8 所示。

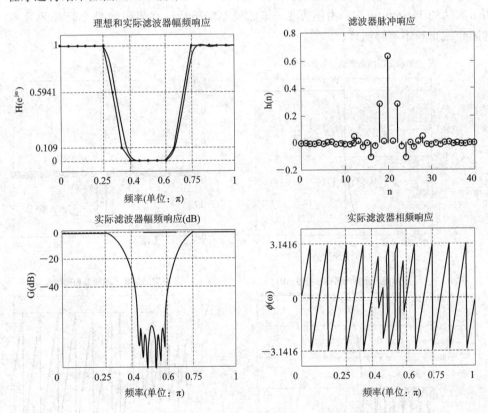

图 25−8　两点过渡带的 FIR 数字带阻滤波器特性

5. 用 fir2 子函数设计 FIR 数字滤波器

MATLAB 为 FIR 数字滤波器提供了一种基于频率样本法和窗函数法综合设计的子函数 fir2。利用这个子函数可以很方便地由理想滤波器频率特性设计实际的 FIR 滤波器，避免了上述确定采样点时凑试的方法。

例 25 - 7　用 fir2 设计一个 N＝41 的 FIR 数字高通滤波器，要求通带截止频率 ω_c＝0.5π，描绘理想和实际滤波器的幅频响应曲线。

解　程序如下

```
wc=0.5; N=41; n=0: N-1;                    %输入设计指标
f=[0, wc, wc, 1];                          %建立理想幅频特性频率向量
m=[0, 0, 1, 1];                            %建立理想幅频特性幅度向量
b=fir2(N-1, f, m)                          %计算滤波器系统函数的系数
[H, w]=freqz(b, 1);                        %求解频率特性
dbH=20 * log10((abs(H)+eps)/max(abs(H)));  %化为分贝值
subplot(2, 2, 1), plot(f, m, w/pi, abs(H));
subplot(2, 2, 2), stem(n, b);
subplot(2, 2, 3), plot(w/pi, dbH);
subplot(2, 2, 4), plot(w/pi, angle(H));
```

作图部分简化。程序运行结果如图 25 - 9 所示。本例的 fir2 子函数缺 Windows 项，即使用了默认的 Hamming 窗。由图可见，该滤波器幅频特性在阻带的最小衰减约为 60 dB，但通阻带截止频率不够明确。

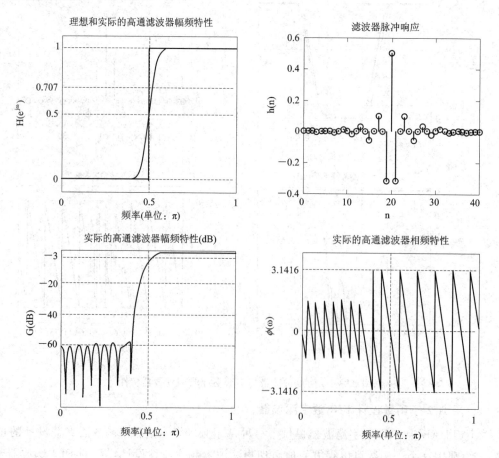

图 25 - 9　用 fir2 设计 FIR 数字高通滤波器

如果将设计指标改为：阻带截止频率 $\omega_s=0.4\pi$，通带截止频率 $\omega_p=0.55\pi$，描绘理想和实际滤波器的幅频响应曲线，并求出其通带波动和阻带最小衰减。这时，程序应改为：

```
ws＝0.4；wp＝0.55；N＝61；n＝0：N-1；    %输入设计指标
wc＝(wp+ws)/2；                       %计算通阻带中心频率
f＝[0, wc, wc, 1]；                    %建立理想幅频特性频率向量
m＝[0, 0, 1, 1]；                      %建立理想幅频特性幅度向量
b＝fir2(N-1, f, m)                    %计算滤波器系统函数的系数
[H, w]＝freqz(b, 1)；                 %求解频率特性
dbH＝20 * log10((abs(H)+eps)/max(abs(H)))；   %化为分贝值
dw＝2 * pi/1000；
Rp＝-(min(dbH(wp * pi/dw+1：501)))    %检验通带波动
As＝-round(max(dbH(1：ws * pi/dw+1)))  %检验最小阻带衰减
subplot(2, 2, 1), plot(f, m, w/pi, abs(H))；
subplot(2, 2, 2), stem(n, b)；
subplot(2, 2, 3), plot(w/pi, dbH)；
subplot(2, 2, 4), plot(w/pi, angle(H))；
```

程序作图部分简化。程序运行结果如图 25-10 所示，且显示：

Rp = 0.0408

As = 58

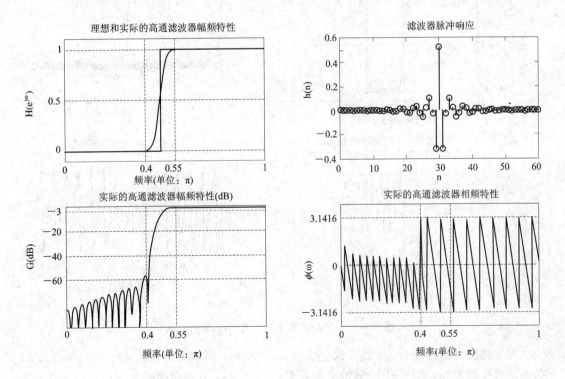

图 25-10　给出通阻带截止频率，用 fir2 设计 FIR 数字高通滤波器

例 25-8 用 fir2 设计一个 N＝61 的 FIR 数字带阻滤波器，要求：通带低端截止频率 $\omega_{c1}＝0.4\pi$，通带高端截止频率 $\omega_{c2}＝0.6\pi$，描绘理想和实际滤波器的幅频响应曲线。

解 程序如下：

```
N＝61；n＝0：N－1；                    %输入设计指标
wc1＝0.4；wc2＝0.6；
f＝[0, wc1, wc1, wc2, wc2, 1]；        %建立理想幅频特性频率向量
m＝[1, 1, 0, 0, 1, 1]；               %建立理想幅频特性幅度向量
windows＝boxcar(N)；                  %使用矩形窗
b＝fir2(N－1, f, m, windows)；         %求 FIR 滤波器的系数
[H, w]＝freqz(b, 1)；                 %求解频率特性
dbH＝20 * log10((abs(H)＋eps)/max(abs(H)))；    %化为分贝值
subplot(2, 2, 1), plot(f, m, w/pi, abs(H))；
subplot(2, 2, 2), stem(n, b)；
subplot(2, 2, 3), plot(w/pi, dbH)；
subplot(2, 2, 4), plot(w/pi, angle(H))；
```

作图部分简化。程序运行结果如图 25-11 所示。由图可见，该滤波器阻带衰减较低。

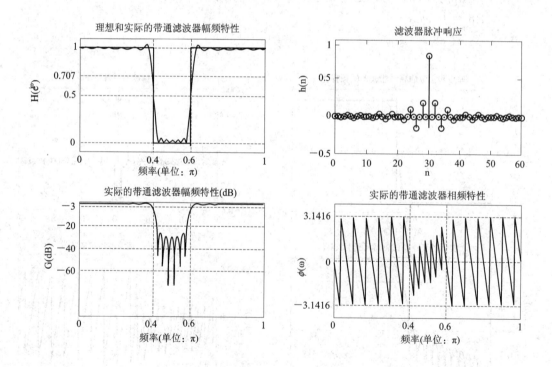

图 25-11 用 fir2 设计 FIR 数字带阻滤波器

如果将设计指标改为：下通带截止频率 $\omega_{p1}＝0.3\pi$，阻带低端截止频率 $\omega_{s1}＝0.4\pi$，阻带高端截止频率 $\omega_{s1}＝0.6\pi$，上通带截止频率 $\omega_{p1}＝0.7\pi$，且在过渡带增加一点 $T_1＝0.38$，描绘理想和实际滤波器的频率响应及脉冲响应曲线，求出其通带波动和阻带最小衰减。这

时，程序应改为：

```
N＝61；n＝0：N－1；T1＝0.38；                    ％输入设计指标
wp1＝0.3；ws1＝0.4；ws2＝0.6；wp2＝0.7；
wc1＝(ws1＋wp1)/2；wc2＝(ws2＋wp2)/2；         ％确定 T1 对应的频率
f＝[0, wp1, wc1, ws1, ws2, wc2, wp2, 1]；    ％建立理想幅频特性频率向量
m＝[1, 1, T1, 0, 0, T1, 1, 1]；              ％建立理想幅频特性幅度向量
windows＝boxcar(N)；                          ％使用矩形窗
b＝fir2(N－1, f, m, windows)；                ％求 FIR 滤波器的系数
[db, mag, pha, grd, w]＝freqz_m(b, 1)；      ％求解频率特性
dw＝2 * pi/1000；
wp0＝[1：wp1 * pi/dw＋1, wp2 * pi/dw＋1：501]；    ％建立通带频率样点数组
Rp＝－(min(db(wp0)))                          ％检验通带波动
As＝－round(max(db(ws1 * pi/dw＋1：ws2 * pi/dw＋1)))  ％检验最小阻带衰减
```

程序作图部分省略。程序运行结果如图 25－12 所示，阻带衰减有所提高，且显示：

Rp ＝ 0.5592

As ＝ 31

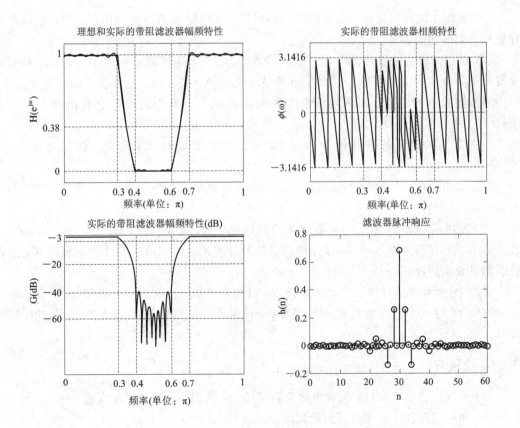

图 25－12　在过渡带增加一点采样点，用 fir2 设计滤波器

若在过渡带增加两点 $T_1=0.5941$，$T_2=0.109$，要求描绘理想和实际滤波器的频率响应及脉冲响应曲线，并求出其通带波动和阻带最小衰减。这里，只需修改上面程序中的前一段：

N＝61；n＝0：N－1；T1＝0.5941；T2＝0.109；　　％输入设计指标
wp1＝0.3；ws1＝0.4；ws2＝0.6；wp2＝0.7；
wc1＝(ws1＋wp1)/2；wc2＝(wc1＋ws1)/2；　　　　％计算 T1、T2 对应的频率
wc3＝(ws2＋wp2)/2；wc4＝(wc3＋ws2)/2；
f＝[0，wp1，wc1，wc2，ws1，ws2，wc4，wc3，wp2，1]；　　％建立理想幅频特性
　　　　　　　　　　　　　　　　　　　　　　　　　　　　频率向量
m＝[1，1，T1，T2，0，0，T2，T1，1，1]；　　　　％建立理想幅频特性幅度向量

程序执行后，将显示通阻带衰减数据和滤波器特性，可以看出通阻带指标均有所提高，且显示：

Rp ＝ 0.4602

As ＝ 36

需要进一步提高阻带衰减时，可以加大 N 值。

四、实验任务

(1) 阅读并输入实验原理中介绍的例题程序，观察输出的数据和图形，结合基本原理理解每一条语句的含义。

(2) 试用两种方法设计 FIR 数字高通滤波器，要求：通带截止频率 $\omega_p=0.3\pi$，通带最大波动 $R_p=0.5$ dB，阻带 $\omega_s=0.2\pi$，阻带最小衰减 $A_s=55$ dB，选择合适的采样点数 N，描绘滤波器的脉冲响应、幅频响应和相频响应曲线，并检验通阻带衰减指标是否满足指标。

方法 1：用频率采样优化设计法设计，在过渡带增加两点采样点，取 $T_1=0.5941$，$T_2=0.109$。

方法 2：用 fir2 子函数设计，加 boxcar 窗，在过渡带增加两点采样点，取 $T_1=0.5941$，$T_2=0.109$。

(3) 试用两种方法设计 FIR 数字带通滤波器，要求：$\omega_{p1}=0.4\pi$，$\omega_{p2}=0.6\pi$，$\omega_{s1}=0.25\pi$，$\omega_{s2}=0.75\pi$，取 N＝41，描绘滤波器的脉冲响应、幅频响应和相频响应曲线，并检验通阻带衰减指标。

方法 1：用频率采样优化设计法设计，在过渡带增加一点采样点，取 $T_1=0.38$。

方法 2：用 fir2 子函数设计，加 Blackman 窗，在过渡带增加一点采样点，取 $T_1=0.38$。

五、实验预习

(1) 认真阅读实验原理，明确本次实验任务，读懂例题程序，了解实验方法。

(2) 根据实验任务预先编写实验程序。

(3) 预习思考题：什么是频率采样法？请简述频率采样法设计 FIR 数字滤波器的基本思路。

六、实验报告

（1）列写调试通过的实验程序，打印或描绘实验程序产生的曲线图形。

（2）思考题：

① 回答实验预习思考题。

② 使用频率采样优化方法设计 FIR 数字滤波器，有哪几种基本方法？有何优缺点？

③ 用 MATLAB 提供的 fir2 子函数，如何确定理想滤波器的幅频特性？如何在过渡带增加采样点？

实验 26　用 FDATool 设计数字滤波器

一、实验目的

（1）掌握 MATLAB 中图形化滤波器设计与分析工具 FDATool 的使用方法。
（2）学习使用 FDATool 对数字滤波器进行设计。
（3）了解 FDATool 输出滤波器数据的方法。

二、实验原理

1. FDATool 使用环境

在 MATLAB 6.0 以上的版本中，为使用者提供了一个图形化的滤波器设计与分析工具——FDATool。不同的版本其工作界面略有差别，设计结果也不尽相同，本实验以 MATLAB 6.1 版本为例进行介绍。

利用 FDATool 这一工具，我们可以进行 FIR 和 IIR 数字滤波器的设计，并且能够显示数字滤波器的幅频响应、相频响应以及零极点分布图等。产生的数字滤波器系数在存储为文件后，可以直接提供给 DSP 程序代码调试工具——CCS 或 DSP 存储器，以完成实际的数字滤波器的程序调试，从而实现实际的滤波器。由于本课程尚未涉及数字信号处理芯片的实验部分，因而仅介绍由 FDATool 生成数据文件。

在 MATLAB 命令窗输入命令"fdatool"，将打开 FDATool 工作界面，如图 26-1 所示。

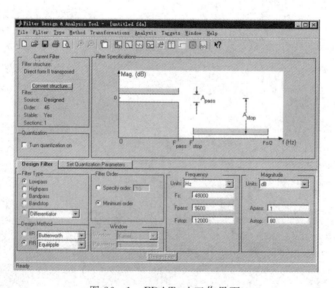

图 26-1　FDATool 工作界面

1) 主菜单

主菜单如下所示：

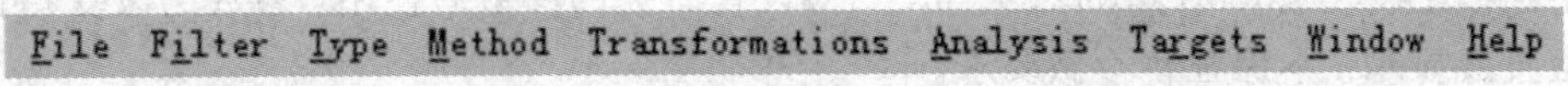

File Filter Type Method Transformations Analysis Targets Window Help

分别为 File(文件)、Filter(滤波器)、Type(类型)、Method(模式)、Transformations(变换)、Analysis(分析)、Targets(目标)、Window(窗口)、Help(帮助)菜单项。每一菜单项又分为多个二级菜单项。有些二级菜单项在下面的图形界面上另有图标按钮，完成同样的功能。

下面重点介绍常用的菜单和按钮项。

◆【File】：其二级菜单项主要用于对本次设计过程进行命名、建档、存储、输出打印等操作。

◆【Filter】：分为【Design Filter】和【Import Filter】两项，开机处于默认【Design Filter】选项，显示图 26-1 所示的滤波器设计界面。

◆【Type】：选择滤波器类型，分为低通、高通、带通、带阻四个选项。该选择也可以在图形界面上通过 Filter Type 项来实现。

◆【Method】：用于选择 IIR 或 FIR 滤波器模式。

【FIR】：分为等波动法、最小二乘法、窗函数法三个选项。

【IIR】：分为巴特沃斯、切比雪夫Ⅰ、切比雪夫Ⅱ、椭圆四个选项。

◆【Transformations】：有 IIR 和 FIR 两种变换选项。

【FIR】：分为低通到低通、低通到高通两种变换。

【IIR】：分为低通到低通、低通到高通、低通到带通、低通到带阻四种变换。

◆【Analysis】：用于选择 10 种分析，见图 26-2，分别对应主菜单项中的图形按钮：

其中，最左边一个按钮对应【Full View Analysis】，构成独立的图形分析视窗；从左边第二个按钮开始，依次对应【Analysis】二级选项的前 9 个选项，即：滤波器技术指标、幅频响应、相频响应、幅频和相频响应、群时延、冲激响应、阶跃响应、零极点分布、滤波器系数。

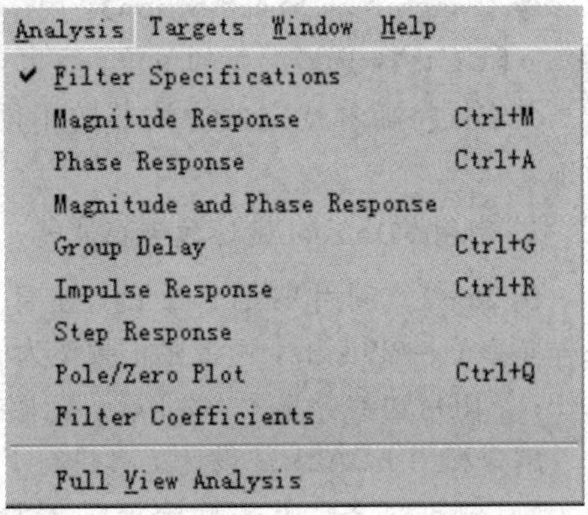

◆【Targets】：在 MATLAB 6.1 版本中只有一个选项【Export to Code Composer Studio

图 26-2 主菜单的 Analysis 选项

(R)IDE】，用于将设计出的滤波器系数输出到 DSP 指令代码调试软件 CCS 的环境中。

2) 图形窗

在图 26-1 所示的 FDATool 工作界面中，图形窗分为上、下两大部分。

图形窗的上半部分主要用于显示设计的结果。左半部分用文字显示当前滤波器的结构、阶数等信息。其中，用【Convert Structure】按钮可以选择和改变当前滤波器的结构，共有 8 种结构可以选择。右半部分是图形画面，依据【Analysis】选定的项目，直接显示当前滤波器设计的结果。

【Turn quantization on】用于观察系数量化对滤波器性能的影响,一般在滤波器基本设计完毕,配合【Set Quantization Parameters】设置有关的参数后使用,参数的改变将在图形画面上直接显示。本课程暂不做要求。

图形窗的下半部分默认处于【Design Filter】选项,主要用于输入滤波器的设计指标。

◆【Filter Type】:共有 5 个选项,前 4 项功能等同于主菜单【Type】选择。第 5 个选项则是除了前 4 项简单滤波器以外的类型。

◆【Design Method】:用于选择 IIR 或 FIR 滤波器模式,作用等同于主菜单的【Method】。

◆【Windows Specification】:当【Design Method】选择 FIR 滤波器模式窗函数法时,该项自动变为可选。

【Window】:用于选择窗函数,有 14 种窗函数可以选择。

【Parameter】:某些窗需要其它特殊参数,如 Kaise 窗,从右边的窗口输入。

◆【Filter Order】:用于确定滤波器的阶数,是二选一的两个选项。

【Specify Order】:由使用者强制选择。

【Minimum Order】:由输入的设计参数设计计算滤波器时,自动选取最小阶数。

◆【Frequency Specification】:用于输入通、阻带截止频率的技术指标。

【Units】:选择频率的单位,分别为 Hz、kHz、MHz 和归一化频率。其中归一化频率的单位为 π,范围取 0～1。

其它框将随着选定的滤波器的不同类型而变化,用于输入通、阻带截止频率和采样频率等指标。

◆【Magnitude Specification】:用于输入幅度指标。

【Units】:选择幅度的单位,可以是 dB(分贝)单位或线性单位。

其它框将随着选定的滤波器的不同类型而变化,用于输入通带波动和阻带衰减的指标。

2. 利用 FDATool 设计数字滤波器

例 26 - 1　利用 FDATool 设计工具,选择 kaiser 窗设计一个 FIR 带通数字滤波器,其采样频率 F_s=20 kHz,通带截止频率为 f_{pl}=2.5 kHz,f_{ph}=5.5 kHz,通带范围内波动小于 1 dB;下阻带边界频率 f_{sl}=2 kHz,上阻带边界频率 f_{sh}=6 kHz,阻带衰减大于 30 dB。

解　利用 FDATool 设计工具进行 FIR 数字滤波器设计,步骤如下:

(1) 根据任务,首先确定滤波器种类、类型等指标,如本题应选 Bandpass、FIR、Window,选择 kaiser 窗。

(2) 如果设计指标中给定了滤波器的阶数,则【Filter Order】一栏应选择【Specify Order】,并输入滤波器的阶数。

如果设计指标中既给出了通带指标,又给出了阻带指标,则输入指标时,【Filter Order】一栏一般应选择【Minimum order】。

根据本题给定的通带、阻带指标,选用【Minimum order】。

(3) 输入采样频率、通带和阻带频率及衰减等指标。

(4) 指标输入完毕,按【Design Filter】进行滤波器设计,将显示如图 26 - 3 所示的结果。观察幅频特性曲线，如果满足设计指标，即可使用。

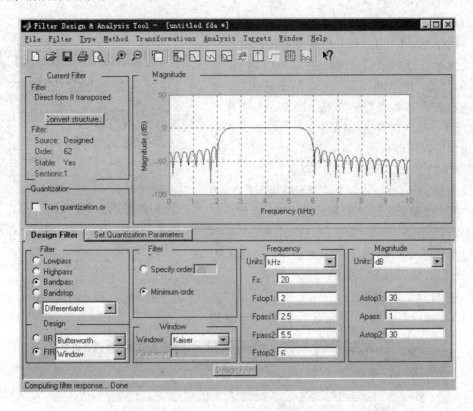

图 26-3　输入设计指标

（5）观察其它图形画面。利用主菜单【Analysis】的二级选项或有关图形按钮，可以观察相频响应、幅频和相频响应、群时延、冲激响应、阶跃响应、零极点分布、滤波器系数等图形。

图 26-4 显示了本例滤波器的幅频和相频响应、冲激响应、零极点分布图形及滤波器系数列表。

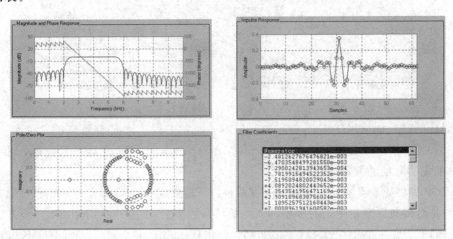

图 26-4　幅频和相频响应、冲激响应、零极点分布图形及滤波器系数表

3. 设计数据的输出

FDATool 滤波器设计工具提供了两种输出数据的方法。

1）输出到 MATLAB 工作空间或文件

滤波器设计完成后，选择主菜单【File】下的
【Export...】，将弹出如图 26 - 5 所示的窗口，可
选择将滤波器系数直接输出到 MATLAB 工作空
间、输出到 Text 文件或 MAT 文件。滤波器系数
的变量名可以用默认的 Num、Den，也可以自行修
改。例如，将数据以 mat01.mat 存盘。

又如，选择将滤波器系数直接输出到MATLAB
工作空间，将系数分子项的名称改为 B，系数分母
项的名称改为 A，则在 MATLAB 的 Workspace
空间将出现两个图标 A 和 B。点击 B，会弹出窗
口，显示所有的 B 系数，如图 26 - 6 所示。

2）输出到 C 头文件

MATLAB 能够很方便地进行数字滤波器的

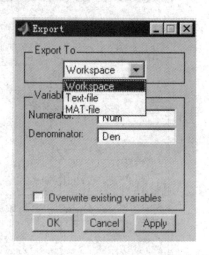

图 26 - 5 Export 弹出窗口

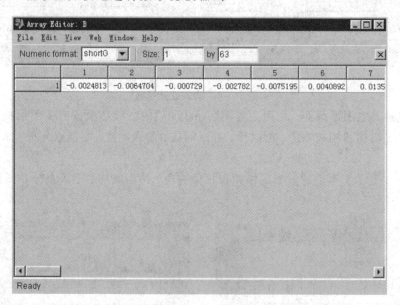

图 26 - 6 Workspace 空间存放的 B 系数的内容

设计，设计的结果如果用于实现实际的滤波器，则在工程上才是有意义的。在这一方面，
Mathworks 公司与 TI 公司密切合作，使得 MATLAB 设计的滤波器系数数据，可以提供
给 DSP 实现实际的滤波器时使用。

为 DSP 提供滤波器系数数据的方法有两种：一是生成一个 C 头文件，用于 DSP 的软件
程序；二是直接向目标 DSP 的存储器写入滤波器系数数据。这里，我们介绍第一种方法。

在 FDATool 主菜单中选择【Targets】，点击【Export to Code Composer Studio(tm)
IDE】，将打开【Export to Code Composer Studio(tm)IDE】窗口界面，如图 26 - 7 所示。

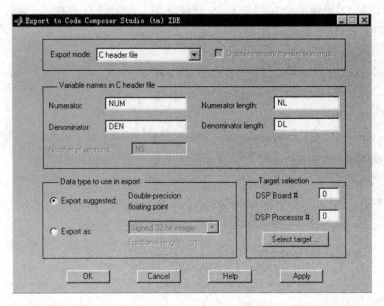

图 26-7　【Export to Code Composer Studio(tm) IDE】窗口界面

【Export to Code Composer Studio(tm)IDE】界面中,各部分的使用简介如下:

◆【Export mode】:用于确定输出的形式。选默认值"C header file",可以将设计出的滤波器系数存放到一个 C 语言编写的头文件中。

◆【Variable names in C header file】:用于获取和修改系数变量名。用 NUM 存放滤波器的分子系数,用 NL 存放滤波器分子系数的个数;用 DEN 存放滤波器的分母系数,用 DL 存放滤波器分母系数的个数。有些类型的滤波器只有分子项。

◆【Data type to use in export】:用于选择输出数据类型。通常,输出数据类型的选择应根据 DSP 芯片及软件的情况来确定。例如,TMS320C5402 数据类型应为有符号的 16 位整型数,点击【Export as】,选择"Signed 16 - bit integer"。

◆【Target selection】:用于选择 DSP 目标版的编号,向 DSP 存储器直接输出数据。

指定完输出选项后,点击【OK】,将出现文件存盘路径的选择窗,如图 26-8 所示。例如,默认文件名为 filtercoeff. h,选择路径 c:\ti\myproject\FIRvolume\,保存这个头文件。这是 TI 公司的 DSP 程序代码调试软件 CCS 中存放被调试文件的路径。

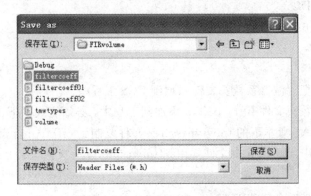

图 26-8　文件存盘路径的选择窗

保存文件后，如果原先没有打开 CCS 调试环境，此时将自动打开。在 CCS 调试环境中，将显示 filtercoeff. h 的内容如下：

```
/*
 * Filter Design and Analysis Tool-Generated Filter Coefficients-C Source
 * Generated by MATLAB-Signal Processing Toolbox
 */
    /* General type conversion for MATLAB generated C-code */
    # include "tmwtypes. h"
    /*
 * Expected path to tmwtypes. h
 * C：\MATLAB6P1\extern\include\tmwtypes. h
 */
    /*
 * Warning-Filter coefficients were truncated to fit specified data type!
 *     The resulting response may NOT match generated theoretical response.
 *     Use the Filter Design & Analysis Tool to design accurate fixed-point
 *     filter coefficients!
 */
    const int NL = 63；
    const int16_ T NUM[63] = {
-81,     -212,     -24,     -91,   -246,    134,     444,      95,    -36,
229,     -179,    -742,    -213,    324,    -61,     191,    1064,    386,
-857,    -385,    -124,   -1355,   -650,   1898,    1499,    -163,   1558,
1282,   -5543,   -7461,    3350,  11416,   3350,   -7461,   -5543,   1282,
1558,    -163,    1499,    1898,   -650,  -1355,    -124,    -385,   -857,
386,     1064,     191,     -61,    324,   -213,    -742,    -179,    229,
-36,       95,     444,     134,   -246,    -91,     -24,    -212,    -81
    };
    const int DL = 1；
    const int16_ T DEN[1] = {
    32767
    };
```

下面的任务是把滤波器系数头文件添加到 CCS 工程中。

要把滤波器系数头文件 filtercoeff. h 添加到工程中，必须完成以下工作：

（1）把 MATLAB 版本下的 tmwtypes. h 头文件复制到 c：\ti\myproject\FIRvolum\ 目录下。这是因为，filtercoeff. h 头文件要用到 tmwtypes. h 头文件，从上述程序段中我们能看到：

* Expected path to tmwtypes. h
* C：\MATLAB6P1\extern\include\tmwtypes. h

根据这个提示，我们可以方便地找到 tmwtypes. h 头文件。

（2）在 volume. c 源文件的开始处添加一行语句：

   $\sharp$ include "filtercoeff. h"

（3）重新对工程进行编译、链接后，在工程的 Include 选项中将会看到 filtercoeff. h 和 tmwtypes. h 这两个头文件，如图 26-9 所示。

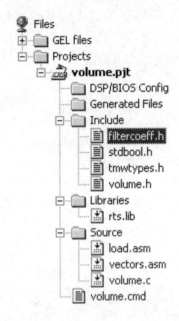

图 26-9 将 C 头文件加入 CCS 工程

至此，由 FDATool 设计的滤波器系数已经用 C 头文件的形式提供给 CCS。下面的任务是进行 DSP 程序的调试，本实验课程不做介绍。

三、实验任务

（1）阅读并输入实验原理中介绍的例题程序，观察输出的数据和图形，结合基本原理理解每项操作的意义。

（2）用 FDATool 设计一个椭圆 IIR 数字低通滤波器，要求：通带 $f_p = 2$ kHz，$R_p = 1$ dB；阻带 $f_s = 3$ kHz，$A_s = 15$ dB，滤波器采样频率 $F_s = 10$ kHz。观察幅频响应和相频响应曲线、零极点分布图，并列写出传递函数，将滤波器系数存入 MATLAB 工作空间。

（3）用 FDATool 设计一个切比雪夫 I 型 IIR 数字带通滤波器，要求：下阻带截止频率 $\omega_{sl} = 0.2\pi$，$R_p = 1$ dB；通带低端截止频率 $\omega_{pl} = 0.3\pi$，$A_s = 20$ dB；通带高端截止频率 $\omega_{ph} = 0.5\pi$，$A_s = 20$ dB；上阻带截止频率 $\omega_{sh} = 0.6\pi$，$R_p = 1$ dB。观察幅频响应和相频响应曲线、零极点分布图，并列写出传递函数，将滤波器系数存入 MATLAB 的 Text 文件。

（4）用 FDATool 设计一个使用 Hamming 窗的 FIR 数字带阻滤波器，要求：下通带截止频率 $\omega_{pl} = 0.2\pi$，$R_p = 0.5$ dB；阻带低端截止频率 $\omega_{sl} = 0.3\pi$，$A_s = 40$ dB；阻带高端截止频率 $\omega_{sh} = 0.5\pi$，$A_s = 40$ dB；上通带截止频率 $\omega_{ph} = 0.6\pi$，$R_p = 0.5$ dB。观察幅频响应和相频响应曲线、零极点分布图、滤波器系数，将滤波器系数存入 MATLAB 工作空间。

四、实验预习

(1) 认真阅读实验原理，了解实验方法，读懂实验例题。

(2) 明确本次实验任务，熟悉实验环境，了解 FDATool 的基本操作方法。

实验 27　用 SPTool 测试数字系统

一、实验目的

（1）了解 MATLAB 中信号处理工具 SPTool 的使用方法。

（2）学习使用 SPTool 对数字系统进行分析与测试。

二、实验原理

1. SPTool 使用环境

在 MATLAB 信号处理工具箱中，为使用者提供了一个信号处理工具——SPTool。利用 SPTool 这一工具，我们可以把信号加到已设计好的数字滤波器中进行测试，检验滤波器的输出响应是否满足设计要求。从工程的角度看，SPTool 是一个非常实用的检测工具。

在 MATLAB 命令窗输入命令"sptool"，将打开 SPTool 工作界面，如图 27-1 所示。

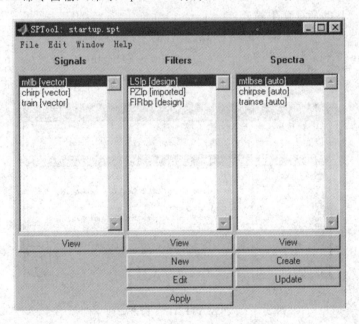

图 27-1　SPTool 工作界面

1）主菜单

主菜单如下所示：

File　Edit　Window　Help

分别为 File(文件)、Edit(编辑)、Window(窗口)、Help(帮助)四个选项。其中：

◆【File】：其二级菜单项主要用于对本次设计过程进行打开文档、导入、导出、存储、输出打印等操作。其中导入选项的使用非常重要。

◆【Edit】：对选中的信号、滤波器和频谱进行拷贝、删除、更名、改变采样频率等操作。

2）栏目

图 27-1 所示的 SPTool 工作界面中共有三大栏目：

◆【Signals】：列出了系统中已保存并可用于测试的信号。

◆【Filters】：列出了系统中已保存并可用于测试的数字滤波器。

◆【Spectra】：列出了系统中已保存的信号频谱。

2. 信号的建立与导入

如要生成测试信号，首先要让信号的数据结构满足 SPTool 的要求。此时一般有两种方法：一是从 MATLAB 命令窗输入程序，将生成的信号变量放入 Workspace 空间；二是由程序文件生成一个 MAT 文件。

一般用第一种方法简单易行，下面以第一种方法为例，介绍信号的建立与导入。

例 27-1 在 MATLAB 的命令窗建立一个由三个正弦信号叠加生成的测试信号，将其导入 SPTool 测试环境，并显示其波形。

解 在 MATLAB 的命令窗选择主菜单【View】下的【Workspace】，打开工作空间。

在 MATLAB 的命令窗中输入：

$$n=0:100; T=0.04; Fs=1/T;$$

$$x=\sin(2*pi*n*T)+\sin(3*2*pi*n*T)+\sin(10*2*pi*n*T);$$

此时将在 Workspace 空间显示变量 n、T、Fs、x，如图 27-2 所示。

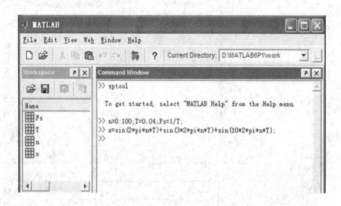

图 27-2 在 MATLAB 的命令窗建立信号

在 SPTool 窗口选择【File】中的【Import...】，将打开如图 27-3 所示的窗口。

◆【Source】：选择输入方式。其中：

【From Workspace】：选择从工作空间导入信号。

【From Disk】：选择从磁盘导入信号，此时可以由浏览器选择有关的 MAT 文件。

◆【Workspace Contents】：显示全部可选变量。

◆【Import As：】：用于确定导入数据的性质，可选项分别为信号、滤波器和频谱。

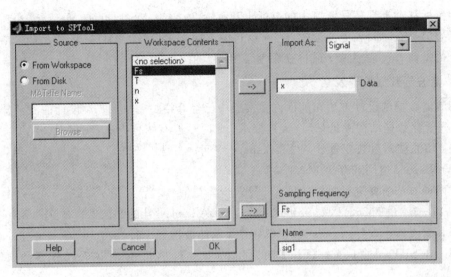

图 27-3　从 Import 窗口导入测试信号

以导入信号为例，直接选中【Workspace Contents】中已有的信号变量，如 x，再点击窗口右边上面的"- ->"按钮，此时 x 信号进入右边的【Data】数据框。

直接选中【Workspace Contents】中已有的采样频率变量，如 Fs，再点击窗口右边下面的"- ->"按钮，此时采样频率 Fs 进入右边的【Sampling Frequency】数据框。也可以直接在【Sampling Frequency】数据框输入采样频率的数值。

在【Name】栏有默认的导入变量名，可以根据需要进行修改。

以上选择完成后，按【OK】按钮，即完成了信号的导入。此时在图 27-1 所示的SPTool 工作界面的【Signals】栏中将看到信号 sig1 已经出现在列表中。选择 sig1 信号，再点击【Signals】栏下面的【View】按钮，将显示图 27-4。

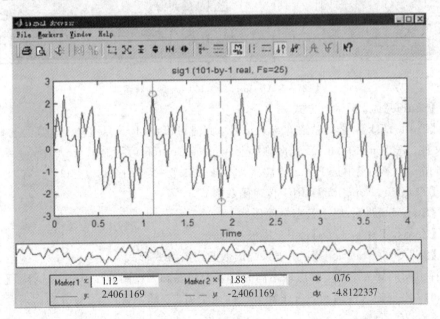

图 27-4　显示导入的信号

用鼠标移动上部信号窗口中的游标 1 和游标 2，将在 Marker1 或 Marker2 小窗口中显示游标处信号在时间轴上的读数，在小窗口的下面显示信号的幅度，dx 表示两个游标在时间轴上的差值，dy 表示两个游标在幅度轴上的差值。

3. 滤波器数据的导入

滤波器数据的设计方法在前面许多实验中已经介绍过。如果要对设计的滤波器进行测试，首先要让数据结构满足 SPTool 的要求。此时一般有两种方法：一是从 MATLAB 命令窗输入，使滤波器系数变量放入 Workspace 空间；二是由 FDATool 设计滤波器，结果存放到 Workspace 空间或存为 MAT 文件。

这两种方法需要进行数据的导入，导入步骤与信号的导入基本一致。

例 27 - 2　由例 26 - 1，已经生成一个由 FDATool 设计的滤波器系数文件 mat01. mat，要求将其滤波器系数导入 SPTool 系统，并显示滤波器频率特性。

解　在 SPTool 窗口选择【File】中的【Import...】，将打开如图 27 - 5 所示的窗口。

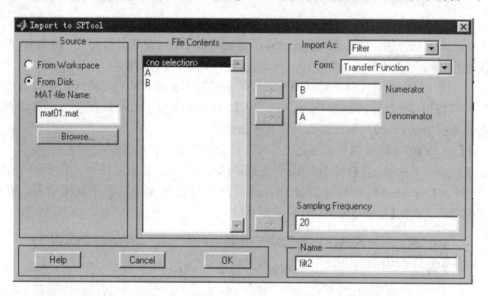

图 27 - 5　从 Import 窗口导入滤波器系数

◆【Source】：选择输入方式。

◆【From Disk】：选择从磁盘导入信号，此时可以由【Browse】进入浏览器选择有关的 MAT 文件。选中 mat01. mat，此时在【Workspace Contents】将显示 mat01. mat 系数变量。

在【Import As：】中选 Filter 滤波器，将自动出现一个【From：】窗口，具有四个选项：

◆【Transfer Function】：用于传递函数形式。

◆【State Space】：用于状态空间形式。

◆【Zeros，Poles，Gain】：用于零极点形式。

◆【2nd Order Sections】：用于系统函数的二阶分式形式。

选择不同的导入形式，将出现不同的输入变量窗口。在图 27 - 5 中，选择了【Transfer Function】，出现输入传递函数分子和分母的两个窗口。将 A 和 B 参数分别输入后，选择采样频率 Fs＝20 kHz。

选择完成后，按【OK】按钮，即完成了滤波器系数的导入。此时在图 27 - 1 所示的 SPTool 工作界面的【Filters】栏中将看到信号 filt2 已经出现在列表中。选择 filt2 信号，再点击【Filters】栏下面的【View】按钮，将显示图 27 - 6。

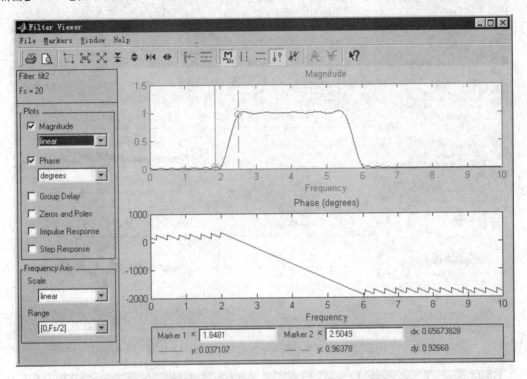

图 27 - 6　显示滤波器的幅频特性与相频特性

由图 27 - 6 可以观察到带通滤波器的幅频特性与相频特性，通过游标可以对通阻带及任意点的数据进行测量。该滤波器通带在 2.5～5.5 kHz 之间，下阻带截止频率为 2 kHz，上阻带截止频率为 6 kHz。

由图 27 - 6 左面的有关选项，可以选择显示群时延、零极点分布、冲激响应与阶跃响应，还可以选择幅频特性与相频特性的显示范围。如图 27 - 7 所示，幅频特性与相频特性显示的是从 0～Fs 的响应，关于 Fs/2 对称。

4. 在 SPTool 中设计滤波器

在图 27 - 1 所示的 SPTool 工作界面【Filters】栏的下方，有一个【New】按钮，点击它可直接进入滤波器设计环境。SPTool 本身具有的设计数字滤波器的功能，比 FDATool 要简单，选项不如 FDATool 丰富；但使用方便，能满足常用的滤波器的设计。

【Filters】栏的下方还有一个【Edit】按钮，可以用来对已完成设计的数字滤波器进行修改。

例 27 - 3　用凯塞窗设计一个 FIR 数字高通滤波器，通带截止频率为 5 kHz，通带波动小于 1 dB；阻带截止频率为 4 kHz，阻带衰减大于 40 dB；采样频率取 24 kHz。

解　按【New】按钮，将出现如图 27 - 8 所示的数字滤波器设计窗口。在有关选项窗口逐一输入设计指标数据，将设计出如图 27 - 8 所示的图形和数据结果。

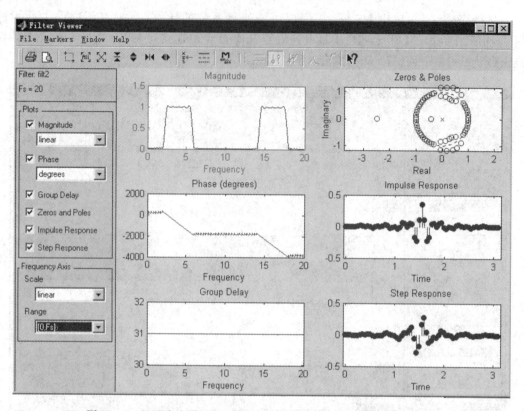

图 27 - 7　显示滤波器幅频、相频、群时延、零极点、冲激与阶跃响应

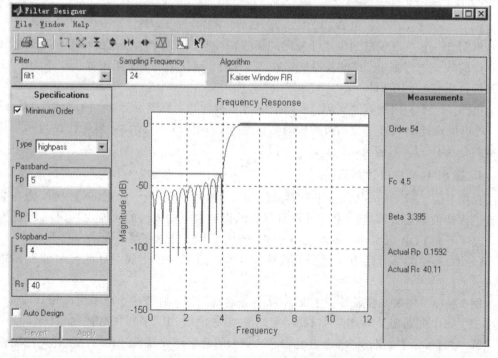

图 27 - 8　设计一个高通数字滤波器

该窗口的主工具栏有以下几个特殊的图形按钮：

　🔲：放大鼠标选定的区域。

　✖：用于恢复原有的图形。

　⬍：垂直方向图形放大。

　⬍：垂直方向图形缩小。

　⬌：水平方向图形放大。

　⬌：水平方向图形缩小。

　⬜：放大显示通带部分。

　⬜：同时显示频谱图。

在主工具栏的下方有三个选项框：

◆【filter】：确定滤波器的名称，如 Filt1。

◆【Sampling Frequency】：输入或修改采样频率，本例 Fs＝24(kHz)。

◆【Algorithm】：选择滤波器的类型，如选择 Kaiser Windows FIR。

图形窗的下部分为三大部分：

◆【Specifications】部分：

【Minimum Order】：当选择"√"时，设计指标要求输入通、阻带频率和衰减参数；当选择空白时，设计指标要求输入滤波器的阶数通带截止频率和衰减等参数。具体要求还与选择的滤波器类型有关。本例选择"√"。

【Type】：用于选择低通、高通、带通或带阻，本例选择 Highpass。

【Passband】：用于输入通带截止频率、通带最大波动等技术指标。

【Stopband】：用于输入阻带截止频率、阻带最小衰减等技术指标。

【Auto Design】：选择自动开始设计。当选择此项时，输入设计指标后，在频率响应图形上点击鼠标，将自动按输入值开始设计。

【Revert】：用于恢复右部设计结果的显示。

【Apply】：控制开始设计。

◆【Frequency Response】部分：显示滤波器的幅频响应。

◆【Measurement】部分：显示滤波器有关设计结果的测试数据。

Order	54	设计出的滤波器阶数
Fc	4.5	通带 3 dB 截止频率值
Beta	3.395	凯塞窗影响窗函数旁瓣的 β 参数
Actual Rp	0.1592	实际的通带最大波动值
Actual Rs	40.11	实际的阻带最小衰减值

从本例【Measurement】部分的测试数据可以看出，设计符合预先的要求。

如要对已设计完成的滤波器参数进行修改，可在【Filters】栏中选定需要修改的滤波器如 filt1，再按下【Filters】栏下方的【Edit】按钮，进入如图 27-8 的界面。其它操作与设计滤波器相同。

5. 检测系统的滤波性能

SPTool 提供的最重要的功能，是可以将一个已存在的信号加在滤波器的输入端，观察其输出信号的波形，对系统的滤波性能进行检测。

例 27 - 4 将例 27 - 1 导入的信号加在例 27 - 3 设计的高通滤波器输入端，观察输出信号的时域波形。

解 在图 27 - 1 所示的界面上进行如下操作：

（1）在【Signals】栏中选中信号 sig1；

（2）在【Filters】栏中选中滤波器 filt1；

（3）按下【Filters】栏下方的【Apply】按钮，将弹出如图 27 - 9 所示的选项框。

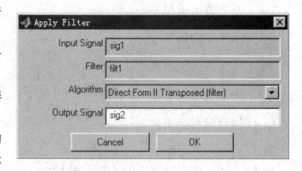

图 27 - 9 sig1 输入 filt1 滤波器，输出 sig2

选项框中的【Algorithm】用于选择滤波器的类型，【Output Signal】用于选择输出信号的名称。

（4）按【OK】按钮后，出现另一选项框，询问是否使用选定的信号、滤波器及采样频率进行滤波。选择"Yes"则选项框自动消失，在【Signals】栏中出现输出信号，如 sig2。

（5）选择 sig2 信号，再点击【Signals】栏下面的【View】按钮，将显示图 27 - 10。

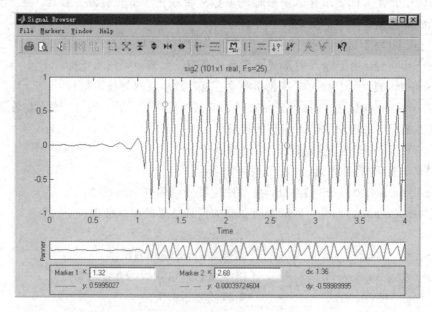

图 27 - 10 显示滤波器输出信号 sig2 的时域波形

6. 观测信号的频谱特性

SPTool 除了能在时域对信号波形进行显示外，还提供了在频域显示信号频谱的功能。

例 27 - 5 显示例 27 - 4 输入信号 sig1 与输出信号 sig2 的频谱图，由此观察 filt1 的滤波性能。

解 在【Signals】栏中选中信号 sig1，然后按下【Spectra】栏下面的【Create】按钮，将出现图 27-11。在左边的【Parameters】栏下的【Method】中选择 FFT，【Nfft】选 1024，再按【Apply】按钮，图 27-11 的右面将出现频谱图，用主工具栏的相关工具局部放大图形，可以清楚地观察其幅度频谱特性，此时，在 1 kHz、3 kHz 和 10 kHz 处分别有正弦分量存在。

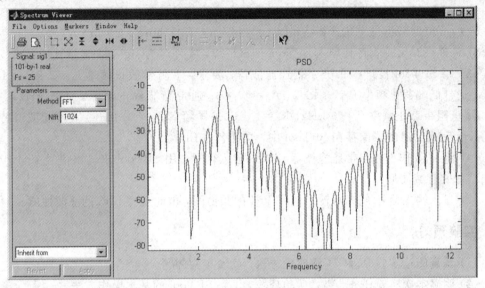

图 27-11 输入信号 sig1 的幅度频谱

同理，在【Signals】栏中选中信号 sig2，然后按下【Spectra】栏下面的【Create】按钮，将出现图 27-12。在左边的【Parameters】栏下的【Method】中选择 FFT，【Nfft】选 1024，再按【Apply】按钮，图 27-12 的右面将出现频谱图，用主工具栏的相关工具局部放大图形，可以清楚地观察其幅度频谱特性。此时，仅在 10 kHz 处有正弦分量存在，1 kHz、3 kHz 的正弦分量已被高通滤波器滤除。

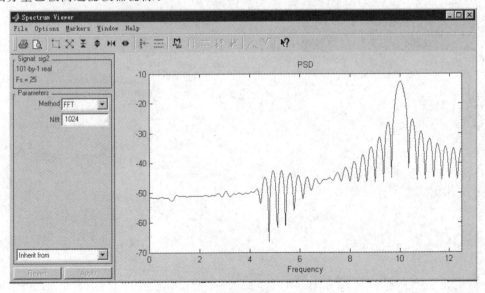

图 27-12 输出信号 sig2 的幅度频谱

三、实验任务

（1）阅读并输入实验原理中介绍的例题程序，观察输出的数据和图形，结合基本原理理解每项操作的意义。

（2）在 MATLAB 的命令窗建立一个由三个正弦信号叠加生成的测试信号：

$$x = \sin(2 * pi * n * T) + 2 * \sin(4 * 2 * pi * n * T) + \sin(8 * 2 * pi * n * T)$$

采样频率 $F_s = 20$ kHz，将其导入 SPTool 测试环境，文件名为 sig3，并显示其波形。

（3）用 SPTool 设计一个数字带通滤波器，要求：下阻带截止频率 $f_{sl} = 2$ kHz，$R_p = 1$ dB；通带低端截止频率 $f_{pl} = 3$ kHz，$A_s = 40$ dB；通带高端截止频率 $f_{ph} = 5$ kHz，$A_s = 40$ dB；上阻带截止频率 $f_{sh} = 6$ kHz，$R_p = 1$ dB；采样频率 $F_s = 20$ kHz。观察滤波器特性，并将设计完成的滤波器保存在 SPTool 中，文件名为 filt3。

（4）将 sig3 作为数字带通滤波器 filt3 的输入信号，用 SPTool 求输出信号 sig4，观察输出信号的时域波形。

（5）显示输入信号 sig3 与输出信号 sig4 的频谱图，由此观察 filt3 的滤波性能。

四、实验预习

（1）认真阅读实验原理，了解实验方法，读懂实验例题。

（2）明确本次实验任务，熟悉实验环境，了解 SPTool 的基本操作方法。

（3）思考题：SPTool 具有哪些基本功能，能够完成哪些基本操作？

实验 28　综合应用实验 1——语音信号的
采样和频谱分析

一、实验目的

根据已经学习过的数字信号处理及 MATLAB 的有关知识，借助计算机提供的硬件和 Windows 操作系统，进行信号分析与处理方面综合应用能力的练习。

自行查阅有关资料并设计实验，录制一段语音信号，对其进行时域波形的观察和频域的谱分析。

通过本实验了解计算机存储信号的方式及语音信号的特点，进一步加深对采样定理的理解。

二、实验原理

由于语音信号是一种连续变化的模拟信号，而计算机只能处理和记录二进制的数字信号，因此，由自然音而得的音频信号必须经过采样、量化和编码，变成二进制数据后才能送到计算机进行再编辑和存储。语音信号输出时，则与上述过程相反。

用计算机的声音编辑工具进行语音信号的录制时，已经利用了计算机上的 A/D 转换器，将模拟的声音信号变成了离散的量化了的数字信号。

把这段语音信号以数据的形式存储起来，可以得到以 .wav 作为文件扩展名的文件。Wav 格式是 Windows 下通用的数字音频文件标准。其数据格式为二进制码，编码方式为 PCM(脉冲编码调制)。其采样速率从 8 kHz 到 48 kHz，通常三个标准的采样频率分别为 44.1 kHz，22.05 kHz，11.025 kHz。量化等级有 8 位和 16 位两种，且分为单声道和立体声，使用时可根据需要进行选择。

一般电话对声音的要求是最低的，只需传输 0.3～3.4 kHz 范围内的频率，采样频率可以取最低的 8 kHz，单声道，量化 8 位。CD 唱片则要求能聆听 20 kHz 的频率，故采样频率取 44.1 kHz，立体声，量化 16 位。

放音时，量化了的数字信号又通过 D/A 转换器，把保存起来的数字数据恢复成原来的模拟的语音信号。

三、实验任务

(1) 用计算机的声音编辑工具录制一段语音信号，生成 .wav 文件。录制的语音信号可以由话筒输入，也可以由 CD 输入。

∗提示　计算机声音编辑工具的使用方法是：在 Windows 操作系统下点击【开始】→【程序】→【附件】→【娱乐】→【录音机】，将出现如图 28-1 所示的录音机面板。

(2) 理解信号采样率的定义方法。选择 3 种不同的采样率对同一语音信号进行采样，生成 .wav 文件，并试听回放效果，进行比较。

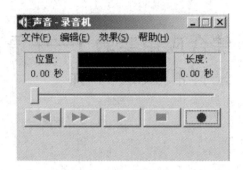

图 28-1　Windows 操作系统下的录音机面板

*　**提示**　在 Windows 操作系统的录音机【文件】→【属性】下，将显示如图 28-2 所示的界面，可以选择放音、录音格式。单击【立即转换】，将显示如图 28-3 所示的界面，可以选择采样速率、量化等级、单声道或立体声等指标。

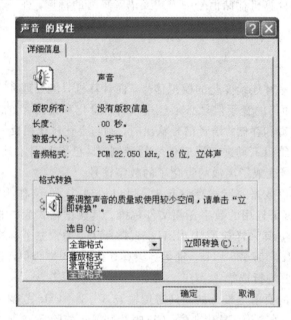

图 28-2　录音机声音属性显示界面

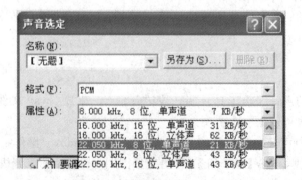

图 28-3　录音机声音指标的调整界面

（3）采用 MATLAB 对语音信号时域波形和频谱进行观察与分析。

四、实验涉及的 MATLAB 子函数

1. wavread

功能：把数据文件的声音数据赋给变量 x。

调用格式：

[x，Fs，bits]＝wavread('filename')；把数据文件的声音数据赋给变量 x，同时把 x 的采样频率 Fs 和数据的位数 bits 放进 MATLAB 的工作空间。输入的情况可以用 whos 命令检验。

2. sound

功能：将 x 的数据通过声卡转化为声音。

调用格式：

sound(x，fs，bits)；将 x 的数据通过声卡转化为声音。

3. save

功能：将变量 x 的数据转换成 MATLAB 的数据文件保存。

调用格式：

save 'filename' x；将 x 的数据转换成文件名与'filename'相同，扩展名为 .mat 的数据文件保存，以便用 MATLAB 的各种工具进行处理。

五、实验要求

（1）认真阅读实验原理，自行查找有关资料，做好实验前的理论和技术准备。

（2）根据实验任务编写有关的 MATLAB 程序。

（3）针对每一项实验任务书写详细的实验报告，对实验的方法、步骤、实验结果、实验数据曲线进行描述和分析。

实验 29　综合应用实验 2——量化对 IIR 滤波器特性的影响

一、实验目的

根据已经学习过的 IIR 数字滤波器及 MATLAB 有关知识,进行系统分析与处理方面综合应用能力的练习。通过实验了解计算机进行信号处理的方式以及数据运算的特点。

自行查阅有关资料,设计 MATLAB 程序,模拟 IIR 数字滤波器的系数在处理过程中由于量化而出现的问题,并研究减小其影响的方法。

二、实验原理

MATLAB 是一种科学计算和分析工具,其数据格式默认为双精度(64 位)浮点数,其数据格式为:1 个符号位,11 个指数位,52 个尾数位。其精度比硬件 DSP 高,动态范围比 DSP 大。也就是说,在 MATLAB 能实现的滤波器,在硬件中不一定能实现。要想让 MATLAB 模拟的算法能够适用于 DSP,就必须使 MATLAB 能够尽量真实地模拟 DSP 的实际运算过程,这就要对普通的 MATLAB 程序进行改进。

DSP 芯片分为浮点运算的 DSP 和定点运算的 DSP 两种类型。

浮点运算 DSP 芯片多数采用单精度的浮点格式。根据 IEEE754 标准,在单精度格式中,32 位浮点数据从高到低依此为:1 个符号位,8 个指数位,23 个尾数位,如图 29-1 所示。一般来说,IEEE754 标准的浮点数在编程时几乎可以不考虑数据溢出的问题。用 MATLAB 仿真时,精度虽然有微小的差别,但大多数时候这种差别可以忽略。

图 29-1　按 IEEE754 标准排列的 32 位数

定点运算 DSP 芯片的优势是结构简单,因而在速度、成本、功耗上均强于浮点 DSP,因此也得到广泛使用。

定点运算的操作数采用整型数来表示。数据格式大多采用 16 位或 24 位,有的也采用 32 位。同时,定点数又分为有符号数和无符号数。下面以 16 位数的有符号数为例讨论定点 DSP 的数据格式。

所谓定点,就是指数据中小数点的位置是固定的。

当小数点的位置在数据的末尾,这个数据就是一个整数。对于 16 位定点整数来说,数据的取值范围是 -32768(8000H)～32767(7FFFH),其精度为 1。这种表示形式称为 Q0 格式。

当小数点位置在符号位后面时,对于 16 位定点数来说,数据的表示范围为 -1～

0.999 969 5，数据是一个纯小数，其精度为 1/32 767＝0.000 030 5。这种表示形式称为 Q15 格式。

Q0 和 Q15 是最常用的定点格式。除了这两种格式外，小数点位置在第 n 位，数据就是 Qn 格式。无论是哪种数据格式，对于 DSP 芯片来说，处理方法都是完全相同的，不同的只是数值范围和精度。编程时，应始终清楚小数点的位置和数据位宽，并在每次乘法、加法运算后，对结果进行适当处理。

在定点运算时，为了保证数据既不溢出，又有足够的精度，通常在一批数据中选择绝对值最大的数进行归一化。这样可以保证整批数据最大限度地利用存储空间，去掉多余的符号位，又使绝对值较小的数不致于在运算中被很快归零，保证了较高的精度。

在用硬件实现数字滤波器功能时，滤波器的系数和信号都存在量化的问题。有些硬件如 A/D 和 D/A 变换的芯片，常常仅有 8 位、10 位或 12 位。

IIR 滤波器存在着递归计算的问题，在循环计算的过程中，其系数误差可能会不断积累扩大。特别是 IIR 滤波器的极点靠近 z 平面上的单位圆时，幅频特性通常会出现很大的峰值。如果此时系数量化误差较大，则有可能使原来处于单位圆内的极点移到单位圆外，使 IIR 滤波器由稳定系统变成了不稳定系统。另外，当一组系数之间的差过大时，量化将使绝对值大于 1 的数在运算中被归一化，可能造成滤波器无法实现。因此，研究 IIR 滤波器系数的量化误差问题具有更加现实的意义。

三、实验任务

(1) 编写一个 MATLAB 通用子程序，将 IIR 滤波器系数按照 N 位二进制进行量化处理。

(2) 试对下列 IIR 滤波器传递函数的系数进行数据处理，量化为 8 位二进制的滤波器系数。

$$H(z)=\frac{0.0705+0.094z^{-1}+0.0952z^{-2}+0.0334z^{-3}}{1-2.4759z^{-1}+2.954z^{-2}-1.9631z^{-3}+0.49z^{-4}}$$

(3) 将以上 H(z) 分别由直接型转换为级联型和并联型，再用 MATLAB 通用子程序对滤波器系数进行处理，量化为 8 位二进制的滤波器系数。

(4) 显示 H(z) 原传递函数的系数和处理后的系数生成的滤波器特性图、零极点图，进行比较，说明系数量化对 IIR 滤波器特性的影响，并研究减小其影响的方法。

四、实验涉及的 MATLAB 子函数

介绍一段进行滤波器系数 N 位二进制量化的子程序作为参考：

```
function [b1, a1]=brqt(b, a, N)
％二进制相对量化子程序
bx=abs(b)；ax=abs(a)；              ％去掉符号
bxm=max(bx)；axm=max(ax)；
maxba=max(bxm, axm)；              ％寻找系数中最大的数
m=ceil(log2(maxba))；             ％确定幅度值占二进制 m 位
deltax=2.^(m-N)；                  ％求出量化步长
```

```
aint＝round(ax. /deltax);           %将 a 除以量化单位，再取整
bint＝round(bx. /deltax);           %将 b 除以量化单位，再取整
b1＝sign(b). * bint. * deltax;      %将 b 系数恢复为量化后的十进制数
a1＝sign(a). * aint. * deltax;      %将 a 系数恢复为量化后的十进制数
```

五、实验要求

（1）认真阅读实验原理自行查找有关资料，做好实验前的理论和技术准备。

（2）根据实验任务编写有关的 MATLAB 程序，对给定的 IIR 滤波器传递函数进行相应的处理，观察系数量化对 IIR 滤波器特性的影响，研究减小其影响的方法。

（3）针对实验任务书写详细的实验报告，对实验的方法、步骤、实验结果、实验数据曲线等进行描述和分析。

实验 30　综合应用实验 3——MATLAB 设计数据的输出

一、实验目的

根据已经掌握的数字信号处理理论和 MATLAB 编程方面的有关知识，进行 MATLAB 与有关硬件系统之间的数据传输。自行查阅有关资料，选择合适的数据输出方式，初步掌握向硬件系统提供设计数据的方法，了解数据格式间的转换方法。

二、实验原理

在前面的课程中，我们已经对各种信号的产生和数字滤波器的设计进行了详尽的讨论。在用 MATLAB 进行设计后，要在硬件环境中实现一个数字系统，还必须将有关的设计数据传输给硬件系统。

例如，在 MATLAB 中对一个给定技术指标的数字滤波器完成了设计，假定以 TI 公司定点运算芯片 TMS320C54x 来实现这个数字滤波器，要进行下列工作：

① 将设计出的滤波器系数按照一定的格式，编写成数据文件；

② 在 DSP 源代码程序调试工具 CCS 上装载数据文件，进行汇编程序的调试；

③ 将调试完成后的数据和汇编程序输入 TMS320C54X 芯片，实现这个数字滤波器。

因此，需要掌握向 CCS 提供一个数字滤波器系数文件的方法。

另外，在 CCS 环境中进行数字系统的调试时，往往需要提供调试用的输入信号，也需要用 MATLAB 编写一定格式的数据文件。

在实验 26 中，我们曾介绍过在 FDATool 下的一种数字滤波器系数输出的方式和数据文件的格式。不过，这并不是唯一的数据输出方式，数据文件的格式亦不是唯一的格式。

下面以例题的形式来说明向 CCS 提供数据时其它两种常用的数据文件格式。

例 30‐1　某数字滤波器设计结果为

$$b=[0.0114747, 0, -0.034424, 0, 0.034424, 0, -0.0114747];$$

$$a=[1, 0, -2.13779, 0, -1.76935, 0, -0.539758];$$

编写一段 MATLAB 程序，将上述滤波器系数进行归一化，再由 MATLAB 的双精度浮点数转换成定点 Q0 格式，产生一个在 CCS 调试系统中使用的 iirdata.inc 文件，其格式为：

```
N        .set  6
table：   .sect  "table"
         .word  176
         .word  0
         .word  -528
         .word  0
         .word  528
```

```
.word    0
.word   -176
.word   15328
.word    0
.word   -32767
.word    0
.word   -27120
.word    0
.word   -8273
```

例 30 - 2　　用 MATLAB 编写一段程序，为 CCS 硬件环境提供一个测试信号，其中：

fs＝2000；f1＝100；f2＝400；

x＝5 * sin(2 * pi * f1 * [1：100]/fs)＋sin(2 * pi * f2 * [1：100]/fs)；

我们可以编写 MATLAB 程序，生成在 CCS 调试系统中使用的 sig01. dat 文件，格式如下：

```
1651 2 0 0 0
14333
20251
19853
21845
28711
32767
26603
13501
3411
0
-3411
-13501
-26603
-32767
-28711
-21845
-19853
-20251
-14333
0
14333
20251
19853
  ⋮
```

三、实验任务

(1) 假定一个输入信号为三个正弦信号的叠加信号，其中 f1＝1 kHz，f2＝5 kHz，f3＝7 kHz，幅度的比值为 3∶1∶1，采用频率 fs＝20 kHz 进行采样。用 MATLAB 语言编程，将该信号生成一个提供 CCS 调试使用的 .dat 数据文件，数据格式为定点 Q0 格式。

(2) 设计一个数字滤波器，要求滤除上述 f2 和 f3 频率的信号，通带衰减为 0.1 dB，阻带衰减为 50 dB。设计的结果在 MATLAB 环境下进行检测，满足设计指标后备用。

(3) 将上题设计的数字滤波器数据进行归一化，转换成定点 Q0 格式，产生一个在 CCS 调试系统中使用的 filterdata.inc 文件。

(＊4) 假定要设计一个仅滤除 f2 信号频率的数字滤波器，通带衰减为 0.1 dB，阻带衰减为 50 dB，将设计结果在 MATLAB 环境下进行检测。满足设计指标后，将这个数字滤波器的系数数据进行归一化，转换成定点 Q15 格式，产生一个在 CCS 调试系统中使用的 .inc 文件。

四、实验涉及的 MATLAB 子函数

1. fopen

功能：打开外部文件。

调用格式：

fid＝fopen(filename, permission);

其中：filename 为准备打开的文件名；permission 为允许进行的操作，如表 30 - 1 所示的多种选项。

表 30 - 1　**Permission 的选项**

'r'	打开默认的文件，准备进行读操作
'r+'	打开指定的文件，准备进行读和写操作
'w'	删除一个已存在的文件中的内容或建立一个新文件，准备进行写操作
'w+'	删除一个已存在的文件中的内容或建立一个新文件，准备进行读和写操作
'a'	建立并打开一个新文件或打开一个已存在的文件，在文件的结尾处进行写操作
'a+'	建立并打开一个新文件或打开一个已存在的文件，在文件的结尾处进行读和写操作

例 30 - 3　删除一个已存在的文件 iirdata.inc 中的内容或建立一个名为 iirdata.inc 新文件，准备进行写操作。

fid＝fopen('iirdata.inc', 'w');

2. fclose

功能：关闭已打开的文件。

调用格式：

fclose(fid);　关闭已打开的以 fid 为变量名的文件。

3. fprintf

功能：把格式化数据写到文件或屏幕。

调用格式：

count ＝ fprintf(fid, format, A, ...);

fprintf(format, A, ...);

具体使用方法请自行查阅 MATLAB 中的帮助文件。

    例 30 - 4　有下列两条使用 fprintf 命令的程序：

        fprintf(fid, 'N　　　. set　%d\n', N);

        fprintf(fid, 'table：　. sect　"table"\n');

运行结果为：

        N　　　. set　6

        table：　. sect　"table"

五、实验要求

    (1) 认真阅读实验原理，自行查阅有关资料，做好实验前的理论和技术准备。

    (2) 按照给定的实验任务编写有关的 MATLAB 程序，完成对设计结果的各项测试，生成向硬件系统提供信号与数字滤波器系数的数据文件。

    (3) 针对实验任务书写详细的实验报告，对实验的方法、步骤、实验数据结果进行描述和分析。

附录1 MATLAB 语言简介

随着计算机技术的高速发展，计算机语言也得到了迅速发展，我们熟知的 BASIC、FORTRAN、C 等都广泛地应用于各种场合。但从工程计算和图形显示的角度来看，这些语言并不实用。1984 年，美国 Mathworks 公司正式推出了 MATLAB 语言。MATLAB 是"矩阵实验室"（MATrix LABoratoy）的缩写，是一种科学计算软件，主要适用于控制和信息处理领域的分析设计。它是一种以矩阵运算为基础的交互式程序语言，能够满足工程计算和绘图的需求。与其它计算机语言相比，其特点是简洁和智能化，适应科技专业人员的思维方式和书写习惯，使得编程和调试效率大大提高，并且很容易由用户自行扩展。因此，当前它已成为美国和其它发达国家大学教学和科学研究中必不可少的工具。

MATLAB 语言自 1988 年推出 3.x(DOS)版本，目前已发布了 4.x、5.x、6.x、7.x 等（Windows）版本。随着版本的升级，内容也在不断扩充。

一、MATLAB 的工作环境

MATLAB 的工作环境主要由命令窗（Command Windows）、文本编辑器（File Editor）、若干个图形窗（Figure Windows）及文件管理器组成。MATLAB 视窗采用了 Windows 视窗风格（如图 F-1），各视窗之间的切换可用快捷键 Alt＋Tab。

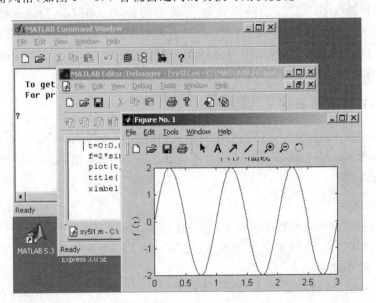

图 F-1 MATLAB 的命令窗、文本编辑窗和图形窗

使用 MATLAB 4.x 以上的版本，可在 Windows 主界面上直接点击 MATLAB 图标，进入 MATLAB 命令窗口。在 MATLAB 命令窗下键入一条命令，按 Enter 键，该指令就被

立即执行并显示结果。

如果一个程序稍复杂一些，则需要采用文件方式，把程序写成一个由多条语句构成的文件，这时就需要用到文本编辑器。建立一个新文件时，应在 MATLAB 命令窗口下点击空白文档符号或在 File 菜单下点击 New，将打开 MATLAB 文本编辑器窗口，显示一个空白的文档。对已经存在的文件，点击"打开文件"或在 File 菜单下点击"Open"，会自动进入文件选择窗口，找到文件后点亮并打开，即可进入 MATLAB 文本编辑器窗口。在 MATLAB 文本编辑器窗口中建立的文件默认为.m 文件。如果要建立的文件是 M 函数文件，即希望被其它程序像 MATLAB 中的库函数那样被调用，则文件的第一句应是函数申明行，如：

function [y, w]＝XYZ(x, t)

式中，function 为 MATLAB 关键字，[]中放置输出变量，()中放置输入变量，XYZ 为函数名。当其它程序调用该函数时，只需在程序中直接使用 function 关键字后面的部分。函数申明行是 M 函数文件必不可少的一部分。

程序执行的结果以图形方式显示时，将自动打开图形窗。在程序中，图形窗命令为 figure。MATLAB 允许打开多个图形窗。如果程序中对图形窗没有编号，则将按程序执行的顺序自动给图形窗编号。

在 MATLAB 命令窗下，还具有许多文件管理的功能。例如，我们自己编写的文件放在一个专门的文件夹中，需要将这个文件夹的路径存盘；否则，这个文件夹中的文件将不能在 MATLAB 环境下执行。在 MATLAB 命令窗口的 File 下选"set Path"，将打开一个路径设置窗口，在这个窗口的"Path"菜单下选"Add to Path"，找到需要的文件夹，列入 MATLAB 路径，然后将该路径保存(Save)即可。

MATLAB 提供了许多演示程序供使用者参考学习。在 MATLAB 命令窗下键入 "demo"，将出现 MATLAB 演示图形窗，使用者可根据提示进行操作。通常画面的上半部是图形，下半部是相应的 MATLAB 程序语句。使用者可以在界面上直接修改其中的程序语句并执行，观察其结果。因此，demo 是一个很好的学习辅助手段。

二、MATLAB 的基本语法

在 MATLAB 中，变量和常量的标识符最长允许为 19 个字符，标识符中的第一个字符必须是英文字母。MATLAB 区分大小写，默认状态下，A 和 a 被认为是两个不同的字符。

1. 数组和矩阵

1) 数组的赋值

数组是指一组实数或复数排成的长方阵列。它可以是一维的"行"或"列"，可以是二维的"矩形"，也可以是三维的甚至更高的维数。在 MATLAB 中的变量和常量都代表数组。赋值语句的一般形式为

变量＝表达式(或数)

如键入 a＝[1 2 3；4 5 6；7 8 9]，将显示结果：

    a＝

        1   2   3

        4   5   6

$$7 \quad 8 \quad 9$$

如键入 $X=[-3.5 \quad \sin(6*pi) \quad 8/5*(3+4) \quad \text{sqrt}(2)]$，将显示：

$$X =$$
$$-3.5000 \quad -0.0000 \quad 11.2000 \quad 1.4142$$

数组放置在[ ]中；数组元素用空格或逗号","分隔；数组行用分号(;)或"回车"隔离。

2) 复数

MATLAB 中的每一个元素都可以是复数，实数是复数的特例。复数的虚部用 i 或 j 表示。

复数的赋值形式有两种：

$$z=[1+1i , 2+2i ; 3+3i , 4+4i]$$
$$z=[1,2;3,4]+[1,2;3,4]*i$$

得

$$z=1.000+1.000i \quad 2.000+2.000i$$
$$3.000+3.000i \quad 4.000+4.000i$$

以上两式结果相同。注意，在第二式中"*"不能省略。

在复数运算中，有几个运算符是常用的。运算符"'"表示把矩阵作共轭转置，即把矩阵的行列互换，同时把各元素的虚部反号。函数 conj 表示只把各元素的虚部反号，即只取共轭。若想求转置而不要共轭，就把 conj 和"'"结合起来完成。例如键入：

$$w=z' , u=\text{conj}(z) , v=\text{conj}(z)'$$

可得：

$$w=1.000-1.000i \quad 3.000-3.000i$$
$$2.000-2.000i \quad 4.000-4.000i$$
$$u=1.000-1.000i \quad 2.000-2.000i$$
$$3.000-3.000i \quad 4.000-4.000i$$
$$v=1.000+1.000i \quad 3.000+3.000i$$
$$2.000+2.000i \quad 4.000+4.000i$$

3) 子数组的寻访和赋值格式

常用子数组的寻访、赋值格式见表 F-1。

表 F-1　常用子数组的寻访、赋值格式

子数组的寻访和赋值	使 用 说 明
a(r, c)	由 a 的"r 指定行"和"c 指定列"上的元素组成的子数组
a(r, :)	由 a 的"r 指定行"和"全部列"上的元素组成的子数组
a(:, c)	由 a 的"全部行"和"c 指定列"上的元素组成的子数组
a(:)	由 a 的各列按自左到右的次序，首尾相接而生成"一维长列"数组
a(s)	"单下标"寻访。生成"s 指定的"一维数组。s 若是"行数组"(或"列数组")，则 a(s)就是长度相同的"行数组"(或"列数组")

例：a＝[1 2 3；4 5 6；7 8 9]；

键入 a(1，2)，则显示：

    ans ＝

        2

键入 a(2，：)，则显示：

    ans ＝

        4   5   6

键入 a(：，3)，则显示：

    ans ＝

        3

        6

        9

其它情况读者可自行上机观察，此处不再一一举例。

4) 执行数组运算的常用函数

三角函数和双曲函数的名称及含义见表 F－2。

表 F－2　三角函数和双曲函数

名　称	含　义	名　称	含　义	名　称	含　义
acos	反余弦	asinh	反双曲正弦	csch	双曲余割
acosh	反双曲余弦	atan	反正切	sec	正割
acot	反余切	atan2	四象限反正切	sech	双曲正割
acoth	反双曲余切	atanh	反双曲正切	sin	正弦
acsc	反余割	cos	余弦	sinh	双曲正弦
acsch	反双曲余割	cosh	双曲余弦	tan	正切
asec	反正割	cot	余切	tanh	双曲正切
asech	反双曲正割	coth	双曲余切		
asin	反正弦	csc	余割		

指数函数的名称及含义见表 F－3。

表 F－3　指数函数

名　称	含　义	名　称	含　义	名　称	含　义
exp	指数	$\log_{10}$	常用对数	pow2	2 的幂
log	自然对数	$\log_2$	以 2 为底的对数	sqrt	平方根

说明：表 F－3、表 F－2 的使用形式与其它语言相似，如：

X＝tan(60)，Y＝20 * log(U/0.775)，Z＝1－exp(－1.5 * t)。

复数函数的名称及含义见表 F－4。

表 F-4　复 数 函 数

名　称	含　义	名　称	含　义	名　称	含　义
abs	模或绝对值	conj	复数共轭	real	复数实部
angle	相角（弧度）	imag	复数虚部		

例：已知 h＝a＋jb，a＝3，b＝4，求 h 的模。

键入：a＝3
　　　b＝4
　　　h＝a＋b＊j
　　　abs(h)

将显示：
　　　ans ＝
　　　　　5

键入：angle(h)
将显示：
　　　ans ＝
　　　　　0. 9273

键入：real(h)
将显示：
　　　ans ＝
　　　　　3

键入：imag(h)
将显示：
　　　ans ＝
　　　　　4

取整函数和求余函数的名称及含义见表 F-5。

表 F-5　取整函数和求余函数

名　称	含　义	名　称	含　义
ceil	向＋∞舍入为整数	rem(a, b)	a 整除 b，求余数
fix	向 0 舍入为整数	round	四舍五入为整数
floor	向－∞舍入为整数	sign	符号函数
mod(x, m)	x 整除 m 取正余数		

例：键入 ceil(1.45)
将显示：
　　　ans ＝
　　　　　2

键入：fix(1.45)
将显示：
　　　ans ＝

1

键入：floor(−1.45)

将显示：

ans =

−2

键入：round(1.45)

将显示：

ans =

1

键入：round(1.62)

将显示：

ans =

2

键入：mod(−55，7)

将显示：

ans =

1

键入：rem(−55，7)

将显示：

ans =

−6

5）基本数组

常用基本数组和数组运算见表 F-6。

表 F-6　常用基本数组和数组运算

基　本　数　组			
zeros	全 0 数组(m×n 阶)	logspace	对数均分向量(1×n 阶数组)
ones	全 1 数组(m×n 阶)	freqspace	频率特性的频率区间
rand	随机数数组(m×n 阶)	meshgrid	画三阶曲面时的 X，Y 网格
randn	正态随机数数组(m×n 阶)	linspace	均分向量(1×n 阶数组)
eye(n)	单位数组(方阵)	:	将元素按列取出排成一列
特殊变量和函数			
ans	最近的答案	Inf	Infinity(无穷大)
eps	浮点数相对精度	NaN	Not-a-Number(非数)
realmax	最大浮点实数	flops	浮点运算次数
realmin	最小浮点实数	computer	计算机类型
pi	3.14159235358579	inputname *	输入变量名
i，j	虚数单位	size	多维数组的各维长度
length	一维数组的长度		

为便于大量赋值，MATLAB 提供了一些基本数组。举例说明：

A＝ones(2，3)，B＝zeros(2，4)，C＝eye(3)

得

A＝1 1 1　　　B＝0 0 0 0　　　C＝1 0 0
　　1 1 1　　　　　0 0 0 0　　　　　0 1 0
　　　　　　　　　　　　　　　　　　0 0 1

线性分割函数 linespace(a，b，n)在 a 和 b 之间均匀地产生 n 个点值，形成 1×n 元向量。如：

D＝linspace(0，1，5)

得

D＝ 0　 0.2500　 0.5000　 0.7500　 1.0000

6）数组运算和矩阵运算

MATLAB 中最基本的运算是矩阵运算。但是在 MATLAB 的运用中，大量使用的是数组运算。从外观形状和数据结构上看，二维数组和（数学中的）矩阵没有区别。但是，矩阵作为一种变换或映射算子的体现，其运算有着明确而严格的数学规则。而数组运算是 MATLAB 软件所定义的规则，其目的是为了数据管理方便、操作简单、指令形式自然简便以及执行计算有效。虽然数组运算尚缺乏严谨的数学推理，其本身仍在完善和成熟中，但它的作用和影响正随着 MATLAB 的发展而扩大。

为更清晰地表述数组运算与矩阵运算的区别，我们以表 F - 7 叙述各数组运算指令的意义。其中假定：s＝2，n＝3，p＝1.5，

A＝[1 2 3；4 5 6；7 8 9]
B＝[2 3 4；5 6 7；8 9 1]

表 F - 7　举例说明数组运算指令的意义

指　令	含　　义	运　算　结　果		
s＋A	标量 s 分别与 A 元素之和	3	4	5
		6	7	8
		9	10	11
A－s	A 分别与标量 s 的元素之差	−1	0	1
		2	3	4
		5	6	7
s. * A	标量 s 分别与 A 的元素之积	2	4	6
		8	10	12
		14	16	18
s. /A 或 A.\s	s 分别被 A 的元素除	2.0000	1.0000	0.6667
		0.5000	0.4000	0.3333
		0.2857	0.2500	0.2222
A.^n	A 的每个元素自乘 n 次	1	8	27
		64	125	216
		343	512	729

指　令	含　义	运 算 结 果
p.^A	以 p 为底,分别以 A 的元素为指数,求幂值	1.5000　2.2500　3.3750 5.0625　7.5938　11.3906 17.0859　25.6289　38.4434
A+B	对应元素相加	3　5　7 9　11　13 15　17　10
A−B	对应元素相减	−1　−1　−1 −1　−1　−1 −1　−1　8
A.＊B	对应元素相乘	2　6　12 20　30　42 56　72　9
A./B 或 B.\A	A 的元素被 B 的对应元素除	0.5000　0.6667　0.7500 0.8000　0.8333　0.8571 0.8750　0.8889　9.0000
exp(A)	以自然数 e 为底,分别以 A 的元素为指数,求幂	1.0e＋003 ＊ 0.0027　0.0074　0.0201 0.0546　0.1484　0.4034 1.0966　2.9810　8.1031
log(A)	对 A 的各元素求对数	0　0.6931　1.0986 1.3863　1.6094　1.7918 1.9459　2.0794　2.1972
sqrt(A)	对 A 的各元素求平方根	1.0000　1.4142　1.7321 2.0000　2.2361　2.4495 2.6458　2.8284　3.0000

例：有一函数 X(t)＝tsin3t，在 MATLAB 程序中如何表示?

解：X＝t.＊sin(3＊t)

2. 逻辑判断与流程控制

1) 关系运算

关系运算是指两个元素之间数值的比较,一共有六种可能,如表 F-8 所列。

关系运算的结果只有两种可能,即 0 或 1。0 表示该关系式为"假",1 表示该关系式为"真"。

表 F-8　关系运算符

指　令	含　义	指　令	含　义
<	小于	>=	大于等于
<=	小于等于	==	等于
>	大于	~=	不等于

例 1　A＝3＋4＝＝7，得 A＝1。

例 2　已知 N＝0，B＝[N＝＝0]，得 B＝1。若 N＝2，B＝[N＝＝0]，得 B＝0。

2）逻辑运算

逻辑量的基本运算为"与（＆）"、"或（｜）"、"非（～）"三种，另外还可以用"异或（xor）"，如表 F-9 所示。

表 F-9　逻辑运算符

运　算	A=0		A=1	
	B=0	B=1	B=0	B=1
A&B	0	0	0	1
A|B	0	1	1	1
~A	1	1	0	0
xor(A, B)	0	1	1	0

3）基本的流程控制语句

· if 条件执行语句

格式：if 表达式 语句，end

　　　if 表达式 1 语句组 A，else 语句组 B，end

　　　if 表达式 1 语句组 A，elseif　表达式 2 语句组 B，else 语句组 C，end

执行到该语句时，计算机先检验 if 后的逻辑表达式：为 1，则执行语句 A；为 0，则跳过 A 检验下一句程序，直到遇见 end，执行 end 后面的一条语句。

例：if n<＝2

　　　x＝2；

　　elseif n>3

　　　x＝3；

　　end

若 n＝5，则结果为

　　　x＝

　　　　　3

· while 循环语句

格式：while 表达式 语句组 A，end

执行到该语句时，计算机先检验 while 后的逻辑表达式：为 1，则执行语句 A；到 end 处，它就跳回到 while 的入口，再检验表达式，如仍为 1，则再执行语句 A，直到结果为 0，就跳过语句组 A，直接执行 end 后面的一条语句。

例：k＝0；
　　while k＜＝1000
　　　　k＝k＋1；
　　end
键入 k 将显示：
　　k＝
　　　　1001

· for 循环语句

格式：for k＝初值：增量：终值 语句组 A，end

将语句组 A 重复执行 N 次，但每次执行时程序中的 k 值不同。增量缺省值为 1。

例：y＝0；
　　for k＝1：20
　　　　y＝y＋k；
　　end
键入 y 将显示：
　　y＝
　　　　210

· switch 多分支语句

格式：switch 表达式(标量或字符串)
　　　case 值 1
　　　　语句组 A
　　　case 值 2
　　　　语句组 B
　　　…
　　　otherwise
　　　　语句组 N
　　　end

当表达式的值与某 case 语句中的值相同时，它就执行该 case 语句后的语句组，然后直接跳到终点的 end 处。

3. 基本绘图方法

1) 二维图形函数

MATLAB 语言支持二维和三维图形，这里我们主要介绍常用的二维图形函数，如表 F-10 所示。

表 F-10 常用图形函数库

基本 X—Y 图形			
plot	线性 X-Y 坐标绘图	polar	极坐标绘图
loglog	双对数 X-Y 坐标绘图	plotyy	用左、右两种 Y 坐标画图
semilogx	半对数 X 坐标绘图	semilogy	半对数 Y 坐标绘图
stem	绘制脉冲图	stairs	绘制阶梯图
bar	绘制条形图		
坐 标 控 制			
axis	控制坐标轴比例和外观	subplot	按平铺位置建立子图轴系
hold	保持当前图形		
图 形 注 释			
title	标出图名(适用于三维图形)	gtext	用鼠标定位文字
xlabel	X 轴标注(适用于三维图形)	legend	标注图例
ylabel	Y 轴标注(适用于三维图形)	grid	图上加坐标网格(适用于三维)
text	在图上标文字(适用于三维)		
打 印			
print	打印图形或把图存为文件	orient	设定打印纸方向
printopt	打印机默认选项		
常用的三维曲线绘图命令			
Plot3	在三维空间画点和线	mesh	三维网格图
fill3	在三维空间绘制填充多边形	surf	三维曲面图

最常用的命令使用说明:

· plot(t, y):表示用线性 X-Y 坐标绘图,X 轴的变量为 t,Y 轴的变量为 y。

· subplot(2, 2, 1):建立 2×2 子图轴系,并选定图 1。

· axis([0 1 −0.1 1.2]):表示建立一个坐标,横坐标的范围从 0 至 1,纵坐标的范围从 −0.1 至 1.2。

· title('X(n)曲线'):在子图上端标注图名。

作图时,线型、点型和颜色的选择可参考表 F-11。

表 F-11 线型、点型和颜色

标识符	b	c	g	k	m	r	w	y
颜 色	蓝	青	绿	黑	品红	红	白	黄
标识符	·	。	×	+	—	*	:	— · —	---
线、点	点	圆圈	×号	+号	实线	星号	点线	点划线	虚线

2）举例

以下举例说明二维图形函数在程序中的使用方法。

例 1 作一条曲线 $y = e^{-0.1t} \sin(t)$ $0 < t < 4\pi$。程序如下：

```
t=0：0.5：4 * pi;                    %将 t 在 0 到 4π 间每间隔 0.5 取一点
y=exp(-0.1 * t). * sin(t);
subplot(2,2,1), plot(t,y);          %建立 2×2 子图轴系，在图 1 处绘线性图
title('plot(t,y)');                  %标注图名
subplot(2,2,2), stem(t,y);           %在 2×2 子图轴系图 2 处绘脉冲图
title('stem(t,y)');
subplot(2,2,3), stairs(t,y);         %在 2×2 子图轴系图 3 处绘阶梯图
title('stairs(t,y)');
subplot(2,2,4), bar(t,y);            %在 2×2 子图轴系图 2 处绘条形图
title('bar(t,y)');
```

例 2 已知 $y_1 = \sin 2\pi t$，$y_2 = \cos 4\pi t$，在同一坐标系对两条曲线作图，用不同的颜色和线型区分。

方法一：将同时显示曲线的向量列入数组，t 必须等长，显示的线型和颜色不能任意选择。程序如下：

```
t=0：0.01：2;
y1=sin(2 * pi * t);
y2=cos(4 * pi * t);
plot(t,[y1;y2]);
```

程序输出结果如图 F-2 所示。

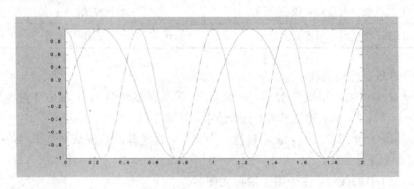

图 F-2 例 2 方法一

方法二：显示曲线的向量 t 不必等长，显示的线型和颜色能任意选择。作图时，先画第一条曲线并保持住，再画第二条曲线。程序如下：

```
t1=0：0.01：1;
y1=sin(2 * pi * t1);
t2=0：0.01：2
y2=cos(4 * pi * t2);
plot(t1,y1,'* m'), hold ;          %让第一条曲线保持住，再画第二条曲线
```

plot(t2，y2，′+b′)；

程序输出结果如图 F-3 所示。

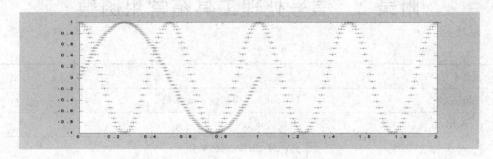

图 F-3　例 2 方法二

附录 2　信号处理工具箱常用函数

* 波形产生	
diric	Dirichlet 或周期性 sinc 函数
sawtooth	锯齿波函数
sinc	sinc 或 $\sin(\pi t)/\pi t$ 函数
square	方波函数
* 线性系统变换	
latc2tf	由格形结构向传递函数转换
polystab	使多项式稳定
polyscale	多项式根乘以倍率
residuez	z 变换部分分式展开
sos2ss	级联二阶节向状态空间转换
sos2tf	级联二阶节向传递函数转换
sos2zp	级联二阶节向零极增益转换
ss2sos	状态空间转换为二阶节级联
ss2tf	状态空间向传递函数转换
ss2zp	状态空间向零极增益转换
tf2latc	传递函数向格形转换
tf2sos	传递函数向级联二阶节转换
tf2ss	传递函数向状态空间转换
tf2zp	传递函数向零极增益转换
zp2sos	零极增益向级联二阶节转换
zp2ss	零极增益向状态空间转换
zp2tf	零极增益向传递函数转换
* 系统分析	
abs	取绝对值(幅值)
angle	取相角
freqs	模拟系统频率响应
freqspace	为频率响应设定频率间隔
freqz	数字滤波器频率响应

＊系统分析	
freqzplot	频率响应绘制
grpdelay	群迟延
impz	数字系统的冲激响应
zplane	离散系统的零极点图
＊滤波器实现	
conv	卷积
conv2	二维卷积
deconv	解卷积
filtic	确定滤波器原始条件
filter	滤波器实现
filter2	二维滤波器实现
filtfilt	零相位滤波
fftfilt	重叠相加滤波器实现
latcfilt	格形滤波器实现
sosfilt	二阶节(biquad)滤波实现
＊FIR 滤波器设计	
fir1	基于窗函数 FIR 滤波器设计
fir2	基于窗函数的任意响应 FIR 滤波器设计
firls	最小二乘法 FIR 滤波器设计
firrcos	上升余弦 FIR 滤波器设计
intfilt	插值 FIR 滤波器设计
kaiserord	基于窗函数的 Kaiser 滤波器阶数选择
remez	Parks - McClellan 最优 FIR 滤波器设计
remezord	Parks - McClellan 最优 FIR 滤波器阶数估计
＊IIR 滤波器设计	
butter	巴特沃斯滤波器设计
cheby1	切比雪夫 I 型滤波器设计
cheby2	切比雪夫 II 型滤波器设计
ellip	椭圆型滤波器设计
maxfiat	归一化的巴特沃斯低通滤波器设计
yulewalk	耶鲁-沃克滤波器设计

* IIR 滤波器阶数估算	
buttord	巴特沃斯滤波器阶数选择
cheb1ord	切比雪夫 I 型滤波器阶数选择
cheb2ord	切比雪夫 II 型滤波器阶数选择
ellipord	椭圆型滤波器阶数选择
* 模拟低通原型滤波器设计	
besselap	贝塞尔滤波器原型
buttap	巴特沃斯滤波器原型
cheb1ap	切比雪夫类型 I 滤波器原型
cheb2ap	切比雪夫类型 II 滤波器原型
ellipap	椭圆型滤波器原型
* 模拟低通滤波器设计	
besself	贝塞尔模拟滤波器设计
butter	巴特沃斯滤波器设计
cheby1	切比雪夫类型 I 滤波器设计
cheby2	切比雪夫类型 II 滤波器设计
ellip	椭圆的滤波器设计
* 模拟滤波器频带变换	
lp2bp	低通向带通模拟滤波器变换
1p2bs	低通向带阻模拟滤波器变换
lp2hp	低通向高通模拟滤波器变换
lp2lp	低通向低通模拟滤波器变换
* 滤波器离散化	
bilinear	双线性变换
impinvar	脉冲响应不变法模拟向数字的转换
* 窗函数	
boxcar	矩形窗函数
bartlett	Bartlett 窗函数
blackman	布莱克曼窗函数
chebwin	切比雪夫窗函数
hamming	哈明窗函数
hanning	汉宁窗函数

续表

* 窗函数	
kaiser	凯泽窗函数
triang	三角窗函数
* 变换	
czt	线性调频 z 变换
dct	离散的余弦变换
fft	快速傅里叶变换
fft2	二维快速傅里叶变换
fftshift	交换矢量的一半
hilbert	Hilbert 变换
idct	离散的逆余弦变换
ifft	快速傅里叶逆变换
ifft2	二维快速傅里叶逆变换
* 图形用户界面工具	
fdatool	滤波器分析设计工具
sptool	信号处理工具

附录 3　本书用到的 MATLAB 扩展子函数

1. amplres. m

功能：按给定的 FIR 滤波器系数，求滤波器的符幅特性。

程序清单：

```
function [A, w, type, tao]＝amplres(h)
%给定 FIR 滤波器系数，求滤波器符幅特性
%h＝FIR 滤波器的脉冲响应或分子系数向量
%A＝滤波器的符幅特性
%w＝频率向量，在 0 到 pi 之间分成 500 份，501 个点
%type＝线性相位滤波器的类型
%tao＝符幅特性的群时延
N＝length(h); tao＝(N−1)/2;
L＝floor((N−1)/2);                     %求滤波器的阶次及符幅特性的阶次
n＝1: L+1;
w＝[0: 500] * 2 * pi/500;               %取滤波器频率向量
if all(abs(h(n) −h(N−n+1))<1e−10)    %判断滤波器系数，若为对称
%对称条件下计算 A(两种类型)
A＝2 * h(n) * cos(((N+1)/2−n)′ * w)−mod(N, 2) * h(L+1);
%在 N＝奇数时，h(L+1)多算一倍，要减掉。N 为偶数时，乘以 mod(N, 2)，以
%取消这项
 type＝2−mod(N, 2);                    %判断并给出类型
%系数若为反对称
elseif all(abs(h(n) +h(N−n+1))<1e−10)&(h(L+1) * mod(N, 2)==0)
% 在 N＝奇数时，h(L+1)为零是奇对称判别条件之一，N 为偶数时，乘以
%mod(N, 2)，以取消这项
   A＝2 * h(n) * sin(((N+1)/2−n)′ * w);%反对称条件下计算 A(两种类型)
   type ＝4−mod(N, 2);                 %判断并给出类型
else error('错误：这不是线性相位滤波器!') %滤波器系数非对称，报告错误
end
```

2. brqt. m

功能：进行滤波器系数 N 位二进制量化。

程序清单：

```
function [b1, a1]＝brqt(b, a, N)
%二进制相对量化子程序
```

```
bx=abs(b); ax=abs(a);                    %去掉符号
bxm=max(bx); axm=max(ax);
maxba=max(bxm, axm);                     %寻找系数中最大的数
m=ceil(log2(maxba));                     %确定幅度值占二进制 m 位
deltax=2.^(m-N);                         %求出量化步长
%将 a 除以量化单位，再取整。如将 round 改为 fix，则为截断量化
aint=round(ax./deltax);
bint=round(bx./deltax);                  %将 b 除以量化单位，再取整
b1=sign(b).*bint.*deltax;                %恢复为量化后的十进制数
a1=sign(a).*aint.*deltax;                %恢复为量化后的十进制数
```

3. convnew.m

功能：进行从任意起点开始的两个序列间的卷积运算。

程序清单：

```
function [y, ny]=convnew(x, nx, h, nh)
%建立 convnew 子函数。
% x 为一信号非零样值向量，nx 为 x 对应的时间向量；
% h 为另一信号或系统冲激函数的非零样值向量，nh 为 h 对应的时间向量；
% y 为卷积积分的非零样值向量，ny 为其对应的时间向量。
n1=nx(1)+nh(1);                          %计算 y 的非零样值的起点位置
n2=nx(length(x))+nh(length(h));         %计算 y 的非零样值的宽度
ny=[n1:n2];                              %确定 y 的非零样值时间向量
y=conv(x, h);
```

4. cplxcomp.m

功能：按共轭条件排列极点-留数对。

程序清单：

```
function I=cplxcomp(p1, p2)
%比较两个包含同样标量元素但(可能)具有不同下标的复数对
%本语句必须用在 p2=cplxpair(p1) 语句之后，以重新排序其相应的留数向量
I=[];
for j=1:length(p2)
  for i=1:length(p1)
    if(abs(p1(i)-p2(j))<0.0001)
      I=[I, i];
    end;
  end;
end;
I=I';
```

5. dfs.m

功能：离散傅里叶级数变换。

程序清单：

```
function [Xk]=dfs(xn, N)
n=0: N-1;
k=0: N-1;
WN=exp(-j * 2 * pi/N);
nk=n′ * k;
Xk=xn * WN.^nk;
```

6. dir2par. m

功能：进行直接型到并联型的转换。

程序清单：

```
function [C, B, A]=dir2par(num, den)
%直接型到并联型的转换
M=length(num); N=length(den);
[r1, p1, C]=residuez(num, den);        %先求系统的单根 p1，对应的留数 r1 及直
                                            接项 C
p=cplxpair(p1, 10000000 * eps);        %用配对函数 cplxpair 由 p1 找共轭复根 p
I=cplxcomp(p1, p);                     %找 p1 变为 p 时的排序变化
r=r1(I);                               %让 r1 的排序变化为 r，保持与极点对应
%变换为二阶子系统
K=floor(N/2); B=zeros(K, 2); A=zeros(K, 3); %二阶子系统变量的初始化
if K * 2==N;    %N 为偶数，A(z)的次数为奇，有一个因式是一阶的
   for i=1: 2: N-2
      Brow=r(i: 1: i+1, :);           %取出一对留数
      Arow=p(i: 1: i+1, :);           %取出一对对应的极点
      %二个留数极点转为二阶子系统分子分母系数
      [Brow, Arow]=residuez(Brow, Arow, []);
      B(fix((i+1)/2), :)=real(Brow);  %取 Brow 的实部，放入系数矩阵 B
                                          的相应行
      A(fix((i+1)/2), :)=real(Arow);  %取 Arow 的实部，放入系数矩阵 A
                                          的相应行
   end;
   [Brow, Arow]=residuez(r(N-1), p(N-1), []);  %处理实单根
   B(K, :)=[real(Brow), 0]; A(K, :)=[real(Arow), 0];
else      %N 为奇数，A(z)的次数为偶，所有因式都是二阶的
   for i=1: 2: N-1
      Brow=r(i: 1: i+1, :);           %取出一对留数
      Arow=p(i: 1: i+1, :);           %取出一对对应的极点
      %二个留数极点转为二阶子系统分子分母系数
      [Brow, Arow]=residuez(Brow, Arow, []);
```

$\quad\quad$ B(fix((i+1)/2)，：)=real(Brow)；$\quad$%取 Brow 的实部，放入系数矩阵 B
$\quad\quad\quad\quad\quad\quad\quad\quad\quad\quad\quad\quad\quad\quad\quad\quad\quad\quad\quad$的相应行

$\quad\quad$ A(fix((i+1)/2)，：)=real(Arow)；$\quad$%取 Arow 的实部，放入系数矩阵 A
$\quad\quad\quad\quad\quad\quad\quad\quad\quad\quad\quad\quad\quad\quad\quad\quad\quad\quad\quad$的相应行

$\quad\quad$ end
$\quad$ end

7. freqz_ m. m

功能：计算滤波器的绝对和相对幅度频率响应和相位频率响应。

程序清单：

```
function [db, mag, pha, grd, w]=freqz_m(b, a);
[H, w]=freqz(b, a, 1000, 'whole');
H=(H(1：501))'; w=(w(1：501))';
mag=abs(H);
db=20 * log10((mag+eps)/max(mag));
pha=angle(H);
grd=grpdelay(b, a, w);
```

8. ideal_ lp. m

功能：产生理想低通滤波器的冲激响应。

程序清单：

```
function hd=ideal_lp(wc, N)
%hd=点 0 到 N-1 之间的理想冲激响应
%wc=截止频率(弧度)
%N=理想滤波器的长度
tao=(N-1)/2；
n=[0：(N-1)]；
m=n-tao+eps；        %加一个小数以避免 0 作除数
hd=sin(wc * m)./(pi * m);
```

9. idfs. m

功能：离散傅里叶级数逆变换。

程序清单：

```
function [xn]=idfs(Xk, N)
n=0：N-1；
k=0：N-1；
WN=exp(j * 2 * pi/N);
nk=n' * k;
xn=(Xk * WN.^nk)/N;
```

参 考 文 献

[1] 陈怀琛. 数字信号处理教程——MATLAB 释义与实现. 北京：电子工业出版社，2005.

[2] MATLAB user's Guide. The Mathworks. Inc. 1995.

[3] 楼顺天，李博菡. 基于 MATLAB 的系统分析与设计——信号处理. 西安：西安电子科技大学出版社，2000.

[4] 唐向宏. 数字信号处理——原理、实现与仿真. 北京：高等教育出版社，2006.

[5] 张志涌，等. 精通 MATLAB5.3 版本. 北京：北京航空航天大学出版社，2000.

[6] 胡广书. 数字信号处理理论、算法与实现. 北京：清华大学出版社，2003.

[7] 〔美〕A. V. 奥本海姆，R. W. 谢弗. 数字信号处理. 北京：科学出版社，1983.

[8] 苏涛，蔺丽华. DSP 实用技术. 西安：西安电子科技大学出版社，2002.

[9] 张雄伟，陈亮，徐光辉.DSP 集成开发与应用实例. 北京：电子工业出版社，2002.

[10] 陈怀琛. MATLAB 及其在理工课程中的应用指南. 西安：西安电子科技大学出版社，2000.

[11] 梁虹，梁洁，陈跃斌. 信号与系统分析及 MATLAB 实现. 北京：电子工业出版社，2002.

[12] 张小虹. 信号、系统与数字信号处理. 北京：机械工业出版社，2004.

[13] 刘舒帆，等. 信号与系统实验及 MATLAB 辅助分析. 长春：吉林科学技术出版社，2003.

[14] 党宏社. 信号与系统实验(MATLAB 版). 西安：西安电子科技大学出版社，2007.